计算机科学与技术丛书

Java
系统分析与架构设计

主　编 ◎ 肖海鹏　王荣芝
副主编 ◎ 张天怡　王化宇　周洪翠

清华大学出版社
北京

内 容 简 介

本书面向软件工程项目实战，内容按照软件项目的生命周期展开，分别为软件项目需求分析、软件项目架构设计（开发架构模式为主）、软件项目模块设计、软件项目的持久层设计（关系型物理表设计、Redis设计、MongoDB设计）、软件项目的部署等。

全书共 7 章，第 1 章以大型企业项目"中国石油物资采购管理信息系统"为例，详细讲解需求分析技术，如流程图分解、UML用例图设计、UML状态图设计、概念模型分析等；第 2 章为"软件架构设计"，讲解架构设计五视图、Java EE 架构模式、微服务架构模式、Dubbo 3 架构模式、MOM 架构模式等内容，同时结合大型分布式项目"电影院综合票务管理平台"进行详细的架构设计示范；第 3 章为"项目模块设计"，讲解 UML 类图、UML 时序图设计方法，同时结合项目"新闻系统"与"物流管理系统"进行模块设计的项目实战示范；第 4 章为"持久层物理表设计"，讲解"三范式与反范式"设计方法，并总结 13 个真实企业级软件项目，进行物理表设计示范；第 5 章为"持久层 Redis 数据库设计"，结合"当当书城"项目进行 Redis 项目实战示范；第 6 章为"持久层 MongoDB 数据库设计"，结合"新浪微博"系统，进行 MongoDB 项目实战示范；第 7 章为"项目部署"，讲解了 Nginx 反向代理、Docker 虚拟化部署以及 Web 服务器集群、MySQL 集群部署、Redis 集群部署、MongoDB 集群部署。

本书提供大量项目实战代码示例，具体程序代码见本书配套资源，获取方式见前言。

本书适合作为高等院校计算机、软件工程专业高年级本科生、研究生的教材，也可供有一定编程经验的软件开发人员、广大科技工作者和研究人员参考使用。

本书封面贴有清华大学出版社防伪标签。无标签者不得销售。
版权所有，侵权必究。举报：010-62782989，beiqinquan@tup.tsinghua.edu.cn。

图书在版编目（CIP）数据

Java 系统分析与架构设计 / 肖海鹏，王荣芝主编. ——北京：清华大学出版社，2023.1（2024.8重印）
（计算机科学与技术丛书）
ISBN 978-7-302-61414-2

Ⅰ．①J… Ⅱ．①肖… ②王… Ⅲ．①JAVA 语言－程序设计 Ⅳ．①TP312.8

中国版本图书馆 CIP 数据核字（2022）第 134064 号

责任编辑：	刘　星
封面设计：	李召霞
责任校对：	李建庄
责任印制：	宋　林

出版发行：清华大学出版社
网　　址：https://www.tup.com.cn，https://www.wqxuetang.com
地　　址：北京清华大学学研大厦 A 座　　邮　编：100084
社 总 机：010-83470000　　邮　购：010-62786544
投稿与读者服务：010-62776969，c-service@tup.tsinghua.edu.cn
质 量 反 馈：010-62772015，zhiliang@tup.tsinghua.edu.cn
课 件 下 载：https://www.tup.com.cn,010-83470236

印 装 者：艺通印刷（天津）有限公司
经　　销：全国新华书店
开　　本：186mm×240mm　　印　张：20.5　　字　数：462 千字
版　　次：2023 年 1 月第 1 版　　印　次：2024 年 8 月第 3 次印刷
印　　数：2001～2500
定　　价：79.00 元

产品编号：097572-01

前 言
FOREWORD

Java 软件项目基本有如下几种类型：大中型电子商务网站、大中型企业项目、政府项目、移动客户端项目等。

可以重复使用的软件项目会成为产品，如 SAP、用友、金蝶的 ERP 企业资源管理系统等。产品的开发因为要面向的用户面宽、需求变化大，因此应该具有更好的可扩展性。

企业和政府的软件项目开发基本流程如下：立项、项目招标、软件需求分析、软件架构设计、项目模块详细设计、软件测试、项目部署等。由于项目规模和项目管理者不同，项目流程中的个别环节会有差异，如有些项目无须招标、有些项目没有架构设计等。

Java 软件项目基本都是团队开发，为了协同项目组成员之间的代码共享，需要使用软件版本管理工具，如 CVS、SVN、ClearCase、Git 等。由于 Git 的提交代码在公网服务器上，便于异地办公的团队共享，因此目前最为流行。为了协同项目组成员之间的资源共享，需要使用 maven 等工具。

本书介绍的项目案例，以企业项目为主，部分为电子商务和电子政务项目，后面会按照如图 1 所示的一个完整软件项目周期（立项→业务需求→软件需求分析→架构设计→模块设计→代码开发→软件测试→项目部署→系统维护），详细讲解软件项目的系统分析与架构设计技术。

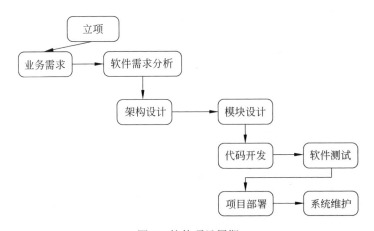

图 1　软件项目周期

【内容特色】

1. 案例生动易懂，读者容易入门

国内外关于软件工程的图书基本都是围绕 UML 和设计理论展开的，结合具体的真实企业级软件项目，既讲解设计方法，又讲解设计经验的图书极少。本书结合了 17 个真实企业项目，抽取每个项目的设计精华部分，采用言简意赅的描述，可以使读者在短时间内快速提升软件项目的系统分析与架构设计能力。

2. 原理透彻，注重应用

本书对软件项目开发步骤与流程的相关理论分门别类、层层递进地进行了详细的叙述和透彻的分析，既体现了各知识点之间的联系，又兼顾了其渐进性。本书在介绍每个知识点时都给出了该知识点的应用场景，同时配合源代码进行分析。本书真正体现了理论联系实际的理念，使读者能够体会到"学以致用"的乐趣。

【配套资源】

本书提供书中涉及的程序代码，可以到清华大学出版社网站本书页面（或关注"人工智能科学与技术"微信公众号，在"知识"→"资源下载"→"配书资源"菜单）下载。

限于编者的水平和经验，加之时间比较仓促，疏漏或者错误之处在所难免，敬请读者批评指正，有兴趣的朋友可发送邮件进行交流，联系方式见配套资源。

编者
2022 年 9 月于北京

目录
CONTENTS

第1章 软件需求分析技术 ··· 1

  1.1 案例：中国石油物资采购管理信息系统软件需求分析 ····················· 2
      1.1.1 项目概述 ·· 2
      1.1.2 业务需求概述 ··· 7
      1.1.3 业务流程分解 ··· 11
      1.1.4 功能需求描述 ··· 16
  1.2 业务流程图的重要性 ·· 17
      1.2.1 基本流程图 ·· 17
      1.2.2 复杂流程分解 ··· 19
      1.2.3 角色参与流程 ··· 19
  1.3 UML 与软件需求 ·· 20
      1.3.1 UML 介绍 ·· 20
      1.3.2 UML 用例图 ·· 21
      1.3.3 UML 状态图 ·· 24
      1.3.4 UML 活动图 ·· 27
  1.4 软件需求概念模型 ··· 28
      1.4.1 实体与属性 ·· 29
      1.4.2 实体之间的关系 ··· 30

第2章 软件架构设计 ··· 32

  2.1 架构设计五视图 ·· 32
  2.2 开发架构模式选择 ··· 33
  2.3 软件三层架构 ·· 34
  2.4 MVC 架构 ··· 38
  2.5 AJAX 架构 ·· 41
  2.6 前后台分离架构 ·· 43
  2.7 Java EE 架构 ··· 45
      2.7.1 Java EE 架构介绍 ·· 45
      2.7.2 创建 EJB 项目 ··· 47

2.8 Web 服务架构 ... 54
- 2.8.1 Web 服务与 RPC ... 54
- 2.8.2 创建 Web 服务 ... 56
- 2.8.3 编写 Web 服务 ... 57
- 2.8.4 Web 站点调用 Web 服务 ... 58

2.9 微服务架构 ... 59
- 2.9.1 Spring Cloud Netflix 介绍 ... 59
- 2.9.2 Spring Boot 与 Spring Cloud ... 60
- 2.9.3 注册服务器 Eureka ... 61
- 2.9.4 服务提供者 ... 63
- 2.9.5 服务消费者 ... 65
- 2.9.6 微服务异常传递 ... 68

2.10 Dubbo 架构 ... 70
- 2.10.1 Dubbo 3 介绍 ... 71
- 2.10.2 Dubbo 3 新特性 ... 73
- 2.10.3 Dubbo 注册中心 ... 76
- 2.10.4 Dubbo 服务提供者 ... 78
- 2.10.5 Dubbo 服务消费者 ... 80
- 2.10.6 Dubbo 交互协议 ... 83

2.11 MOM 架构 ... 85
- 2.11.1 JMS 与 MOM ... 86
- 2.11.2 ActiveMQ 服务器搭建 ... 87
- 2.11.3 发送点对点消息 ... 88
- 2.11.4 主动接收点对点消息 ... 90
- 2.11.5 监听接收点对点消息 ... 91
- 2.11.6 发送主题消息 ... 93
- 2.11.7 主动接收主题消息 ... 93
- 2.11.8 监听接收主题消息 ... 93
- 2.11.9 多用户同时接收点对点消息 ... 94
- 2.11.10 多用户同时接收主题消息 ... 95
- 2.11.11 消息生命期 ... 96
- 2.11.12 会话与消息确认模式 ... 96
- 2.11.13 案例：JTA 与 MOM 实现用户异步注册 ... 100

2.12 案例：电影院综合票务管理平台架构设计 ... 105
- 2.12.1 票务平台业务需求 ... 105
- 2.12.2 票务平台行业规范 ... 106
- 2.12.3 票务平台整体架构设计 ... 109

（续前：2.7.3 编写 EJB 服务 ... 47；2.7.4 Web 站点调用 EJB 服务 ... 53）

2.12.4　院线票务系统架构设计 110
　　2.12.5　网络代售系统架构设计 111
　　2.12.6　院线票务系统与授权管理平台接口设计 112
　　2.12.7　院线票务系统与影院管理系统接口设计 115
　　2.12.8　院线票务系统与网络代售系统接口设计 116
　　2.12.9　院线票务系统消息通知设计 122
　　2.12.10　自动取票接口设计 123

第3章　项目模块设计 124

3.1　UML 与逻辑设计 124
　　3.1.1　UML 类图 124
　　3.1.2　UML 时序图 130
　　3.1.3　UML 协作图 131

3.2　新闻系统模块设计 132
　　3.2.1　新闻系统功能描述 132
　　3.2.2　新闻系统开发架构 133
　　3.2.3　新闻系统主页设计 133
　　3.2.4　新闻目录列表页设计 136
　　3.2.5　新闻页设计 139
　　3.2.6　新闻评论页设计 141
　　3.2.7　新闻发布设计 143

3.3　物流管理系统模块设计 145
　　3.3.1　物流管理系统需求分析 145
　　3.3.2　物流管理系统模块设计 148

第4章　持久层物理表设计 155

4.1　持久层设计原则 156
　　4.1.1　三范式原则 156
　　4.1.2　反范式原则 158
　　4.1.3　BASE 与 ACID 原则 160
　　4.1.4　事务隔离级别 162
　　4.1.5　CAP 原则 164
　　4.1.6　内存一致性 165

4.2　PowerDesigner 与物理模型 165
　　4.2.1　PowerDesigner 功能介绍 166
　　4.2.2　PowerDesigner 概念数据建模 167
　　4.2.3　PowerDesigner 逻辑数据建模 167
　　4.2.4　PowerDesigner 物理数据建模 168

4.3　案例：ERP 系统员工与用户表设计 169

- 4.3.1 项目功能需求 ... 169
- 4.3.2 物理表设计 ... 170
- 4.4 案例：业务系统权限表设计 ... 171
  - 4.4.1 简单业务系统的权限表设计 ... 171
  - 4.4.2 中型业务系统的权限表设计 ... 172
  - 4.4.3 Spring Security 权限设计 ... 177
  - 4.4.4 大型业务系统的权限设计 ... 181
- 4.5 案例：学校设备管理系统表设计 ... 184
  - 4.5.1 项目功能需求 ... 184
  - 4.5.2 物理表设计 ... 184
  - 4.5.3 项目核心代码参考 ... 185
- 4.6 案例：企业会议室预订系统表设计 ... 187
  - 4.6.1 项目功能需求 ... 187
  - 4.6.2 物理表设计 ... 188
  - 4.6.3 项目核心代码参考 ... 190
- 4.7 案例：网上订餐系统表设计 ... 192
  - 4.7.1 项目功能需求 ... 192
  - 4.7.2 物理表设计 ... 192
- 4.8 案例：当当书城系统表设计 ... 195
  - 4.8.1 项目功能需求 ... 195
  - 4.8.2 物理表设计 ... 195
  - 4.8.3 项目核心代码参考 ... 198
- 4.9 案例：户外旅游网系统表设计 ... 201
  - 4.9.1 项目功能需求 ... 201
  - 4.9.2 物理表设计 ... 203
  - 4.9.3 项目核心代码参考 ... 206
- 4.10 案例：新闻系统表设计 ... 208
  - 4.10.1 项目功能需求 ... 208
  - 4.10.2 物理表设计 ... 208
  - 4.10.3 项目核心代码参考 ... 210
- 4.11 案例：物流管理系统表设计 ... 210
  - 4.11.1 项目功能需求 ... 210
  - 4.11.2 物理表设计 ... 210
- 4.12 案例：学生在线考试系统表设计 ... 212
  - 4.12.1 项目需求用例分析 ... 212
  - 4.12.2 项目需求流程分解 ... 213
  - 4.12.3 项目总体设计 ... 214
  - 4.12.4 项目物理表设计 ... 219
- 4.13 案例：影院管理系统表设计 ... 221

- 4.13.1 项目需求与设计 ·················· 221
- 4.13.2 物理表设计 ····················· 223
- 4.13.3 项目核心代码 ··················· 224
- 4.14 案例：分布式连锁酒店管理系统表设计 ········ 226
  - 4.14.1 项目需求与设计 ·················· 227
  - 4.14.2 物理表设计 ····················· 230
  - 4.14.3 项目核心代码 ··················· 233
- 4.15 案例：中国石油物资采购管理信息系统表设计 ···· 237
  - 4.15.1 项目功能需求与设计 ················ 237
  - 4.15.2 物理表设计 ····················· 240
  - 4.15.3 项目核心代码 ··················· 244

第 5 章 持久层 Redis 数据库设计 ················· 247

- 5.1 Redis 功能介绍 ························ 247
- 5.2 Redis 应用场景 ························ 248
- 5.3 Redis 下载与安装 ······················ 248
- 5.4 案例：当当书城 Redis 实战 ················ 250
  - 5.4.1 Jedis 连接 Redis 服务器 ·············· 250
  - 5.4.2 图书缓存和排序 ··················· 251
  - 5.4.3 统计图书访问次数 ·················· 253
  - 5.4.4 图书评论 ······················ 255
  - 5.4.5 图书评论点赞 ···················· 257
- 5.5 Spring 整合 Redis 管理 HTTP Session ·········· 258

第 6 章 持久层 MongoDB 数据库设计 ··············· 261

- 6.1 集合与文档 ·························· 261
- 6.2 MongoDB 应用场景 ····················· 262
- 6.3 MongoDB 下载与安装 ··················· 264
- 6.4 系统数据库与用户库 ····················· 266
- 6.5 权限管理 ··························· 267
- 6.6 文档的 CRUD 操作 ····················· 269
- 6.7 内嵌文档 ··························· 270
- 6.8 索引 ····························· 272
- 6.9 查询分析 ··························· 274
- 6.10 案例：新浪微博 MongoDB 实战 ············· 276
  - 6.10.1 微博项目分析 ···················· 276
  - 6.10.2 Java 连接 MongoDB ················ 278
  - 6.10.3 微博项目代码实现 ·················· 279

第 7 章　项目部署 ·········· 286

7.1　中型项目部署架构 ·········· 286
7.2　Nginx ·········· 287
7.2.1　Nginx 介绍 ·········· 287
7.2.2　Nginx 下载与安装 ·········· 288
7.2.3　Nginx 文件服务器配置 ·········· 289
7.2.4　Nginx 反向代理服务器配置 ·········· 291
7.3　Docker 虚拟化 ·········· 293
7.3.1　Docker 容器与镜像 ·········· 293
7.3.2　Docker 下载与安装 ·········· 294
7.3.3　Docker 常用命令 ·········· 296
7.3.4　Docker 搭建 Tomcat 集群 ·········· 299
7.3.5　项目部署到 Tomcat 集群 ·········· 301
7.3.6　Nginx 路由 Tomcat 集群 ·········· 302
7.4　MySQL 集群部署 ·········· 302
7.4.1　Master Slave Replication ·········· 303
7.4.2　MHA Cluster ·········· 304
7.4.3　Galera Cluster（PXC） ·········· 305
7.4.4　MGR Cluster ·········· 307
7.4.5　NDB Cluster ·········· 308
7.5　Redis 集群部署 ·········· 309
7.5.1　Master Slave Replication ·········· 309
7.5.2　哨兵模式 ·········· 309
7.5.3　Redis Cluster ·········· 310
7.6　MongoDB 集群部署 ·········· 312
7.6.1　主从集群 ·········· 312
7.6.2　副本集 ·········· 312
7.6.3　分片集群 ·········· 314

第 1 章 软件需求分析技术

软件项目分为发包方（甲方）和实施方（乙方）。软件的真正使用者为企业一方（甲方），而软件的开发通常由专业的软件公司来实施（乙方）。甲方与乙方在项目实施前，都需要签订正式合同，合同签订后，开始进入需求阶段。

需求阶段，首先要进行用户需求的收集。通常由项目经理与专门的需求人员，进驻企业现场，通过实地走访、开会等形式，把用户需求整理出来。这个阶段的重要输出文档是"xxx项目用户需求说明书"。

用户需求收集整理好后，通常由系统分析师进行项目的软件需求分析。这个阶段的重要输出文档是"xxx项目软件需求分析说明书"。

注意："xxx项目用户需求说明书"的受众是用户与开发人员，因此不能使用过于专业的计算机术语，这个文档一定要让最终用户能够直接阅读理解。"xxx项目软件需求分析说明书"的受众是代码开发工程师、测试人员、项目经理等，这个文档强调的是在"xxx项目用户需求说明书"基础上的软件需求分析，因此更具有计算机专业性，这个文档无须给直接用户阅读。另外，很多项目会把用户需求与软件需求文档合在一起来写，这时候就要充分考虑不同受众的阅读理解能力。

由于需求描述不清，开发人员与直接用户沟通不畅，从而导致软件项目不断改版，最终导致项目失败的例子屡见不鲜，因此要非常小心。以笔者多年的系统分析经验看，直接用户能够把业务需求描述清晰的非常少，因此成功的软件项目，首先是系统分析人员要能够快速理解项目需求的专业领域知识，同时要有很好的抽象能力、前瞻能力。由系统分析人员引导最终用户来描述需求，这样才能使双方满意。单纯希望最终用户能够把需求直接描述清楚，这是不现实的。

软件需求包含内容分为：项目概述、项目背景、项目目标、项目范围、项目阶段划分、项目功能特性列表、名词概念列表、业务需求描述、业务流程分解、业务功能需求描述等。大型软件项目的需求文档中，业务流程分解占有非常重要的地位。在功能需求描述中，可以使用 UML 用例图、UML 状态图等，配合业务原形图进行详细描述。

下面，通过 IBM 承接的"中国石油物资采购管理信息系统"这个大型企业级项目实例，来一起学习一下软件需求文档的编写方法。注：该项目的实际需求分析文档有 1000 多页，此处节选了供应商管理部分的一个小模块来进行演示（由于此模块的功能有限，使用的需求分析方法也不全面,其他常用方法,会在后续文档中再补充)。

1.1 案例:中国石油物资采购管理信息系统软件需求分析

1.1.1 项目概述

1. 项目背景

【项目背景:就是通过详细的信息描述,把项目的立项背景、中间过程阐述清晰。中国石油物资采购管理信息系统简称为 PMS,本节进行了详细的该项目背景描述】

中国石油天然气股份有限公司(以下简称"股份公司")和中国石油天然气集团公司(以下简称"集团公司")分别于 2000 年和 2005 年制定了《中国石油天然气股份有限公司信息技术总体规划》和《中国石油天然气集团公司"十一五"信息技术总体规划》,根据集团公司信息化建设的进展和业务发展的需要,对总体规划报告进行了合并、完善,最终形成了《中国石油天然气集团公司"十一五"信息技术总体规划》。

【PMS 背景的具体描述参见本书配套资源】

2. 项目目标

【项目目标:就是通过详细的描述,把本次项目要完成的目标讲解清楚。大型项目可以设置远期目标和分阶段实现的目标,本节示例使用示意图方式能够更加直观地体现项目目标】

中国石油物资采购管理信息系统项目的目标是通过建设中国石油统一的集物资采购管理与交易为一体的中国石油物资采购管理信息系统,支持物资采购管理业务发展,支撑"集中采购、分散操作",达到"国内领先、国际一流"。

具体而言,本次项目目标包括如图 1-1 所示的几个层面的内容。

【PMS 目标的具体描述参见本书配套资源】

3. 项目范围

【项目范围:本节分别通过组织范围、业务范围、功能范围,详细讲解当前项目要涉及的用户、组织部门、主要业务功能等内容】

1) 组织范围

中国石油物资采购管理信息系统项目的组织范围是中国石油总部及所属企事业单位(不包括海外企业),包含勘探与生产企业 17 家、炼油与化工企业 33 家、销售企业 36 家、天然气与管道企业 12 家、工程技术企业 7 家、工程建设企业 7 家、工程建设企业 5 家、装备制造企业 5 家、科研及事业单位 15 家、其他部门 9 家。

同时,组织范围还包括总部与地区公司部分需要协同工作的供应商约 20 000 家。

【PMS 组织范围具体描述参见本书配套资源】

2) 业务范围

PMS 将以物资采购供应链为主线,覆盖物资采购管理和交易全过程,主要包括计划管理、采购交易管理、招标管理、合同管理、仓储管理、配送管理、结算管理、物料管理、供

图 1-1 对项目整体目标的理解

应商管理、专家管理、价格管理、质量管理和综合管理共 13 个业务环节。

物资品种覆盖《石油工业物资分类与代码》(SY/T 5497)中的所有 60 大类物资。

系统用户将包括企业内部用户约 30 000 人,外部供应商用户约 20 000 人,同时还将考虑把交易平台的应用范围扩展到中国石油以外的其他企业,成为一个公共的采购交易平台。

3) 功能范围

整个 PMS 至少包括管理平台、交易平台、基础平台、系统门户和数据平台共五部分,其中管理平台和交易平台是项目建设的核心部分。

系统建设应充分考虑中国石油已经建设的信息系统,并在 ERP(企业资源计划)、合同系统、MDM(公共数据编码平台)等系统基础上,结合中国石油物资采购管理实际,采用自主开发和套件(成熟、专业的第三方物资采购管理软件产品)相结合的模式构建 PMS。

系统的功能范围包括计划管理、采购交易管理、招标管理、合同管理、仓储管理、配送管理、结算管理、物料管理、供应商管理、专家管理、价格管理、质量管理和综合管理等内容。

4. 项目阶段划分

【项目阶段,就是按照里程碑进行项目管理,每个阶段要有完整的项目提交物。可以按照项目阶段进行分段管理、审核甚至是验收。项目分段管理是防范项目风险的最有效手段之一】

PMS 遵照"统一系统规划、分步组织实施；先试点再推广，持续改进；急用先建、边建边用"的原则，项目分试点和推广两个阶段（如图 1-2 所示）。

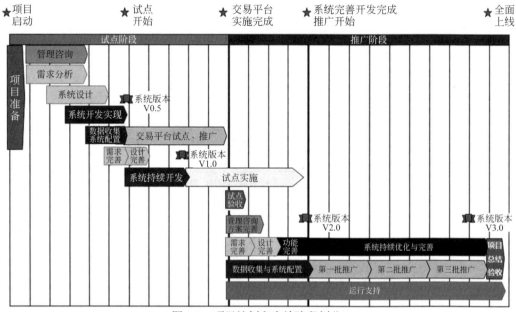

图 1-2　项目计划和实施阶段划分

其中，试点项目的阶段划分与主要工作内容如表 1-1 所示。

表 1-1　试点项目的阶段划分与主要工作内容

序号	项目阶段	主要工作内容
1	需求分析	完成试点单位和重点企业业务调研与需求分析、差异分析
2	系统设计	与需求分析并行开展，完成核心业务功能及未来提升业务功能的概要设计与详细设计
3	系统开发	与系统设计阶段并行开展，完成交易平台功能构建
4	交易平台试点、推广	在集团公司全部单位实施交易平台，实现"能源一号"网的切换，包括历史数据清理和数据迁移工作
5	系统持续开发	与交易平台实施并行，完成物资采购管理信息系统除交易平台外的其他管理功能
6	试点实施	在试点单位实施物资采购管理信息系统，主要是除交易平台外的其他管理功能以及整个系统与其他系统的集成
7	试点验收	总结试点实施成果，组织试点单位的项目验收

各阶段的目标、任务及主要交付成果如表 1-2 所示。

表 1-2 各阶段的目标、任务及主要交付成果

序号	项目阶段		说明
1	需求分析	本阶段目标	该阶段的任务是调研业务现状，总结、细化和确认业务需求，以获得一套完整的业务需求，并形成《需求说明书》，作为开发、实施的基础
		主要任务	试点单位业务现状调研 总结、细化及确认业务需求 对功能需求做出建议或改动 就最终的需求说明书取得一致意见 初步确定系统功能需求 方案初步设计
		主要交付成果	《现状调研报告》 《需求分析报告》
2	系统设计	本阶段目标	根据《需求说明书》，设计物资采购管理信息系统
		主要任务	根据需求进行系统设计 完成系统各大功能模块的结构和详细设计 完成系统各大功能模块的用户界面设计 设计用户权限 设计数据库结构 完成与相关系统的接口设计工作 根据设计内容，编写并提交《系统设计方案报告》
		主要交付成果	《系统设计方案报告》
3	系统开发	本阶段目标	根据《系统设计方案报告》进行交易平台及相关管理功能的开发和测试工作
		主要任务	软件包各模块的实施 完成客户化的开发 完成数据转换程序 完成应用接口程序 确定报表清单、报表格式，进行报表开发 编写系统测试案例，并进行测试 负责修改在系统测试中发现的程序问题
		主要交付成果	《系统开发文档》

续表

序号	项目阶段		说　明
4	交易平台试点、推广	本阶段目标	进行交易平台及相关管理功能的试点实施和推广
		主要任务	编写数据收集模板，进行数据收集 完成系统配置 配置用户权限 完成数据清理和转换 编写用户培训手册，进行最终用户培训 编写用户验收测试案例，最终用户验收测试 编写用户操作手册 系统切换，系统应用，上线支持
		主要交付成果	《数据收集模板》 《系统配置文档》 《用户培训文档》 《用户操作手册》
5	系统持续开发	本阶段目标	根据《系统设计方案报告》完成交易平台和相关管理功能之外的其他相关系统功能的开发和测试工作
		主要任务	软件项目各模块的实施 完成客户化的开发 完成数据转换程序 完成应用接口程序 确定报表清单、报表格式，进行报表开发 设计用户权限 编写系统测试案例，并进行测试 负责修改在系统测试中发现的程序问题
		主要交付成果	《系统开发文档》
6	试点实施	本阶段目标	进行管理平台的试点实施
		主要任务	编写数据收集模板，进行数据收集 完成系统配置 配置用户权限 完成数据清理和转换 编写用户培训手册，进行最终用户培训 编写用户验收测试案例，最终用户验收测试 编写用户操作手册 系统切换，系统应用，上线支持
		主要交付成果	《数据收集模板》 《系统配置文档》 《用户培训文档》 《用户操作手册》

续表

序号	项目阶段		说明
7	试点验收	本阶段目标	对试点实施工作进行评审验收
		主要任务	整理各种试点实施文档 编写试点实施总结报告 准备试点实施验收会
		主要交付成果	《试点总结报告》 《试点验收报告》

说明：由于大庆油田规模大，在试点实施项目中，它虽与其他试点单位一同启动试点工作，但其实施周期较长，故不与其他试点单位一同完成试点实施工作，在其他试点单位实施完成后继续实施，直到完成全部实施工作。

5. 现状调研与需求分析方法

【不同的项目可以使用不同的需求分析方法，本书会分别介绍通用的 UML 需求分析方法和 PowerDesigner 需求分析方法。稻草人需求分析法是 IBM 独创的，值得学习参考】

中国石油物资采购管理信息系统的现状调研和需求分析基于"稻草人"方法论。"稻草人（Straw Man）"方法是 IBM 全球成熟的信息系统建设方法。它能够有效地提高系统的开发速度和建设质量，并且从开始就让业务人员直观地感受未来系统，从而使未来系统更好地满足业务需求（如图 1-3 所示）。

【稻草人具体分析步骤参见本书配套资源】

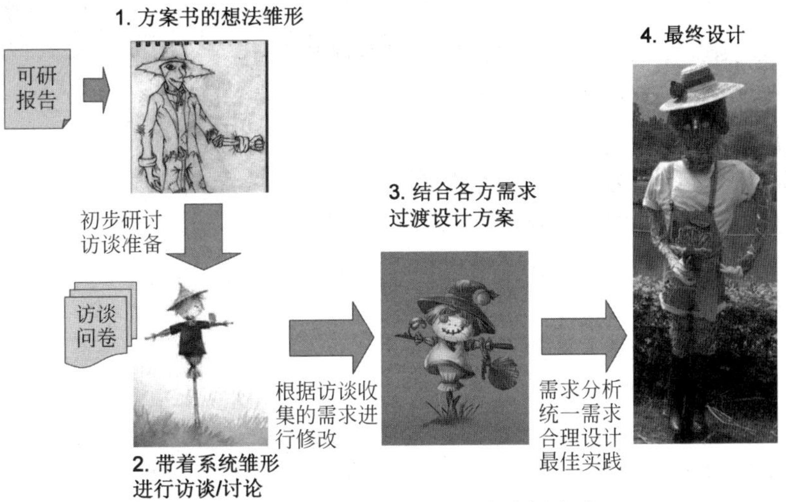

图 1-3　基于"稻草人"的需求分析方法

1.1.2　业务需求概述

【本节从战略高度对整个项目进行了战略定位，同时提出了两级采购、六统一等采购指导思想，又从高阶架构的角度把整个物资采购管理信息系统划分为 4 大管理平台、15 个主要业务功能模块】

1. 业务战略

采购战略是指导集团公司未来采购业务发展方向的基石，它应该符合集团公司的业务发展战略，并为集团公司的战略发展服务。未来采购战略应该传承既有的采购战略，同时还要发挥自身采购优势，克服相应劣势，符合行业未来发展趋势（如图 1-4 所示）。

【PMS 具体采购战略描述参见本书配套资源】

图 1-4 物资采购管理信息系统落实物资采购战略

2. 总体业务需求

（1）实现物资采购业务全流程、全覆盖。
（2）实现管理与交易的一体化。
（3）实现集中与分散的一体化。
（4）实现业务管理分级授权。

【PMS 具体业务需求描述参见本书配套资源】

3. 高阶功能架构

【使用功能模块图从整体上描述项目的所有功能模块，然后分别介绍各个功能模块的主要业务，这在需求分析阶段非常重要】

中国石油物资采购管理信息系统包括 4 大管理平台、15 个主要业务功能模块，如图 1-5 所示。

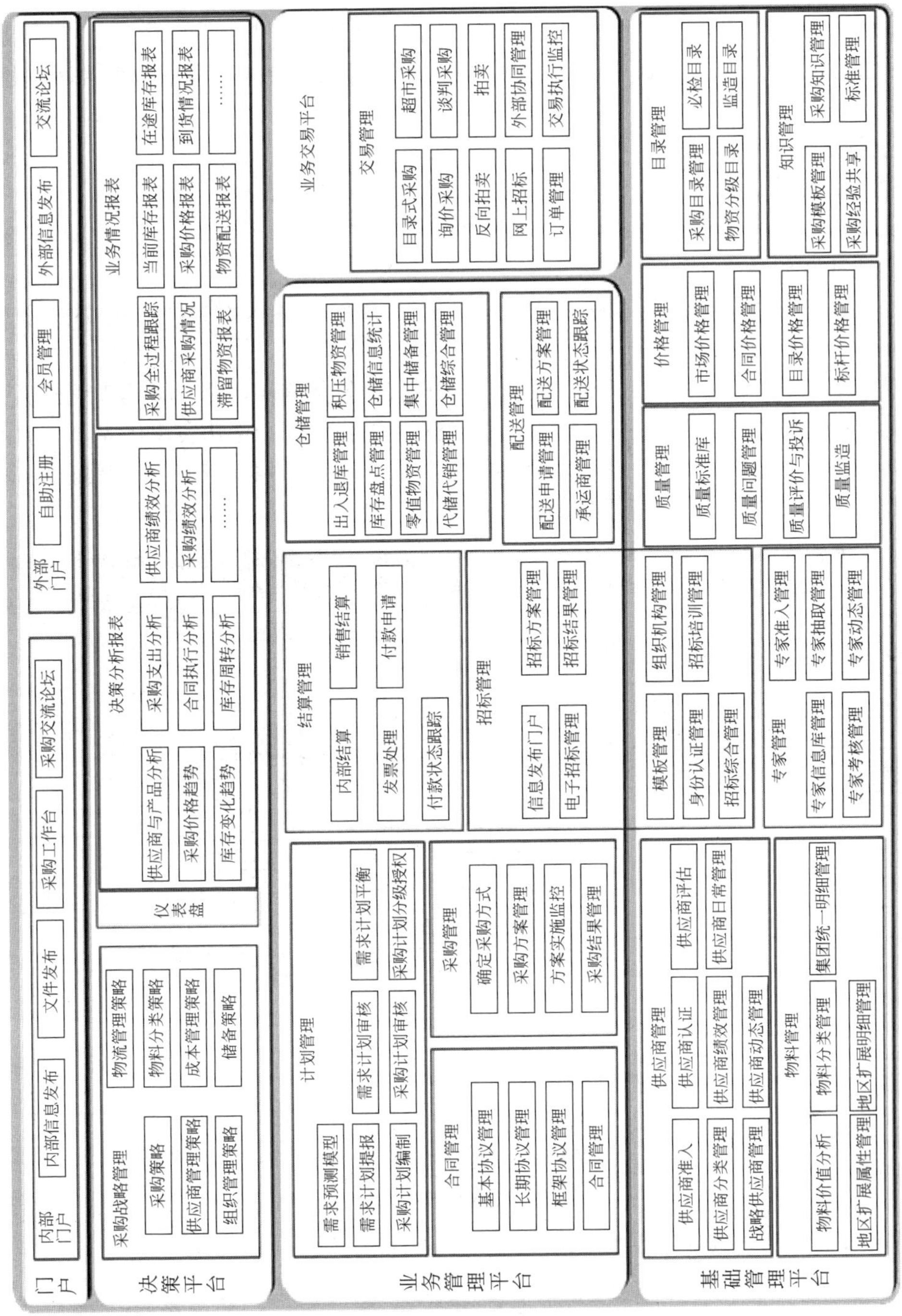

图 1-5　中国石油物资采购管理信息系统总体功能架构

物资采购管理信息系统的 4 大管理平台如下。
- **决策平台**包括采购战略管理、决策分析报表、业务情况报表等模块。
- **业务管理平台**包括计划管理、采购管理、招标管理、合同管理、结算管理、仓储管理、配送管理等模块。
- **业务交易平台**。
- **基础管理平台**。

【其他模块介绍参见本书配套资源中的描述文档】

4. 分阶段实施策略

【大型业务系统由于规模庞大，因此业务风险也很大。分阶段实施策略是项目进度和项目质量保障的重要方法】

遵照"急用先建、边建边用"的原则，通过迭代开发策略实现物资采购管理信息系统。迭代开发策略的做法是首先区分业务需求、系统功能的优先级，尽快实现优先级高的内容，尽早发布系统，通过多方评估，及早发现系统中存在的问题，并持续改进，最终建成完善的物资采购管理信息系统，其具体操作如图 1-6 所示。

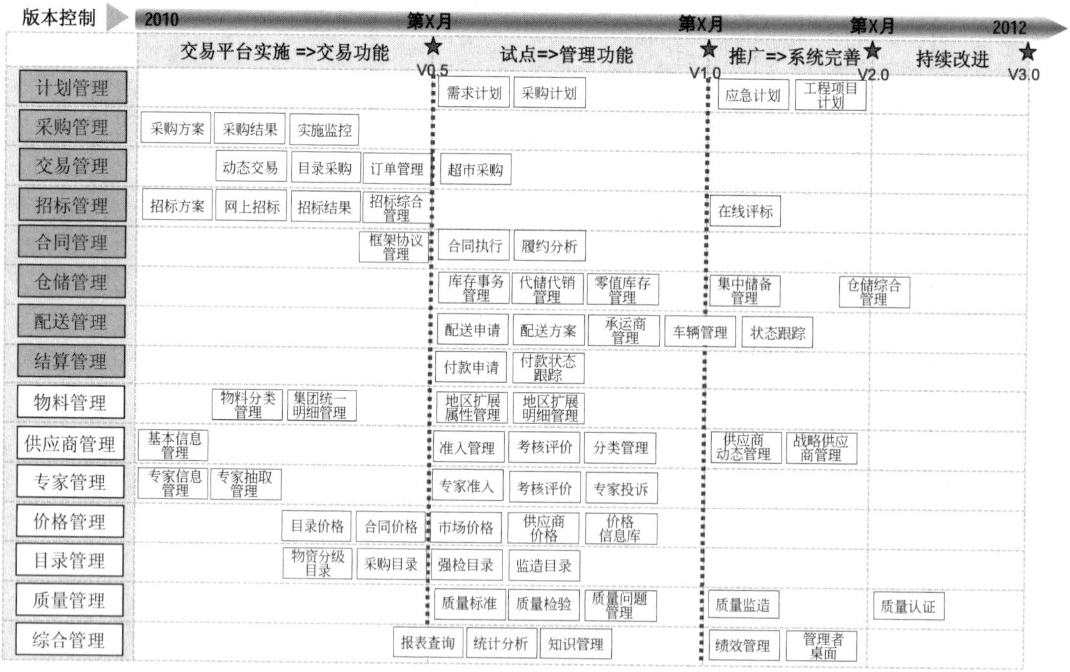

图 1-6 迭代开发方案

迭代开发各个版本划分的原则和建设内容如表 1-3 所示。

表 1-3　版本迭代说明

阶段	版本	版本说明	实施范围
试点阶段	V0.5	交易平台相关功能，替代现有能源一号网，支持中国石油的网上交易业务	试点：物资采购管理部、物资公司、长庆油田、大庆石化、大庆油田 推广：在试点单位以外的所有单位推广交易平台
试点阶段	V1.0	实现各项采购管理功能，形成完整的物资采购管理信息系统	试点：物资采购管理部、物资公司、长庆油田、大庆石化、大庆油田（试点同步启动单位） 推广：在试点单位以外的所有单位推广管理平台
推广阶段	V2.0	根据试点阶段实施中各业务单位、系统用户反映的问题、新增的业务需求，完善系统功能，形成第二个完整版本的物资采购管理信息系统	在中国石油集团公司范围内实施
推广阶段	V3.0	根据推广阶段中各业务单位、系统用户反映的问题、新增的业务需求，完善系统，形成第三个完整版本的物资采购管理信息系统	在中国石油集团公司范围内实施

1.1.3　业务流程分解

1. 中国石油物资采购管理信息系统业务流程体系

【大型企业级项目业务复杂，应采用业务流程的分级管理模式。PMS 采用了 4 级流程管理，所有业务处理流程都使用流程图进行了详细的流程分解描述】

1）流程分解

中国石油物资采购管理信息系统一级流程如图 1-7 所示。

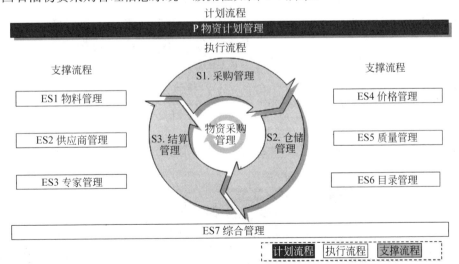

图 1-7　中国石油物资采购管理信息系统一级流程

流程分解如图 1-8 所示。

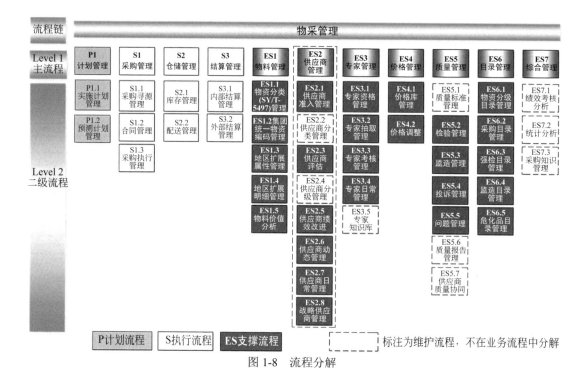

图 1-8 流程分解

2）框架流程（供应商管理模块流程分解）

流程链中的供应商管理如图 1-9 所示。

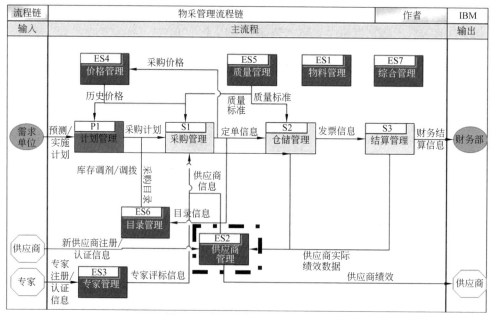

图 1-9 流程链中的供应商管理

供应商管理流程分解如图 1-10 所示。

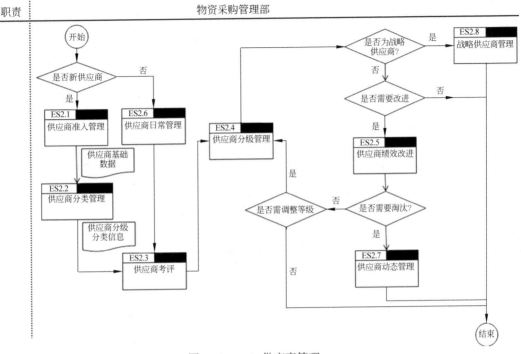

图 1-10　ES2 供应商管理

【本书只节选了供应商准入的流程作为讲解，其他供应商管理模块省略】

2．供应商管理流程

1）供应商管理总体流程介绍

供应商管理流程的内容主要包括：供应商准入管理（供应商产品目录管理、供应商认证管理）、供应商考评、供应商绩效改进、供应商日常管理（供应商基础信息管理、供应商投诉管理、供应商主数据管理、供应商准入证年审、供应商年费管理）、供应商动态管理（供应商冻结/解冻管理、供应商淘汰管理）、战略供应商管理等。

【本书只描述了供应商准入管理的一部分业务流程，仅供参考】

2）供应商准入管理

（1）业务流程的定义。本流程适用于供应商新增准入。供应商新增是指对尚不是集团公司资源库中一级物资供应商的潜在供应商新增准入。

【具体定义描述参见本书配套资源】

（2）业务流程的适用范围。本流程适用于供应商新增准入时。

（3）业务流程的使用时机。本流程适用于供应商新增准入时。

（4）业务流程图和详细步骤。

① ES2.1.1-1 供应商准入管理——一级供应商准入（自荐）。

【篇幅限制，此处略】

② ES2.1.1-2 供应商准入管理——一级供应商准入（推荐）。

此处以一级供应商准入推荐流程为例（如图 1-11 所示），示范了标准业务流程图的绘制方法。

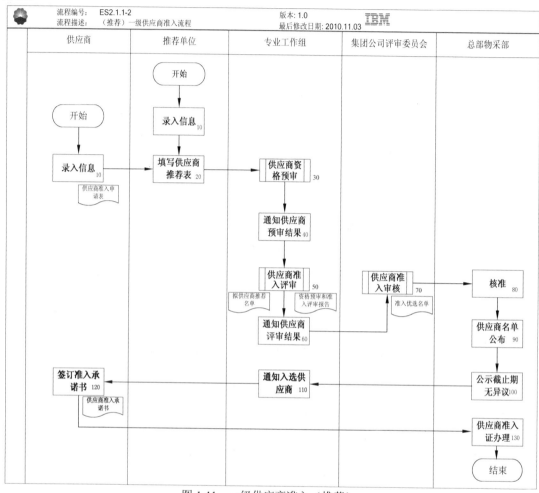

图 1-11　一级供应商准入（推荐）

表 1-4 是对图 1-11 流程图的详细步骤描述，每个流程步骤需要编号管理。

表 1-4　一级供应商准入（推荐）

编号	业务活动	描　　述	所涉及系统功能	操作岗位/部门	业务表单	下一步
10	录入信息	推荐单位录入供应商信息，填写《供应商推荐表》	PMS-10-01 供应商准入	推荐单位	供应商推荐表	20
10	录入信息	供应商填写《供应商准入申请表》，录入相关信息，提交到推荐单位	PMS-10-01 供应商准入	供应商	供应商准入申请表	20

续表

编号	业务活动	描述	所涉及系统功能	操作岗位/部门	业务表单	下一步
20	填写供应商推荐表	推荐单位将填写完成的《供应商推荐表》提交给专业工作组预审	PMS-10-01 供应商准入	推荐单位	供应商推荐表	30
30	供应商资格预审	专业工作组对供应商的资格进行预审	PMS-10-01 供应商准入	专业工作组		40
40	通知供应商预审结果	专业工作组通知供应商预审结果	PMS-10-01 供应商准入	专业工作组		50
50	供应商准入评审	专业工作组根据供应商预审结果，对供应商进行准入评审，拟定《供应商推荐名单》，形成《资格预审和准入评审报告》	PMS-10-01 供应商准入	专业工作组	供应商推荐名单、资格预审和准入评审报告	60
60	通知供应商评审结果	专业工作组准入评审完成后通知供应商准入评审结果	PMS-10-01 供应商准入	专业工作组		70
70	供应商准入审核	评审委员会对专业工作组的准入评审结果进行审核，审核完成后将《准入优选名单》提交给总部物采部核准	PMS-10-01 供应商准入	集团公司评审委员会	准入优选名单	80
80	核准	总部物采部核准《准入优选名单》	PMS-10-01 供应商准入	总部物采部		90
90	供应商名单公布		PMS-10-01 供应商准入	总部物采部		100
100	公示截止期无异议		PMS-10-01 供应商准入	总部物采部		110
110	通知入选供应商	公示截止期无异议的，专业工作组负责通知入选供应商	PMS-10-01 供应商准入	专业工作组		120
120	签订准入承诺书	供应商与专业工作组签订《供应商准入承诺书》	PMS-10-01 供应商准入	供应商	供应商准入承诺书	130
130	供应商准入证办理		PMS-10-01 供应商准入	总部物采部		结束

③ 权限设置需求：每个业务模块的权限需求需要详细描述，如表1-5所示。

表1-5 供应商准入权限需求

负责人岗位	描述
供应商	录入供应商基本信息
专业工作组	供应商资格预审、供应商准入评审
推荐单位	填写供应商推荐表

续表

负责人岗位	描述
集团公司评审委员会	供应商准入审核、准入方案评审
总部物采部	供应商准入核准、公布准入供应商名单、供应商准入办理

1.1.4 功能需求描述

功能需求描述是软件需求文档最核心的内容。在功能需求描述中，需要依赖前面的业务流程分析，同时结合用户操作的页面原形，然后按照操作步骤，分步讲解具体的操作内容。功能需求描述是项目模块设计最基本的依赖物。

1. 供应商管理模块功能概述

如表 1-6 所示，此处使用功能清单列表，把供应商管理模块的所有核心功能点都进行了编号管理。业务功能的核心是业务流程和业务规则，此处把每个业务功能需要涉及的业务流程进行了归纳。

表 1-6 供应商管理模块功能清单

功能点编号	功能名称	适用流程
PMS-10-01	供应商准入功能	ES2.1.1.1 供应商准入管理——一级供应商准入（自荐） ES2.1.1.2 供应商准入管理——一级供应商准入（推荐） ES2.1.1.3 供应商准入管理——一级供应商准入（特邀） ES2.1.1.4 供应商准入管理——准入方案报批
PMS-10-02	…	…
…	…	…

2. 功能点需求描述

如表 1-7 所示，对应需求编号，每一个业务功能都需要进行详细的操作步骤描述，同时业务规则也要在此处详细描述清楚。

表 1-7 供应商准入部分功能需求描述

需求编号	PMS-10-01	需求类型	前台操作/后台作业
需求描述	使用部门在物采平台、供应商在对外 portal 界面操作。操作步骤如下： 1. 内部专业工作组提报准入方案，报物资管理部门； 2. 物资管理部门进行审批，进入审批环节； ⋮ 11. 进入"供应商详细信息"界面，包含"详细信息""联系人信息""公司情况"等信息；		

续表

需求描述	供应商详细信息 详细信息 * 地址 ☐ 国家 ☐ 省 ☐ 市(区) ☐ * 详细地址 ☐ * 邮编 ☐ * 经营范围 ☐ * 质量管理体系认证 请选择类型 ▼ 发证机构：☐ * 产品质量认证 请选择类型 ▼ 发证机构：☐ 生产/制造许可证获证情况及编号 ☐ 获奖情况 ☐			
适用流程	1. ES2.1.1.1 供应商准入管理——一级供应商准入（自荐） 2. ES2.1.1.2 供应商准入管理——一级供应商准入（推荐） 3. ES2.1.1.3 供应商准入管理——一级供应商准入（特邀） 4. ES2.1.1.4 供应商准入管理——准入方案报批			
使用人员	供应商、专业工作组、推荐单位、授权组长单位、集团公司评审委员会、总部物采部			
需求优先级	非常重要	√	重要	一般

1.2 业务流程图的重要性

在 1.1 节的案例"中国石油物资采购管理系统"中，业务流程图和业务流程分解在需求阶段起着无法替代的核心作用。

业务流程图（TFD）是一种描述完成某个业务功能需要的作业顺序和信息流向的图表。它用一些规定的符号及连线表示某个具体业务的处理过程，帮助分析人员找出业务流程中的不合理流向。TFD 基本上按业务的实际处理步骤和过程绘制，是一种用图形方式反映实际业务处理过程的"流水账"。绘制这本"流水账"对于开发者理顺和优化业务过程是很有帮助的。

TFD 描述的是业务走向，比如病人，首先要去挂号，接着到医生那里看病开药，然后再到药房领药，最后回家。

TFD 主要使用流程、判定、文档、数据、参与部门、参与人员等图元，按照业务的实际处理步骤和过程绘制。通过业务流程图，可以详细地阐明某个业务场景或业务功能的处理过程。在需求阶段，业务流程图是最为重要的业务功能描述手段。

1.2.1 基本流程图

在 1.1 节的案例中，使用了大量的业务流程图来描述企业的业务需求。

业务流程图用于需求阶段，通常与业务原形图配合来描述具体的业务功能。基本流程图的绘制推荐使用微软 Office 中的 Visio 工具下的"基本流程图"模板进行绘制。

下面以大家熟悉的当当网上书城用户登录功能为例，使用业务流程图描述登录流程（如图 1-12 与图 1-13 所示）。

图 1-12　用户登录

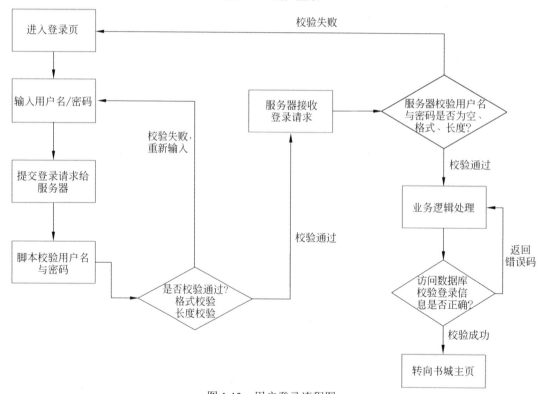

图 1-13　用户登录流程图

用户登录流程说明如下。

（1）通过浏览器进入书城用户登录页。

（2）输入用户名、密码后，提交登录请求。

（3）提交登录请求后，首先需要使用 JavaScript 脚本校验用户名是否为空，然后校验用户名的长度是否符合项目需求、是否存在特殊字符（防止 SQL 注入攻击）等。用户名校验合格后，再校验密码信息。

（4）客户端校验成功后，向 Web 服务器发送 HTTP 登录请求。

（5）服务器接收请求后，仍然需要在服务器端再次校验用户名和密码信息（防止跨过浏览器的黑客攻击）。

（6）服务器校验通过后，访问数据库，通过 SQL 语句判断用户名与密码是否正确。

（7）登录成功，转向业务系统的欢迎页；失败则提示用户名或密码错误。

注意：上述登录流程，主要强调了用户名与密码的客户端校验+服务器校验流程，至于用户名的长度与格式的具体要求等信息，需要在功能描述中的业务规则部分进行说明。网站的密码一般都需要进行加密处理，因此服务器收到密码后，应该进行解密，这些具体处理都属于业务规则部分，不在流程图中体现。另外，用户登录到底是 MVC 登录模式还是 AJAX 登录模式，需要在模块设计阶段确定，不必在流程图中体现这些细节。

1.2.2　复杂流程分解

在 PMS 中，如图 1-7～图 1-11 所示，当业务系统比较庞大、复杂时，需要按照模块进行分级管理。分级管理中的业务流程分解，可以采用微软 Visio 工具中的"跨职能流程图"的水平模板来绘制。

整个 PMS 流程分为四级，分别为主流程、二级流程、三级流程、四级流程。业务流程管理是业务逻辑的核心部分，大型项目通过流程的分级管理，把整个业务系统的核心内容描述得非常清楚。

"跨职能流程图"与"基本流程图"不同，它强调了职能部门与主业务流的关系，而具体的功能操作细节，应该使用"基本流程图"来完成。

1.2.3　角色参与流程

在 PMS 中，如图 1-11 所示，在描述一级供应商准入申请（推荐模式）审批流程中，通过角色参与，清晰地描述了如下场景：首先由供应商自己在系统中录入准入申请表，然后由专业工作组进行资格预审；预审通过后，由集团公司评审委员会进行资格审核；最后核准的部门是总部物采部。所有审核通过后，还需要经过公示，最终允许供应商签订准入承诺书。

角色参与的流程图，可以采用微软 Visio 工具中的"跨职能流程图"的垂直模板来绘制。

角色参与的流程图与基本流程图不同，通过不同职责部门的参与，能够更加清晰地体现各个业务处理步骤是如何完成的。

1.3 UML 与软件需求

UML（Unified Modeling Language）是一种广泛使用的建模语言，在需求分析、逻辑设计、项目部署中会经常使用 UML 进行建模。本节主要讲解 UML 在软件需求分析中的应用。

1.3.1 UML 介绍

UML 2.0 一共有 14 种图形，分别是用例图、类图、对象图、状态图、活动图、时序图、协作图、构件图、部署图、包图、组合结构图、交互概览图、计时图、制品图。

- 用例图（Use Case Diagram）：从用户角度描述系统功能。
- 类图（Class Diagram）：描述系统中类的静态结构。
- 对象图（Object Diagram）：描述系统中的一组对象在某一时刻的状态以及它们之间的关系，对象图可以看作类图在某一时刻的实例状态。
- 状态图（State Diagram）：描述一个状态机，由状态、转移、事件和活动组成，常用于动态特性建模。
- 活动图（Activity Diagram）：描述业务实现用例的工作流程，活动图强调对象间的控制流程。它对系统的功能建模和业务流程建模特别重要。
- 时序图（Sequence Diagram）：描述对象之间的动态合作关系，强调对象发送消息的顺序，同时显示对象之间的交互关系。
- 协作图（Collaboration Diagram）：描述对象之间的相互调用关系，通过消息调用，强调对象间的消息交互与消息顺序。
- 构件图（Component Diagram）：描述系统的静态实现视图，它描述一个封装的类和它的接口、端口以及由内嵌的构件和连接件构成的内部结构。
- 部署图（Deployment Diagram）：描述系统中软硬件的物理体系结构，它给出系统架构的静态部署视图。
- 包图（Package Diagram）：对构成系统的模型元素进行分组整理，描述由模型本身分解而成的组织单元，以及它们之间的依赖关系。
- 组合结构图（Composite Structure Diagram）：描述类或构件的内部结构，包括结构化类与系统其余部分的交互点。
- 交互概览图（Interaction Overview Diagram）：它是活动图和时序图的混合物。
- 计时图（Timing Diagram）：计时图也是一种交互图，强调消息跨越不同对象或参与者的实际时间，而不仅仅只是关心消息的相对顺序。
- 制品图（Artifact Diagram）：制品图描述计算机中一个系统的物理结构。制品包括文件、数据库和类似的物理集合，制品图通常与部署图一起使用。

1.3.2　UML 用例图

用例（Use Case）：表示用户与系统交互时发生的事件序列。Case 翻译过来是事例、实例、业务场景的意思。通过 Use Case 把业务系统的业务场景通过用户操作的角度描述出来。每个用例提供了一个或多个场景，该场景说明了业务系统是如何与最终用户或其他系统进行互动的，也就是描述谁（角色）可以用系统做什么，从而获得一个明确的业务目标。编写用例时要避免使用技术术语，应该用最终用户或者领域专家的语言。用例一般是由软件开发者和最终用户共同创作的。

用例图（Use Case Diagram）：表示某个功能模块下的多个用例组合。

1. 用例图基本图元

下面演示使用 IBM 公司的 Rational Rose 工具建立用例图的基本步骤。

（1）打开软件 Rational Rose，右击 Use Case View，在弹出的菜单中选择 New→Use Case Diagram（如图 1-14 所示）。

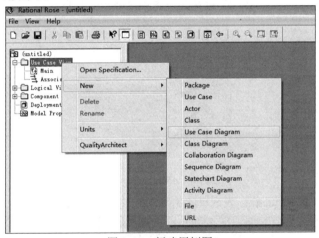

图 1-14　新建用例图

（2）修改新建的视图名称为"用户管理"，如图 1-15 所示。

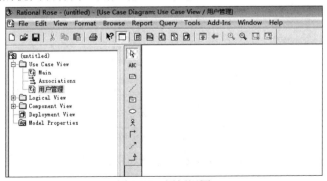

图 1-15　用例视图

（3）工具条中的 Package 表示包，即当用例图中描述内容很多时，可以按照不同的业务场景建立多个包，在每个包中分别绘制该场景下的用例图（如图 1-16 所示）。

图 1-16　包（Package）

（4）圆圈图元表示一个用例，小人图元表示当前系统的使用者（如图 1-17 所示）。每个用例都代表一个业务场景事件，应该使用动词给用例命名。

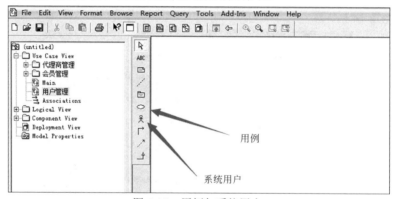

图 1-17　用例与系统用户

（5）Unidirectional Association 表示单向关联，即参与者指向用例的关联（如图 1-18 所示）。

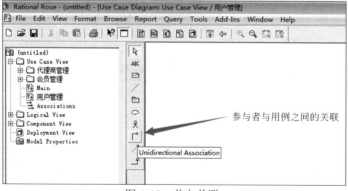

图 1-18　单向关联

（6）Dependency or instantiates 图元表示用例与用例之间的依赖或实例关系（如图 1-19 所示）。

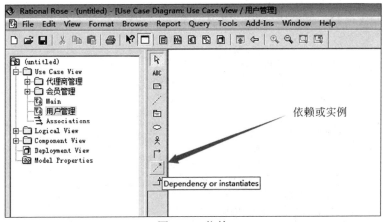

图 1-19 依赖

（7）Generalization 图元表示用例与用例之间的泛化关系（如图 1-20 所示）。

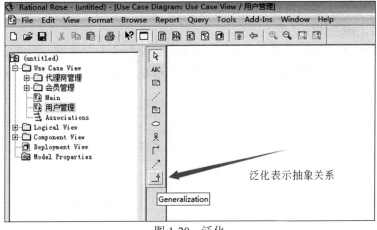

图 1-20 泛化

2．用例之间的关系

用例与用例之间，存在 Include（包含）关系、Extend（扩展）关系、Generalization（泛化）关系等。

1）包含关系

用例之间的包含（Include）关系是依赖关系的一种类型，它表示一个粗粒度的用例，可以包含多个细粒度的用例。注意：Include 关系的箭头指向为父用例指向子用例。

示例："用户管理"是一个粗粒度的用例，它又包含"加入黑名单""移出黑名单""升级 VIP"等多个子用例（如图 1-21 所示）。

2）扩展关系

用例之间的扩展（Extend）关系也是依赖关系的一种类型，它表示一个用例行为可能导致另外一个用例的发生。注意：Extend 关系的箭头指向为子用例指向父用例。

示例：如图 1-22 所示，"用户登录"是父用例，用户登录成功后，可能会产生"密码修改"和"修改联系方式"等与用户相关的用例发生。注意：扩展关系的子用例是可选的，不一定会发生。

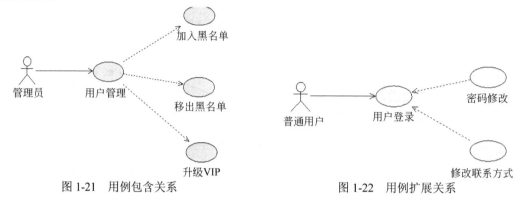

图 1-21　用例包含关系　　　　　图 1-22　用例扩展关系

3）泛化关系

用例之间的泛化关系与类之间的泛化关系非常类似，表示父用例为粗粒度的用例抽象，子用例为具体的用例实现。

示例：如图 1-23 所示，"超市收银"的用例是一个抽象的父用例，用户具体付款时，可以选择"现金支付""信用卡支付""微信扫码""充值卡支付"等很多具体支付手段。

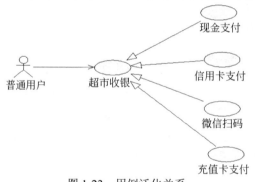

图 1-23　用例泛化关系

3. 案例：用户管理用例图

把当前系统的用户管理功能汇集在一起，可以用一张完整的用例图来显示（如图 1-24 所示）。在用例图中可以有多个角色参与，多种用例关系也可以同时存在。

1.3.3　UML 状态图

1. 状态图介绍

状态图（Statechart Diagram）是用于描述一个对象在其生存期间，随着业务事件变化，对象状态跟着发生变化的图形。在软件需求分析阶段，很多业务场景必须要使用状态图才能描述清楚。

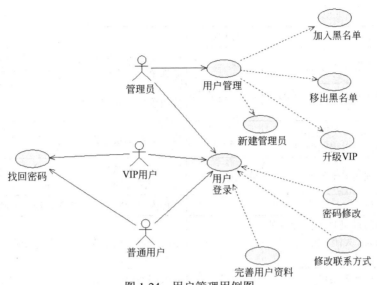

图 1-24 用户管理用例图

状态图中的图元（如图 1-25 所示）主要由开始状态（Start State）、状态（State）、状态转移（State Transition）、结束状态（End State）组成。

注意：状态使用名词描述，状态转移使用动词描述。

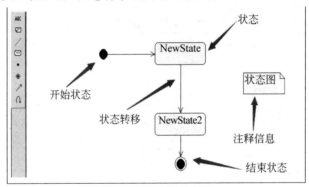

图 1-25 状态图的图元

2. 案例：CallCenter 热线问题受理流程

在 CallCenter（呼叫中心）业务系统中，处理用户反馈问题是一个常见的业务形态，其基本操作步骤如下（状态图描述如图 1-26 所示，业务处理流如表 1-8 所示）。

表 1-8 投诉及建议问题跟踪（前置条件：热线信息已经受理）

标号	场景描述	用户输入	系统响应
1	客户经理进入热线问题分配页	受理方式	列表显示所有指定受理方式下，状态为"已受理"的记录
2	客服经理分配建议和投诉问题	相关部门	修改受理单的状态为"已分配"

续表

标号	场景描述	用户输入	系统响应
3	部门负责人登录本系统		根据用户名提取该用户负责的部门下所有待处理的受理单（一个用户可能是多个部门的负责人）
4	处理受理单，设置解决时间和责任人	责任人、解决时间	修改受理单状态为"已打开"
5	处理受理单：写明退回原因后，部门负责人可以退回受理单	回复意见	修改受理单状态为"已处理"
6	延期未处理的单子列表	受理单状态	用户登录本系统后，对于属于当前用户处理的延期未处理的受理单，列表提示
7	处理受理单		责任人处理完毕后，修改处理单的状态为"已处理"
8	客户经理校验处理单：设置处理单状态为"关闭"或"观察"，或重新分配处理单		修改受理单状态为"关闭""观察"或"已分配"
9	客户经理处理观察单		修改观察单的状态为"关闭"或"已分配"

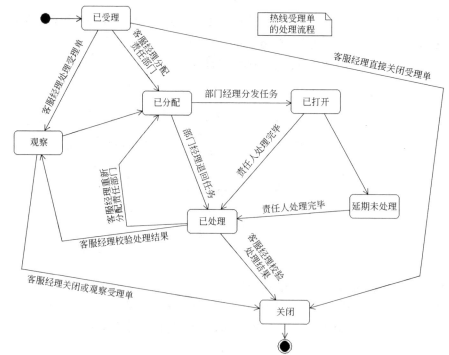

图 1-26 热线问题处理状态图

- 客服收到用户的投诉和建议信息后，应该转发给相关部门负责人（客服只对应部门负责人，具体问题由部门负责人安排本部门人员解决）。
- 相关部门收到建议或投诉信息后，应立即回复，并明确指出解决时间。在约定时间内没有解决的问题，由客服人员跟踪督促。

- 已经解决的问题，由客服人员调整相关问题的状态为"关闭"。
- 受理单状态：已受理、已分配、已打开、延期未处理、已处理、关闭、观察。
- 对于回复状态为"已处理"的问题反馈单，客服经理可以重新分配或关闭。
- 对于重复问题或不需解决的问题，客服经理可以直接把问题置为"观察"或"关闭"。

1.3.4 UML 活动图

1. 活动图介绍

活动图（Activity Diagram）在本质上是一种业务流程图。活动图着重体现从一个活动到另一个活动的控制流（如图 1-27 所示）。在软件需求分析阶段，活动图可以达到与流程图异曲同工的作用。活动图特点如下。

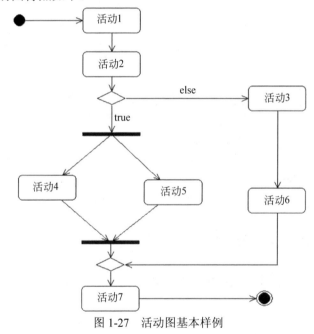

图 1-27　活动图基本样例

- 活动图和交互图是 UML 中对系统动态方面建模的两种主要形式。
- 交互图强调的是对象到对象的控制流，而活动图则强调的是从活动到活动的控制流。
- 活动图是一种描述业务过程以及工作流的技术。它可以用来对业务过程、工作流建模，也可以对用例实现甚至是程序实现来建模。
- 活动图也可以算是状态图的一个变种，并且活动图的符号与状态图的符号非常相似，有时会让人混淆。活动图的主要目的是描述动作及过程的改变，而状态图则主要描述对象状态的切换。活动图中的状态转换不需要任何触发事件。活动图中的动作可以放在泳道中，而状态图则不可以。

2. 案例：订单处理

图 1-28 为订单处理的活动图案例。在图中使用泳道（Swimlane）来表示各个活动的参与角色，同时在活动图中可以用水平（垂直）同步线来表示并行的活动，如订单审核通过后仓库与财务部就可以并行处理业务。

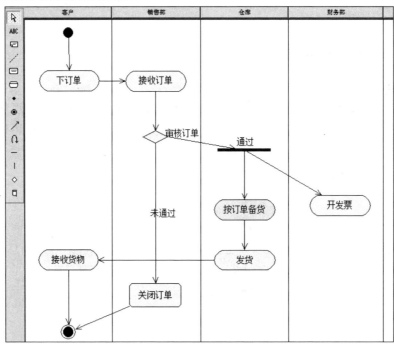

图 1-28　订单处理活动图

1.4　软件需求概念模型

使用 PowerDesigner 设计工具，可以建立概念模型（如图 1-29 所示）。概念模型就是提

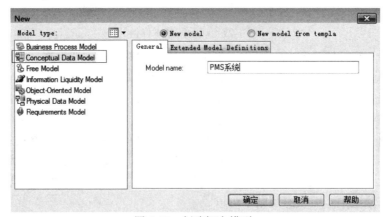

图 1-29　创建概念模型

取需求文档中的名词概念，创建对应的实体或实体属性。同时，在概念模型中可以体现实体之间的关系。

概念模型是软件需求分析阶段的重要产物，通过概念模型图可以总览整个系统的所有核心概念和它们之间的关系。概念模型图可以转换为设计阶段的逻辑模型与物理模型。

1.4.1 实体与属性

在真实项目案例"视频点播 VOD 系统"中存在很多业务概念，这些概念都是通过 XML 元数据格式提供的，参见如下格式。

```xml
<catalog publishedTime="1970-01-01T08:00:00+08:00" version="39">
  <service name="timeshiftService" type="svod" offeringId="653"
      price="500" displayPrice="$5.00">
    <description>timeshiftService</description>
  </service>
  <service name="nPVRService" type="svod" offeringId="652"
      price="500" displayPrice="$5.00">
    <description>nPVRService</description>
  </service>
  <offering offeringId="1321" price="0" rentalDuration="86400"
      expirationDate="2008-08-28T00:00:00+08:00"
      createTime="2007-08-22T19:54:22+08:00"
      modifiedTime="2007-08-22T19:57:20+08:00" serviceName="nPVRService"
      packageName="TANDBERGTV::RTI::BSPK0001176621851265">
    <description>实时注入 19:57-799</description>
    <title assetName="1::BSTL0001176621851265">
        <metadata name="MOD::Preview_Period" value="300" />
        <metadata name="MOD::Summary_Long"
            value="eventid=518,starttime=20070415195700" />
        <metadata name="AMS::Version_Major" value="1" />
        <metadata name="AMS::Description"
            value="BSTL0001176621851265 title" />
        <metadata name="AMS::Product" value="RTI" />
        <metadata name="AMS::Asset_Class" value="title" />
        <metadata name="MOD::Display_Run_Time" value="00:00" />
        <metadata name="AMS::Asset_Name" value="BSTL0001176621851265" />
        <metadata name="MOD::Summary_Short" value="channelname=TTV-099,
            eventid=518, starttime=20070415195700" />
        <metadata name="AMS::Verb" value="" />
        <metadata name="MOD::Rating" value="G" />
        <metadata name="MOD::Licensing_Window_Start" value="2007-02-14" />
        <metadata name="AMS::Provider" value="TANDBERGTV" />
        <metadata name="AMS::Provider_ID" value="1" />
        <metadata name="AMS::Version_Minor" value="1" />
        <metadata name="MOD::Provider_QA_Contact" value="Xport Administrator"/>
        <metadata name="MOD::Licensing_Window_End" value="2008-08-27" />
        <metadata name="MOD::Suggested_Price" value="0.00" />
        <metadata name="MOD::Run_Time" value="00:00:00" />
        <metadata name="AMS::Asset_ID" value="BSTL0001176621851265" />
        <metadata name="MOD::Billing_ID" value="0" />
        <metadata name="MOD::Summary_Medium" value="channelname=TTV-099,
            eventid=518,starttime=20070415195700" />
        <metadata name="AMS::Creation_Date" value="2007-04-15" />
        <metadata name="MOD::Category" value="npvr" />
        <metadata name="MOD::Category" value="timeshift" />
```

```xml
                <metadata name="MOD::Type" value="title" />
                <metadata name="MOD::Title" value="实时注入 19:57-799" />
                <metadata name="MOD::Title_Brief" value="实时注入 19:57-799" />
                <metadata name="MOD::Closed_Captioning" value="N" />
        </title>
        <movie assetName="1::BSMV0001176621851265"
            title="实时注入 19:57-799" shortTitle="实时注入 19:57-799" runTime="0"
            rating="G" releaseYear="0">
            <description>channelname=TTV-099, eventid=518, starttime=
20070415195700
            </description>
            <metadata name="AMS::Provider" value="TANDBERGTV" />
            <metadata name="AMS::Provider_ID" value="1" />
            <metadata name="MOD::Audio_Type" value="Dolby Digital" />
            <metadata name="AMS::Version_Minor" value="1" />
            <metadata name="AMS::Version_Major" value="1" />
            <metadata name="AMS::Description"
                value="BSMV0001176621851265 Description" />
            <metadata name="AMS::Asset_ID" value="BSMV0001176621851265" />
            <metadata name="AMS::Asset_Class" value="movie" />
            <metadata name="AMS::Product" value="RTI" />
            <metadata name="MOD::Content_CheckSum"
                value="70e4b71544c94f7faa1ce4f19b42b078" />
            <metadata name="MOD::Content_FileSize" value="83554720" />
            <metadata name="MOD::Content_Type" value="RealTime" />
            <metadata name="AMS::Creation_Date" value="2007-04-15" />
            <metadata name="AMS::Asset_Name"
                value="BSMV0001176621851265" />
            <metadata name="MOD::Type" value="movie" />
            <metadata name="AMS::Verb" value="" />
        </movie>
</offering>
<category name="scrambledfiles" id="11" hasCategories="false"
        hidden="false" exitAndTune="false">
        <description />
        <metadata name="DisplayRule" value="Default" />
        <metadata name="ExitAndTuneSrcId" value="0" />
        <metadata name="TuningURL" value="" />
        <offeringid>3501</offeringid>
        <offeringid>3502</offeringid>
</category>
</catalog>
```

在如上 XML 描述中，可以提取很多有用的概念，然后按照实体和属性的方式，在概念模型图中进行分析（如图 1-30 所示）。

1.4.2 实体之间的关系

在实体之间，存在着一对一、一对多、多对一等关系（使用 Relationship 图元建立），还存在关联关系（Association 图元，表示多对多）和继承关系（Inheritance）等，如图 1-31 所示。

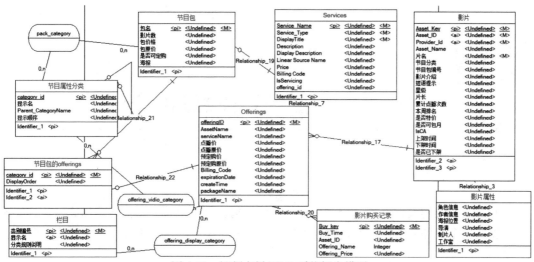

图 1-30 视频点播 VOD 系统概念模型

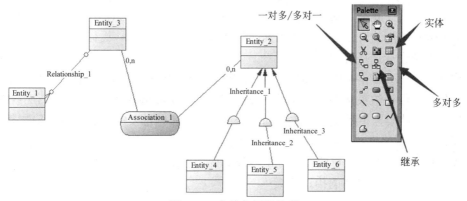

图 1-31 实体之间的关系

第 2 章 软件架构设计

简单来说,架构设计就是一个体现软件系统如何实现的草图,它描述了构成系统的抽象组件,以及各个组件之间是如何进行通信的,这些组件在实现过程中可以被细化为实际的接口、类或者对象。

在《软件架构简介》中,David Garlan 认为软件架构设计需要考虑如下问题:"除算法和数据结构之外,设计并确定系统整体结构。结构问题包括总体组织结构、全局控制结构、通信、同步和数据访问的协议等;设计元素的功能分配、物理分布;设计元素的组成;定标与性能要求;备选设计选择等。"

架构和结构不要混淆,IEEE 把架构定义为"系统在其环境中的最高层概念",架构还包括系统完整性、经济约束条件、审美需求和样式等。在 Rational Unified Process 中对软件架构的解释为:软件架构指系统重要构建的组织或结构,这些重要的构建通过接口与其他构建进行交互。

总体来说,软件架构是对软件系统从整体到部分的描述,从开发到运行再到后期扩展的描述,从性能到安全可靠性的描述等。

2.1 架构设计五视图

软件系统的架构设计没有标准方法,图 2-1 所示是一种常用的架构设计五视图模式。

1)物理架构

物理架构的目的是确定物理节点和物理节点间的拓扑结构。其中,物理节点包括服务器、PC、专用机、软件安装部署以及系统软件的选型;拓扑结构明确物理节点之间的关系。

2)运行架构

运行架构的目的是确定控制流和控制流组织。其中,控制流包括进程、线程、中断服务程序;控制流组织包括系统的启动与停机、控制流通信、加锁与同步。

3)开发架构

开发架构的目的是确定程序单元以及程序单元的组织结构。其中,程序单元包括源文件、配置文件、程序库、框架、目标单元等;程序单元组织包括 Project(项目)划分、Project 目录结构、编译依赖关系等。

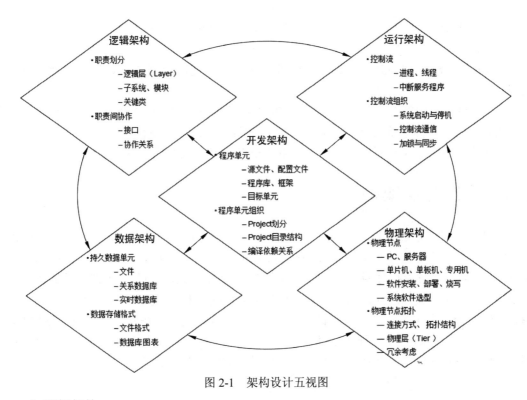

图 2-1 架构设计五视图

4）逻辑架构

逻辑架构的目的是职责划分，并明确职责间的协作关系。其中，职责的划分注意逻辑的分层、子系统以及关键类的定义；协作的定义关注接口的定义与协作关系的明确。

5）数据架构

数据架构的目的是确定要存储的数据以及存储格式。其中，存储的数据可以是文件、关系数据库、实时数据库等；存储格式包括文件格式、数据库图表等。

2.2 开发架构模式选择

在软件架构设计五视图中，开发架构是五视图的核心视图。而在开发架构中，选择何种开发架构模式则是整个项目能否成功的重要因素。

在软件项目中，需求阶段首先考虑的是按照功能进行模块划分，而在开发架构中，首先考虑的则是软件开发结构的纵向分层。

（1）在传统的桌面 App 系统，常见的分层结构为三层架构模式。

（2）在 Java Web 系统中，三层架构升级为 MVC 架构模式和 AJAX 架构模式。

（3）在 Java EE 系统中，Web 服务器与应用服务器分离，服务层和数据访问层被抽取到应用服务器上，而控制层和视图层则部署在 Web 服务器上。

（4）SOA 架构模式是在 Java EE 的架构基础上，把公共服务抽取到公用服务器上。

（5）以 Dubbo 为代表的 RPC 架构，特点是使用 Dubbo 的应用服务器来替代 Java EE 的 EJB 服务器。

（6）以 Spring Cloud 为代表的微服务架构，特点是应用服务器对外接口使用 HTTP 访问。

（7）MOM 架构以消息中间件为基础，可以把项目中的同步操作变为异步操作。在大型企业项目架构中，为了承载高并发请求，MOM 架构是必不可少的。

基于上面的几种架构模式，本章会详细讲解各种开发架构的特点和应用场景。

2.3 软件三层架构

软件三层架构是最早的软件纵向分层技术，是其他分层技术的基础。早期的软件编程技术，如 C 语言，它是通过头文件嵌入（Include）和函数名来识别功能模块的，因此函数的名字会很长。C++语言流行时期，没有非常明确的软件分层技术，因此代码耦合是最让人头疼的事情，尤其是头文件的互相包含问题。ASP 是最早期的 B/S 开发语言，在这个平台上，视图和逻辑完全耦合在了一起，客户端代码与服务器端代码是交织在同一个页面上编程的。

2000 年后，软件三层架构的思想才逐渐清晰、明朗。软件纵向分层思想的出现，对后期的软件编程影响深远。传统的软件三层架构模型如图 2-2 所示。

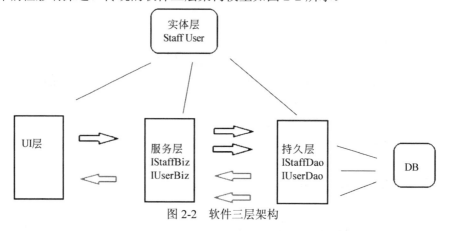

图 2-2 软件三层架构

软件三层架构分为 UI 层、服务层（或称业务逻辑层）、持久层（注意：实体层对象用于跨层传递数据）。软件三层架构模式主要应用于桌面 App 系统，即早期的 C/S 系统的客户端程序，使用三层架构模式，代码的可读性、可维护性有了很大的提升。

下面以传统桌面 App 项目的用户登录（如图 2-3 所示）为例，演示软件三层架构的应用，这是使用 Swing 搭建的桌面 App 系统样式。

要实现桌面 App 系统的用户登录，操作步骤如下所述。

（1）设计用户表。

此处使用 MySQL 数据库，创建用户表，其中用户名字段为主键。

图 2-3　用户登录窗口

```
create table TUser(
    uname       varchar(30) not null,
    pwd         varchar(15) not null,
    role        int not null,
    tel         varchar(11),
    primary key(uname)
);
```

（2）通过创建 Package（包）来实现三层架构，如图 2-4 所示。

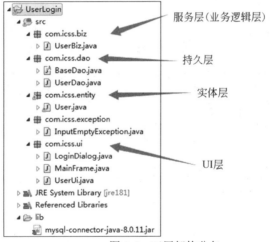

图 2-4　三层架构分包

（3）Swing 搭建主窗口和用户登录窗口（UI 层）。

UI 层需要使用 JFrame 创建主窗口，而用户登录窗口是模式对话框。

【由于涉及代码较多，此处只描述了部分核心代码，完整代码参见本书配套资源】

```
public class MainFrame extends JFrame implements ActionListener{
    public void paint(Graphics g){
        super.paint(g);
        showLoginDialog();
    }
    private void showLoginDialog(){
        loginDialog.setLocationRelativeTo(this);
        loginDialog.setMaximumSize(new Dimension(260, 160));
        loginDialog.setResizable(false);
```

```java
            loginDialog.setTitle("用户登录");
            loginDialog.setVisible(true);
            if(loginDialog.isOK){
                this.mUname = loginDialog.mUname;
                if(m_bPreview){
                    m_bPreview = false;
                    this.setTitle("当前用户: " + mUname);
                    this.setExtendedState(Frame.MAXIMIZED_BOTH);
                }
            }else{
                System.exit(0);
            }
        }
    }
}
```

在模式对话框中，校验用户名、密码不为空后，在 UI 层调用服务层对象 UserBiz，进行用户登录的逻辑校验。

```java
public class LoginDialog extends JDialog implements ActionListener{
    private JPanel pnlMain;
    public JTextField inputA;
    public JPasswordField inputPwd;
    private JLabel labelA,labelPwd;
    private JButton ok, cancal;
    public Boolean isOK;
    public String mUname,mPwd;
    public LoginDialog(){
        ... //搭建用户登录窗口，必须为模式对话框
    }
    public void actionPerformed(ActionEvent e) {
        Object obj = e.getSource();
        if(obj instanceof JButton){
            if(obj.equals(ok)){
                if( validA() && validPwd()){
                    UserBiz userBiz = new UserBiz();
                    try{
                        //UI 层调用逻辑层对象
                        User user = userBiz.login(mUname, mPwd);
                        if(user != null){
                            ...
                        }
                    } catch (Exception ex) {
                        JOptionPane.showMessageDialog(this,"系统异常，请检查!");
                    }
                }
            }else{
                isOK = false;
                this.setVisible(false);
            }
        }
    }
}
```

（4）编写用户登录逻辑（服务层）。

服务层的职责是入参校验、业务流程控制、业务规则匹配等，服务层调用持久层对象 UserDao 进行数据库的访问校验。

```java
public class UserBiz {
    public User login(String uname,String pwd) throws Exception {
        if(uname == null || uname.equals("")) {
```

```
            throw new InputEmptyException("用户名不能为空");
        }
        if(pwd == null || pwd.equals("")) {
            throw new InputEmptyException("密码不能为空");
        }
        UserDao dao = new UserDao();
        try{
            return dao.login(uname, pwd);
        } finally{
            dao.closeConnection();
        }
    }
}
```

（5）编写持久层访问数据库代码（持久层）。

持久层的主要职责就是访问数据库，在 Java 中使用 JDBC 来访问关系数据库。持久层的执行结果，会通过 User 对象返回给调用者 UserBiz 对象。

```
public class UserDao extends BaseDao{
    public User login(String uname,String pwd) throws Exception {
        User user = null;
        String sql = "select * from tuser where uname=? and pwd=?";
        this.openConnection();
        PreparedStatement ps = this.conn.prepareStatement(sql);
        ps.setString(1,uname);
        ps.setString(2,pwd);
        ResultSet rs = ps.executeQuery();
        while(rs.next()) {
            user = new User();
            user.setUname(uname);
            user.setPwd(pwd);
            user.setRole(rs.getInt("role"));
            user.setTel(rs.getString("tel"));
            break;
        }
        rs.close();
        ps.close();
        return user;
    }
}
```

（6）实体层。

如图 2-2 所示，实体层对象用于跨层传递数据。UI 层、服务层、持久层代码都可以访问实体层的对象。在用户登录的示例中，持久层登录校验成功，就会创建一个实体对象 User，然后 User 对象的引用会传递给服务层，服务层再传递给 UI 层。最后，UI 层通常会把用户登录后的完整信息（如角色、电话等）存储在本地内存中。

注意：实体对象中只能有属性，不能有方法。另外，实体对象需要实现 Serializable 接口，这样实体对象就可以序列化或跨网络传输了。

```
public class User implements Serializable{
    private String uname;
    private String pwd;
    private int role;
    private String tel;
    public String getUname() {
```

```
        return uname;
    }
    public void setUname(String uname) {
        this.uname = uname;
    }
    ...
}
```

（7）主函数启动。

桌面 App 系统的运行必须要启动主函数 main()，在主函数中创建 MainFrame 对象，从而使整个窗口系统启动运行。

```
public class UserUi {
    public static void main(String[] args){
        MainFrame frame = new MainFrame("login demo");
        frame.setExtendedState(JFrame.MAXIMIZED_BOTH);
        frame.getContentPane().setBackground(new Color(0,0,0));
        frame.setDefaultCloseOperation(3);
        frame.setVisible(true);
    }
}
```

2.4 MVC 架构

MVC（Model-View-Controller）架构模式是在三层架构的基础上发展出来的 B/S 编程架构。Java 早期的 B/S 编程模式是"JSP + JavaBean"的架构模式，这个模式与 ASP 的编程模式相比有了很大的进步，即把所有的项目代码都进行了视图与逻辑的剥离。但是在"JSP + JavaBean"的编程模式中没有控制器的概念，即 Servlet 组件的定位是字符流和字节流的输出，而不是控制器。

MVC 架构如图 2-5 所示，Servlet 组件的定位与传统模式相比发生了很大的变化。在 MVC

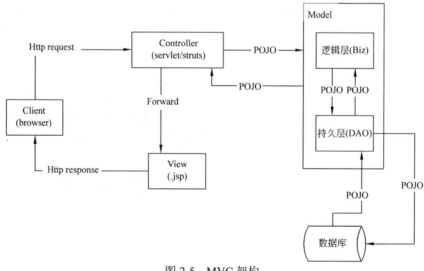

图 2-5 MVC 架构

架构中，Servlet 组件的核心功能是控制页面的迁移方向，即控制器的作用；JSP 的定位是视图，虽然 JSP 的本质仍然是 Servlet，但是在使用时与 Servlet 的作用截然不同。

最典型的视图是 JSP 页面，当然还可以是"*.html"页面、FreeMarker 模板页面、velocity 模板页、PDF 页、报表等。

下面以 B/S 模式的用户登录为例，来讲解 MVC 架构的特点，操作步骤如下所述。

（1）通过分包来实现 MVC 架构，如图 2-6 所示。

（2）新建视图 login.jsp 页面。

用户登录页在浏览器中的显示样式如图 2-7 所示，页面代码如下。

```
<div align="center">
    <form method="post" action="<%=basePath%> LoginSvl">
        <table>
            <tr height="100"></tr>
            <tr>
                <td>用户名</td>
                <td><input type="text" id="uname" name="uname"></td>
            </tr>
            <tr>
                <td>密码</td>
                <td><input type="password" id="pwd" name="pwd"></td>
            </tr>
            <tr>
                <td align="center" colspan="2">
                    <input type="submit" value="提交"></td>
            </tr>
            <tr>
```

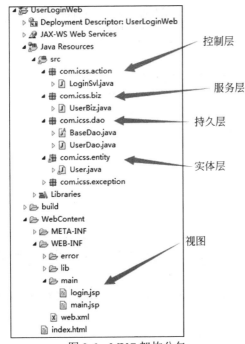

图 2-6 MVC 架构分包

图 2-7 MVC 用户登录

```html
                <td align="center" colspan="2"><span id="msgSpan"
                    style="color: red; font-size: 8px;">${msg}</span>
                </td>
            </tr>
        </table>
    </form>
</div>
```

（3）新建控制器 LoginSvl。

根据 HTTP 的请求方法 GET/POST，在控制器中分别使用 doGet()转到 login.jsp 页；使用 doPost()方法处理客户端提交的请求信息。

```java
@WebServlet("/LoginSvl")
public class LoginSvl extends HttpServlet {}

//因为login.jsp页在WEB-INF下，无法直接访问，所以只能通过doGet()方法进入登录页
protected void doGet(HttpServletRequest request, HttpServletResponse response)
                throws ServletException, IOException {
    request.getRequestDispatcher("/WEB-INF/main/login.jsp").forward(request, response);
}
//根据逻辑层的返回结果不同，控制器分别转向不同的处理视图页
protected void doPost(HttpServletRequest request, HttpServletResponse response)
                throws ServletException, IOException {
    String uname = request.getParameter("uname");
    String pwd = request.getParameter("pwd");
    UserBiz biz = new UserBiz();
    try {
        User user = biz.login(uname, pwd);
        if(user == null) {
            request.setAttribute("msg", "用户名或密码错误，请重新输入");
            request.getRequestDispatcher("/WEB-INF/main/login.jsp")
                                    .forward(request, response);
        }else {
            request.getSession().setAttribute("user", user);
            request.getRequestDispatcher("/WEB-INF/main/main.jsp")
                                    .forward(request, response);
        }
    } catch (InputEmptyException e) {
        request.setAttribute("msg", e.getMessage());
        request.getRequestDispatcher("/WEB-INF/main/login.jsp").forward(request, response);
    } catch (Exception e) {
        e.printStackTrace();
        request.getRequestDispatcher("/WEB-INF/error/err.jsp").forward(request, response);
    }
}
```

（4）MVC 架构的用户登录逻辑层代码和持久层代码与三层架构模式的代码完全相同，此处不再赘述。

（5）控制器转向视图后，从逻辑层返回的实体对象，通过 request 对象的属性进行传递，在 login.jsp 中通过 EL 表达式解析显示。

【本节完整代码参见本书配套资源】

2.5 AJAX 架构

AJAX（Asynchronous Javascript And XML）是在 MVC 架构之后产生的新型架构模式。在 Web 2.0 时代，越来越追求客户请求响应速度与用户体验，因此 MVC 架构响应速度慢、传输数据量大的缺陷就越来越明显。

AJAX 的特点是在客户端浏览器中发起 HTTP 请求的不再是浏览器本身，而是内置于浏览器中的 AJAX 引擎（如图 2-8 所示）。通过 AJAX 引擎，可以发送异步请求给 Web 服务器。服务器接收到请求后，回应的数据不再是 HTML 页面，而是文本信息或 JSON 数据。AJAX 引擎接收到服务器的回应后，不需要刷新整个页面，只需要局部刷新即可。

在 AJAX 的交互模式下，由于传输数据大幅减少，而且客户端只需要局部刷新，因此页面响应速度大幅提升，用户体验也随之有了明显改善。

下面以用户登录为例，来讲解 AJAX 架构的特点，操作步骤如下所述。

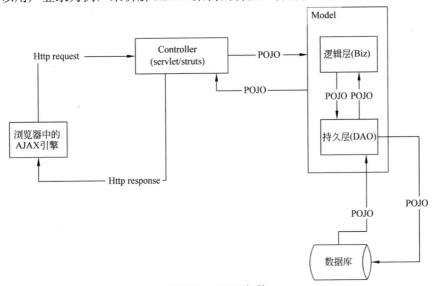

图 2-8 AJAX 架构

（1）通过分包来实现 AJAX 架构，如图 2-9 所示。

AJAX 架构的分包只有视图层与 MVC 架构有差异，它在视图层使用 login.html 作为前端显示页面。JSP 页面执行需要翻译、编译过程，速度较慢，而 HTML 页可以使用缓存，因此 login.html 登录页面加载速度远快于 login.jsp 页面。

（2）login.html 页面 AJAX 登录显示效果（如图 2-10 所示）与 MVC 登录效果（如图 2-7 所示）相同，但是实现机制与性能有很大差异。login.html 的页面布局代码如下，它与 login.jsp 相比没有了 form 标签，提交按钮使用 type="button" 代替了 type="submit"。

```
<table>
    <tr height="100"></tr>
```

图 2-9 AJAX 架构分包

图 2-10 AJAX 用户登录

```
<tr>
    <td>用户名</td>
    <td><input type="text" id="uname" name="uname"> </td>
</tr>
<tr>
    <td>密码</td>
    <td><input type="password" id="pwd" name="pwd"></td>
</tr>
<tr>
    <td colspan="2" align="center">
    <input type="button" value="提交" onclick="tijiao()"></td>
</tr>
<tr>
    <td colspan="2" align="center">
    <span id="msgSpan" style="color:red;font-size: 8px;"></span>
    </td>
</tr>
</table>
```

（3）在 login.html 页面，使用 JS 脚本调用 AJAX 引擎，提交异步登录请求。

```
<script src="../js/jquery.min.js"></script>
function tijiao(){
    var uname = $('#uname').val();
    var pwd = $('#pwd').val();
    console.log("获取本地输入框的值: uname=" + uname + ",pwd=" + pwd);
    $.ajax({
    type:"POST",
    url:"http://127.0.0.1:8080/UserLoginAjax/LoginSvl",
    data:"uname=" + uname + "&pwd=" + pwd,
    success:function(msg){
        ...
        }
    });
}
```

（4）如图 2-8 所示，控制器 LoginSvl 调用逻辑层处理用户登录请求，然后把处理结果使用文本信息或 JSON 格式，直接返回给客户端的 AJAX 引擎（MVC 架构是页面转向）。

```java
protected void doPost(HttpServletRequest request, HttpServletResponse response)
            throws ServletException, IOException {
    String uname = request.getParameter("uname");
    String pwd = request.getParameter("pwd");
    response.setCharacterEncoding("utf-8");
    PrintWriter out = response.getWriter();
    UserBiz biz = new UserBiz();
    try {
        User user = biz.login(uname, pwd);
        if(user == null) {
            out.println("0");
        }else {
            request.getSession().setAttribute("user", user);
            out.println("1");
        }
    } catch (InputEmptyException e) {
        out.println("2");
    } catch (Exception e) {
        e.printStackTrace();
        out.println("-1");
    }
    out.flush();
    out.close();
}
```

（5）客户端的 AJAX 引擎接收到服务器回应后，局部刷新页面，显示登录结果或由客户端转向其他页（MVC 架构是服务器页面转向，AJAX 是客户端页面转向）。

```javascript
$.ajax({
type:"POST",
url:"http://127.0.0.1:8080/UserLoginAjax/LoginSvl",
data:"uname=" + uname + "&pwd=" + pwd,
success:function(msg){
        console.log("接收服务器的返回数据msg=" + msg);
      if(msg == 0){
        $('#msgSpan').html("用户名或密码错误，请检查");
      }else if(msg == 1){
          window.location.href="main.html";
      }else if(msg == 2){
        $('#msgSpan').html("用户名、密码都不能为空！");
      }else if(msg == -1){
        $('#msgSpan').html("网络异常，请稍后重试");
      }
    }
});
```

【本节完整代码参见本书配套资源】

2.6 前后台分离架构

手机 App 开发通常采用前后台分离架构。前台页面数据打包成 App 直接安装在手机上，而业务数据处理在远程服务器端。下面以用户登录为例,来演示前后台分离架构的应用。

以 AJAX 架构项目为基础,很容易就可以改造成前后台分离的架构模式,操作步骤如下。

(1) 使用 STS 工具新建后台服务,项目名称为 UserService(如图 2-11 所示)。

(2) UserService 中没有视图层、控制层、服务层、持久层代码与 AJAX 架构的后台代码完全相同。

(3) 使用 HBuilder 新建一个前台项目,项目类型为"5+App"(如图 2-12 所示)。

图 2-11　前后台分离架构的后台　　　　　图 2-12　5+App 项目

(4) 在 HBuilder 中编写前台页面 login.html,目录结构如图 2-13 所示,开发环境和样式如图 2-14 所示,代码如下。

```
<meta name="viewport"
    content="width=device-width, maximum-scale=1.0, minimum-scale=1.0, user-scalable=0" />
 <script src="../js/jquery.min.js"></script>
<script>
    function tijiao(){
        //异步提交,访问远程的微服务进行登录
        var uname = $('#uname').val();
        var pwd = $('#pwd').val();
        console.log("获取本地输入框的值: uname=" + uname + ",pwd=" + pwd);
        $.ajax({
            type: "POST",
            url: "http://127.0.0.1:8080/UserService/LoginSvl",
            data: "uname=" + uname + "&pwd=" + pwd,
            success: function(msg){
                console.log("接收服务器的返回数据 msg=" + msg);
                if(msg == 0){
                    $('#msgSpan').html("用户名或密码错误,请检查");
                }else if(msg == 1){
                    localStorage.setItem("uname",uname);
                    window.location.href="main.html";
                }else if(msg == 2){
```

```
                $('#msgSpan').html("用户名、密码都不能为空！");
            }else if(msg == -1){
                $('#msgSpan').html("网络异常，请稍后重试");
            }
        }
    });
}
</script>
```

HBuilder 中的前台页面 login.html 与 AJAX 架构中的 login.html 的主要区别如下。

（1）手机 App 中的 login.html 为本地资源，App 打包后会自动部署到手机的 App 中。而 AJAX 架构中的 login.html 是服务器资源，需要浏览器通过 HTTP 访问后才能在浏览器中显示。

（2）手机 App 中使用的是内置浏览器，对 Cookie 等有所限制。

（3）用户登录成功后，手机 App 转向本地的 main.html 页。而 AJAX 架构中的 login.html 登录成功后，需要远程访问服务器的 main.html 页。

图 2-13　前台目录结构

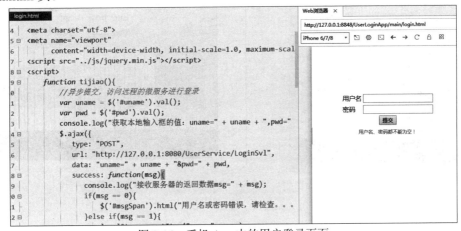

图 2-14　手机 App 中的用户登录页面

（4）手机 App 的本地页面迁移，无法通过 HTTP 参数传递数据，因此使用 localStorage 或 sessionStorage 来跨页面传递数据。

【本节完整代码参见本书配套资源】

2.7　Java EE 架构

2.7.1　Java EE 架构介绍

Java EE 架构是 Java 开发平台最重要的软件架构模式，是 SUN 和甲骨文公司多年来一直主推的企业项目开发架构。

如图 2-15 所示，在 Java EE 架构中，软件项目会分别部署在 Web 服务器和 EJB 应用服务器上，由传统的单一 Web 服务器模式演化成多服务器的分布式模式。

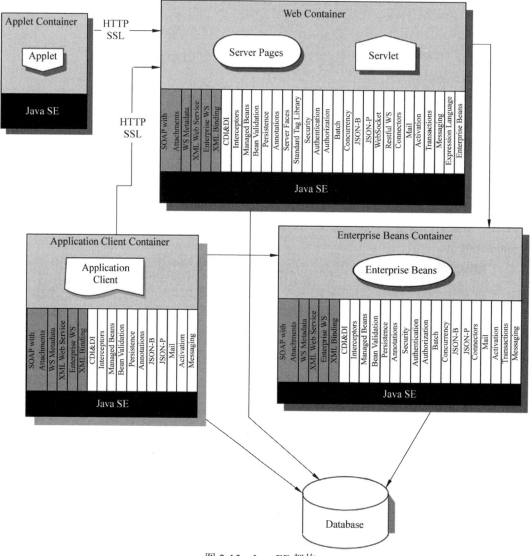

图 2-15　Java EE 架构

在 AJAX 架构和 MVC 架构基础上，把逻辑层和持久层代码抽取到 EJB 服务器上，创建独立的 EJB 服务，Web 服务器与 EJB 服务器通过 RMI-IIOP 进行远程调用，这样就可以成为标准的 Java EE 架构。

图 2-15 中的核心概念参考如下。

- Enterprise Beans：企业级 Java Bean，简称 EJB。

- Enterprise Beans Container：EJB 容器，如 Weblogic、Websphere、JBoss 等。
- Servlet：Web 容器中用途最多的组件。
- Server Pages：简称 JSP 页面。
- Web Container：Web 容器，最常用的是 Tomcat 容器。
- Application Client：指桌面 App 或手机 App 等客户端程序。
- Applet：这是运行在浏览器中的一种小组件，跟 HTML 标签相比需要更多权限。
- Applet Container：泛指浏览器。

2.7.2　创建 EJB 项目

IDE 开发工具，下载 eclipse-jee-2020-09-R-win32-x86_64；EJB 应用服务器，下载 JBoss-4.2.2.GA；在 Eclipse 中配置 JBoss 环境的操作步骤如下。

（1）选择 Eclipse 菜单 Help → Eclipse Marketplace。

（2）如图 2-16 所示，搜索 jboss tools，安装 JBoss 插件。Eclipse 版本不同，显示的 JBoss Tools 的版本也会不同。

图 2-16　JBoss 插件安装

（3）如图 2-17 所示，只需要选择"JBoss AS,WildFly & EAP Server Tools"项进行安装即可，其他插件取消，否则安装时间会很漫长。

（4）使用 Eclipse 创建 EJB 服务，如图 2-18 所示。此处选择的是 EJB 3.0，运行环境为 JBoss 4.2（需要在 Eclipse 中先配置 JBoss 服务器）。

2.7.3　编写 EJB 服务

EJB 有会话 bean、实体 bean、消息 bean 等，对于用户登录功能，把登录的逻辑功能抽

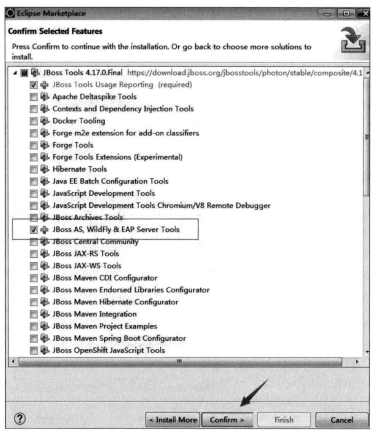

图 2-17　选择 JBoss 服务器

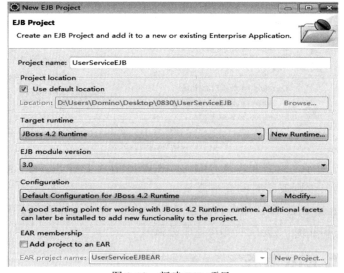

图 2-18　新建 EJB 项目

取到 EJB 服务器并创建一个无状态的会话 bean。其操作步骤如下。
（1）配置 JNDI 访问 MySQL 数据库。
- 复制 MySQL 数据库驱动到 JBoss 4.2 的 server\default\lib 目录下。
- 编写配置文件 mysql-ds.xml，放到 server\default\deploy 目录下。

因为 EJB 会话 bean 的核心功能是提供容器管理事务的功能，因此不能使用传统的 JDBC 访问数据库的模式，必须由 EJB 服务器接管关系数据库的访问。通过如下配置，可以使用 JNDI 的模式，由 JBoss 来管理 MySQL 数据库。

```xml
<datasources>
    <local-tx-datasource>
        <jndi-name>jdbc/UserSystem</jndi-name>
        <connection-url> jdbc:mysql://localhost:3307/d2 </connection-url>
        <driver-class>com.mysql.jdbc.Driver</driver-class>
        <user-name>root</user-name>
        <password>123456</password>
        <metadata>
            <type-mapping>mySQL</type-mapping>
        </metadata>
    </local-tx-datasource>
</datasources>
```

（2）封装持久层 JNDI 访问数据库的操作。

传统访问数据库的方式是 JDBC，EJB 访问数据库需要使用 JNDI 模式。

```java
public class BaseDao {
protected Connection conn;
protected static final String MSQL_JNDI = "Java:jdbc/UserSystem";
protected void openConnection(String strJNDIName)
                throws NamingException,SQLException{
    try {
        if(conn == null || conn.isClosed()){
            InitialContext context = new InitialContext();
            DataSource ds = (DataSource)context.lookup(strJNDIName);
            conn = ds.getConnection();
            Log.logger.info("--打开数据库新连接");
        }else {
             Log.logger.info("--重用数据库已有连接");
        }
    } catch (NamingException e) {
        Log.logger.error(e.getMessage());
        throw e;
    } catch (SQLException e) {
        Log.logger.error(e.getMessage());
        throw e;
    }
}
...
}
```

（3）持久层调用 login 方法。

```java
public class UserDao extends BaseDao{
    public User login(String uname,String pwd) throws Exception {
        User user = null;
        String sql = "select * from tuser where uname=? and pwd=?";
```

```
            this.openConnection(MSQL_JNDI);
            ...
            return user;
        }
    }
```

（4）定义 EJB 的对外接口。

同一个对外接口，EJB 需要分别使用 Local 和 Remote 两种模式，目的是提高访问性能（EJB 项目的目录结构如图 2-19 所示）。

```
@Local
public interface UserLocal {
    public User login(String uname,String pwd)
            throws InputEmptyException,Exception;
}
@Remote
public interface UserRemote {
    public User login(String uname,String pwd)
            throws InputEmptyException,Exception;
}
```

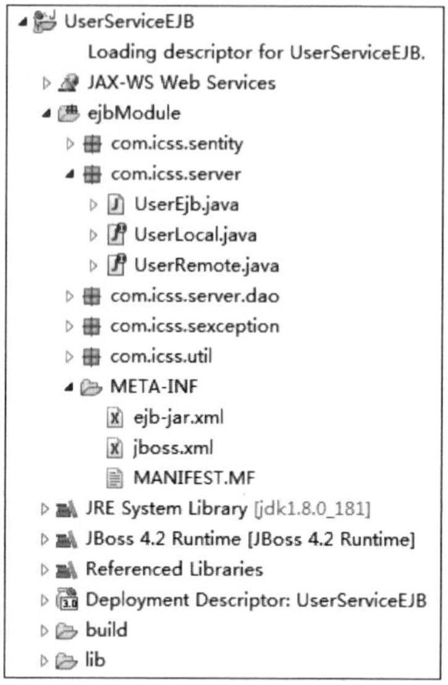

（5）编写会话 bean 的逻辑代码。

```
@Stateless
public class UserEjb implements UserLocal, UserRemote {
    public User login(String uname, String pwd)
                throws InputEmptyException, Exception {
        Log.logger.info("收到用户登录请求：uname=" + uname);
        if(uname == null || uname.equals("")) {
            throw new InputEmptyException("用户名为空");
        }
        if(pwd == null || pwd.equals("")) {
            throw new InputEmptyException("密码为空");
        }
        UserDao dao = new UserDao();
        try {
            return dao.login(uname, pwd);
        } finally {
            dao.closeConnection();
        }
    }
}
```

图 2-19　EJB 项目目录结构

（6）在 EJB 项目的 META-INF 目录下，编写 ejb-jar.xml 配置文件。
此处声明了 EJB 对外服务的访问接口与 EJB 服务的实现类。

```
<ejb-jar version="3.0">
    <enterprise-beans>
        <session>
            <ejb-name>UserBean</ejb-name>
            <ejb-class>com.icss.server.UserEjb</ejb-class>
            <remote>com.icss.server.UserRemote</remote>
            <local>com.icss.server.UserLocal</local>
        </session>
    </enterprise-beans>
</ejb-jar>
```

(7) 在 META-INF 目录下，编写 jboss.xml 配置文件。

此处定义了客户端访问 EJB 需要的 JNDI 信息。

```xml
<jobss>
    <enterprise-beans>
        <session>
            <ejb-name>UserBean</ejb-name>
            <jndi-name>EjbService/userBean</jndi-name>
        </session>
    </enterprise-beans>
</jobss>
```

(8) 部署 EJB 服务。

提前下载 JBoss-4.2.2.GA 服务器，在 Eclipse 环境中，关联 JBoss 服务器，如图 2-20 所示。由于选择的是 EJB 3.0 版本，所以服务器选择使用 JBoss AS 4.2。如果 EJB 选择 3.2 版本，服务器推荐使用 wildly20。如果 EJB 选择 4.0 版本，服务器推荐使用 wildly21。

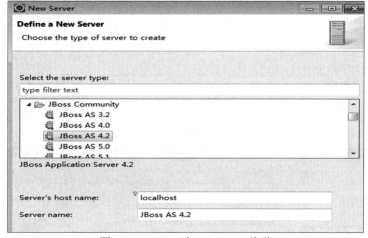

图 2-20　Eclipse 与 JBoss 4.2 关联

如图 2-21 所示，此处应该选择 Create new runtime 选项，不要使用默认的环境。

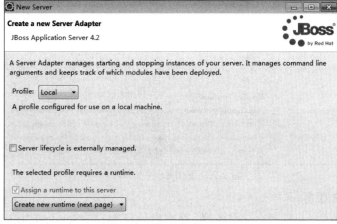

图 2-21　选择外部 JBoss

如图 2-22 所示，考虑 EJB 3.0 的依赖环境，此处 JRE 选择的是 JavaSE-1.8 版本。需要特别注意的是，在 Eclipse 的 Preferences 选项中，Compiler 的编译环境也要选择 1.8 版本，即图 2-23 的配置版本需要与图 2-22 中的运行环境版本一致。

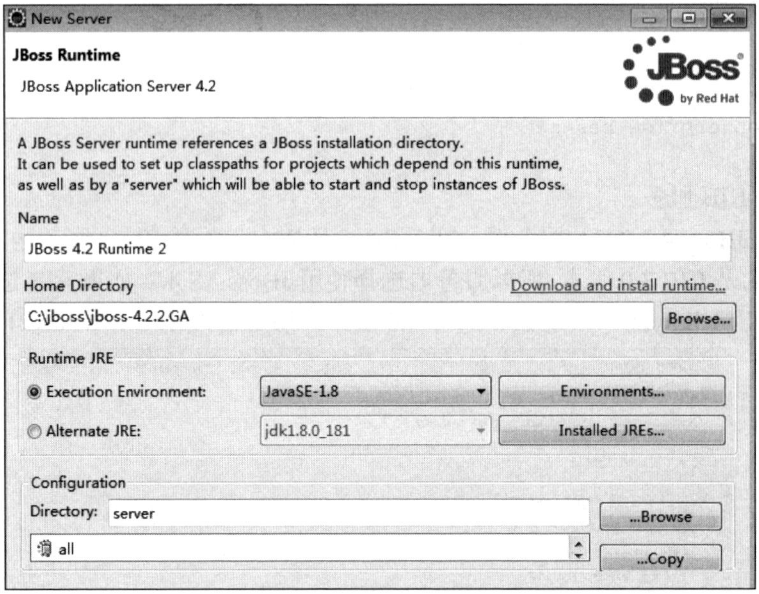

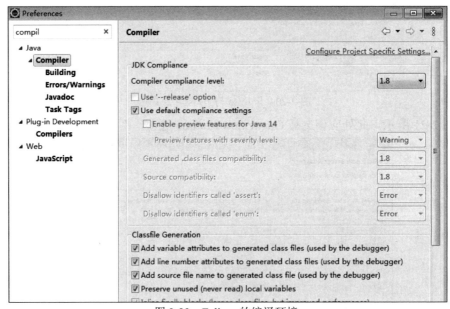

图 2-22　JBoss 运行环境

图 2-23　Eclipse 的编译环境

（9）启动 EJB 服务。

部署 EJB 服务后，启动 JBoss 服务器。观察启动日志 UserServiceEJB.jar 是否部署成功。

同时需要注意 JBoss 的默认运行端口与 Tomcat 的端口可能存在冲突，在同一台服务器同时运行 JBoss 与 Tomcat，需要修改端口防止冲突，Console 输出日志如下。

```
INFO  JBossMQ UIL service available at : localhost/127.0.0.1:8093
INFO  'name=jdbc/UserSystem' to JNDI name 'Java:jdbc/UserSystem'
INFO  [Http11Protocol] Starting Coyote HTTP/1.1 on 127.0.0.1-8080
INFO  [AjpProtocol] Starting Coyote AJP/1.3 on 127.0.0.1-8009
INFO  [EJBContainer] STARTED EJB: com.icss.server.UserEjb ejbName: UserEjb
INFO  [EJBContainer] STARTED EJB: com.icss.server.UserEjb ejbName: UserBean
INFO  [EJB3Deployer] Deployed: file:/JBoss_AS_4.2/deploy/
UserServiceEJB.jar/
```

【本节完整代码参见本书配套资源】

2.7.4　Web 站点调用 EJB 服务

在 Tomcat 服务器上，部署控制器 LoginSvl，通过 RMI-IIOP 远程访问 EJB 服务。在如图 2-24 所示的目录结构中，观察包名 com.icss.server、com.icss.sentity、com.icss.sexception 等包下的内容都来源于 EJB 服务，此处为 EJB 服务的本地代理。

Web 站点调用 EJB 服务的操作步骤如下。

（1）导入 JBoss 的 EJB 客户端相关 jar 包，此处涉及的 jar 包很多，要注意不要与其他包产生冲突。

（2）通过 JNDI 访问 JBoss 下的 EJB 服务，需要初始化 Context 环境。注意此处使用的是 EJB 服务的默认端口 1099。

图 2-24　Tomcat 站点调用 EJB

```java
public static InitialContext getInitialContext() throws Exception{
    InitialContext ctx = null;
    Properties props = new Properties();
    props.setProperty(Context.INITIAL_CONTEXT_FACTORY,
                      "org.jnp.interfaces.NamingContextFactory");
    props.setProperty(Context.PROVIDER_URL,"jnp://127.0.0.1:1099");
    props.setProperty(Context.URL_PKG_PREFIXES,
                      "org.jboss.naming:org.jnp.interfaces");
    try {
        ctx = new InitialContext(props);
    } catch (Exception e) {
        e.printStackTrace();
        throw e;
    }
    return ctx;
}
```

（3）在 LoginSvl 中调用远程的 EJB 服务，实现用户登录。

Web 站点调用远程的 EJB 服务，是 Java EE 架构中的标准调用模式（如图 2-15 所示），调用方式是使用 JNDI，通过 RMI-IIOP 进行远程调用。这里要注意，EJB 服务返回的异常类型都通过 EJBException 进行了包装，catch 具体的异常类型时，需要从 EJBException 中提取。

```java
protected void doPost(HttpServletRequest request,
    HttpServletResponse response) throws ServletException, IOException {
    String uname = request.getParameter("uname");
    String pwd = request.getParameter("pwd");
    response.setCharacterEncoding("utf-8");
    PrintWriter out = response.getWriter();
    try {
        UserRemote biz = (UserRemote)EjbContext
                .getInitialContext().lookup("EjbService/userBean");
        User user = biz.login(uname, pwd);
        if(user == null) {
            out.println("0");
          }else {
            request.getSession().setAttribute("user", user);
            out.println("1");
        }
    }catch(EJBException e) {
        if(e.getCause().getClass() == InputEmptyException.class) {
            out.println("2");
          }else {
            out.println("-1");
        }
     } catch (Exception e) {
        e.printStackTrace();
        out.println("-1");
    }
    out.flush();
    out.close();
}
```

（4）用户通过浏览器访问 Web 服务器中的 LoginSvl 实现用户登录，对于前台用户的体验与 AJAX 架构或 MVC 架构模式完全相同。由于 Java EE 架构是分布式架构模式，所以在事务管理、多服务器性能分担、分层开发等方面与单独的 Web 服务器模式相比，都有很大的优势。

2.8 Web 服务架构

2.8.1 Web 服务与 RPC

Web 服务是搭建 SOA（Service-Oriented Architecture）架构的重要技术，它与 EJB 都使用的是 RPC(Remote Procedure Call)机制。Web 服务与 EJB 服务的主要区别是：EJB 服务只能应用于局域网，而 Web 服务可以应用于广域网。

RPC（Remote Procedure Call）是一种非常重要的分布式交互技术，如图 2-25 所示，RPC 希望达到的目的是调用远程对象与调用本地对象的编程接口一致。调用本地对象，需要获取对象的引用或对象的动态代理，RPC 封装了远程对象的接口（skeleton），同时在本地创建远程对象的代理（stub），然后通过本地的 stub 访问远程的对象方法。远程通信技术手段使用 sockets，这些属于 RPC 的底层机制，不需要对开发人员暴露。

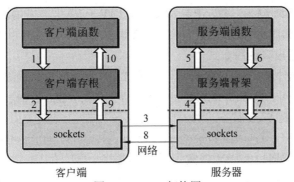

图 2-25　RPC 架构图

Web 服务架构如图 2-26 所示。Web 服务可以发布在 Internet 网络服务器上,它的调用者可以是广域网上的任何授权用户,典型的 Web 服务如支付宝(给商家提供支付接口)、天气预报、公安部公民身份查询等。

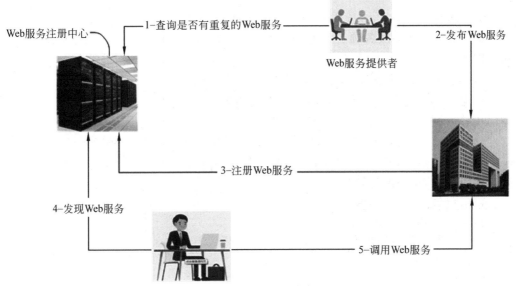

图 2-26　Web 服务架构

为了能够实现广域网的服务访问,Web 服务使用的是 SOAP。

SOAP 包含以下四部分。

- SOAP 封装(envelop):封装定义了描述消息中的内容是什么,是谁发送的,谁应当接收并处理它们,以及如何处理它们。
- SOAP 编码规则(encoding rules):用于表示应用程序需要使用什么数据类型,如何编排数据等。
- SOAP RPC 表示(RPC representation):表示远程过程调用和应答的协定。
- SOAP 绑定(binding):定义如何使用底层协议交换信息。

SOAP 可以简单地理解为：SOAP = RPC + HTTP + XML，采用 HTTP 作为底层通信协议，允许服务提供者和服务调用者通过网络防火墙在 Internet 上进行通信交互。
- RPC 作为远程接口调用方式。
- XML 作为数据传送的格式（充分利用 XML 的自描述性来描述接口）。

WSDL（Web Service Description Language，Web 服务器描述语言）是用 XML 文档来描述 Web 服务的标准，是 Web 服务的对外接口定义语言。

UDDI（Universal Description Discovery and Integration），即统一描述、发现与集成协议标准，Web 服务的用户通过 UDDI 搜索查找 Web 服务。

2.8.2 创建 Web 服务

Java 平台下的 Web 服务开发，通常使用 Xfire、Axis2、CXF 等几种框架实现。Web 服务可以发布到 Tomcat 服务器上。

基于 Eclipse，创建"动态 Web 项目"或 Maven Web 项目，即可作为 Web 服务项目，无须使用 Web Service Project 向导。

如图 2-27 所示，这是基于 CXF 创建的 Web 服务项目的分包结构。CXF 是当前最为流行的 Web 服务开发框架，是使用 Spring 框架包装了 Xfire 框架后的产品。

在 web.xml 中，定义了一个名字为 CXFServlet 的 Servlet 组件，通过监听器，在 Tomcat 启动时创建 Spring 容器，并加载 beans.xml 配置文件。

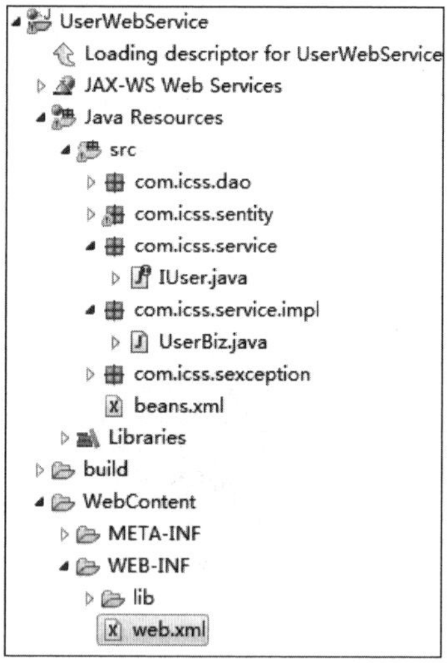

图 2-27 Web 服务分包结构

web.xml 的配置信息如下。

```xml
<context-param>
    <param-name>contextConfigLocation</param-name>
    <param-value>classpath:beans.xml</param-value>
</context-param>
<listener>
    <listener-class>
        org.springframework.Web.context.ContextLoaderListener
    </listener-class>
</listener>
<servlet>
    <servlet-name>CXFServlet</servlet-name>
    <servlet-class>
        org.apache.cxf.transport.servlet.CXFServlet
    </servlet-class>
    <load-on-startup>1</load-on-startup>
</servlet>
<servlet-mapping>
    <servlet-name>CXFServlet</servlet-name>
    <url-pattern>/*</url-pattern>
</servlet-mapping>
```

2.8.3 编写 Web 服务

基于 CXF3.2.14 开发 Web 服务的操作步骤如下。

（1）定义 Web 服务的对外接口（注意：需要通过注解@WebService 和@WebMethod 来声明对外服务的接口方法）。

```
@WebService
public interface IUser {
    @WebMethod
    public User login(String uname,String pwd)
                throws InputEmptyException,Exception;
}
```

（2）定义 Web 服务接口的实现类。

```
@WebService
public class UserBiz implements IUser{
}
```

（3）编写用户登录方法（注意：需要动态获取客户端请求信息的详细日志）。

```
public User login(String uname,String pwd) throws Exception {
    Message message = PhaseInterceptorChain.getCurrentMessage();
    HttpServletRequest httprequest = (HttpServletRequest)
                message.get(AbstractHTTPDestination.HTTP_REQUEST);
    String client = httprequest.getRemoteAddr() + ":" +
                httprequest.getRemotePort();
    System.out.println("客户端"+ client + "远程调用 IUser 服务---" + new Date());
        if(uname == null || uname.equals("")) {
        throw new InputEmptyException("用户名为空");
    }
    if(pwd == null || pwd.equals("")) {
        throw new InputEmptyException("密码为空");
    }
    UserDao dao = new UserDao();
    try {
            return dao.login(uname, pwd);
     }catch (Exception e) {
            e.printStackTrace();
            throw e;
    } finally {
            dao.closeConnection();
    }
}
```

（4）在 beans.xml 中配置 Web 服务的对外访问地址。

```
<beans xmlns="http://www.springframework.org/schema/beans"
    xmlns:xsi="http://www.w3.org/2001/XMLSchema-instance"
    xmlns:jaxws="http://cxf.apache.org/jaxws"
    xsi:schemaLocation="http://www.springframework.org/schema/beans
        http://www.springframework.org/schema/beans/spring-beans.xsd
        http://cxf.apache.org/jaxws http://cxf.apache.org/schemas/jaxws.xsd">
        <import resource="classpath:META-INF/cxf/cxf.xml" />
        <jaxws:endpoint id="userService"
            implementor="com.icss.service.impl.UserBiz" address= "/userService"/>
</beans>
```

2.8.4　Web 站点调用 Web 服务

可以在桌面 App 或 Java Web 应用中调用远程 Web 服务，如图 2-28 所示，com.icss.sentity、com.icss.service、com.icss.sexception 等包及其下面的内容，都来源于 Web 服务，这些内容是 Web 服务的本地代理。

理论上，Web 服务客户端程序与远程的 Web 服务应该是完全解耦的，即客户端程序可以不关注 Web 服务是使用什么框架来发布的，但是在实际开发中可能会遇到很多问题。因此，示例的 Web 服务客户端程序，仍然使用 CXF3.2.14 框架。

图 2-28　Web 服务客户端分包

Java Web 应用调用远程 Web 服务的操作步骤如下。

（1）导入 CXF3.2.14 以及相关 jar 包。

（2）导入 IUser、User、InputEmptyException 等类和接口，在 Java Web 应用中构建远程 Web 服务的代理 stub。

（3）编写 CXF 配置文件 client-beans.xml，声明远程 Web 服务的调用对象。

```
<beans xmlns="http://www.springframework.org/schema/beans"
    xmlns:xsi=http://www.w3.org/2001/XMLSchema-instance"
    xmlns:jaxws="http://cxf.apache.org/jaxws"
    xsi:schemaLocation="
    http://www.springframework.org/schema/beans
    http://www.springframework.org/schema/beans/spring-beans.xsd
    http://cxf.apache.org/jaxws http://cxf.apache.org/schemas/jaxws.xsd">
    <jaxws:client id="userClient" serviceClass="com.icss.service.IUser"
        address="http://127.0.0.1:8081/UserWebService/userService" />
</beans>
```

（4）单例模式，封装 Spring 容器的创建。

```
public abstract class BeanFactory {
    private static ApplicationContext ctx;   //单例模式
    static {
        ctx = new ClassPathXmlApplicationContext("client-beans.xml");
    }
    public static ApplicationContext getApplicationContext() {
        return ctx;
    }
    public static <T> T getBean(Class<T> requiredType) throws BeansException{
        return ctx.getBean(requiredType);
    }
    public static Object getBean(String name) throws BeansException {
        return ctx.getBean(name);
    }
}
```

（5）在控制 LoginSvl 中，调用远程 Web 服务，实现用户登录。

```
protected void doPost(HttpServletRequest request, HttpServletResponse response)
                throws ServletException, IOException {
    String uname = request.getParameter("uname");
```

```
        String pwd = request.getParameter("pwd");
        response.setCharacterEncoding("utf-8");
        PrintWriter out = response.getWriter();
        IUser biz = (IUser)BeanFactory.getBean("userClient");
        try {
            User user = biz.login(uname, pwd);
            if(user -- null) {
               out.println("0");
            }else {
               request.getSession().setAttribute("user", user);
               out.println("1");
            }
        } catch (InputEmptyException e) {
            out.println("2");
        } catch (Exception e) {
            e.printStackTrace();
            out.println("-1");
        }
        out.flush();
        out.close();
}
```

【本节完整代码参见本书配套资源】

2.9 微服务架构

微服务架构（Spring Cloud）是当前搭建中型网站的一个比较流行的架构模式。通常使用 Spring Cloud 来搭建微服务平台，现在常用的有 Spring Cloud Alibaba 和 Spring Cloud Netflix 两套框架。

微服务架构最重要的特点是：Service Consumer（服务消费者）、Service Provider（服务提供者）、Eureka 注册服务器之间都使用 HTTP 进行访问（如图 2-29 所示）。

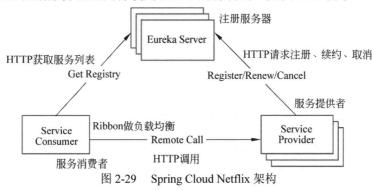

图 2-29　Spring Cloud Netflix 架构

2.9.1　Spring Cloud Netflix 介绍

Netflix 是美国最大的流媒体播放平台，大家熟知的大量美剧播放权，都属于 Netflix 公司。Netflix 公司的技术架构免费公开后，Spring 对 Netflix 架构进行了整合，形成了现在大家熟悉的 Spring Cloud Netflix 框架。

使用 Spring Boot 可以方便地进行 Spring Cloud Netflix 开发。

Spring Cloud Netflix 中包含了一些子框架，分别为服务注册与发现（Eureka）、断路器（Hystrix）、智能路由器（Zuul）、客户端负载均衡器（Ribbon）等。

如图 2-29 所示，提供服务的 Service Provider 通常为多台服务器，根据业务需求，可以动态增加或减少 Service Provider。新增 Service Provider 时，需要向 Eureka 服务器主动发送注册请求，Eureka 收到请求后会更新本地的服务列表。Service Consumer 会定时发送请求给 Eureka，用于获取最新的服务列表。Service Consumer 更新本地服务列表后，根据 Ribbon 的路由策略，访问 Service Provider 服务器。

如图 2-30 所示，利用 HTTP 的广域网访问特性，Eureka 注册中心可以在全国多个城市进行部署。图中的 Eureka Client 既可以是 Service Provider，也可以是 Service Consumer。而且需要注意的是，同一台服务器，既可以是服务提供者（Service Provider），也可以同时是其他服务的消费者（Service Consumer）。

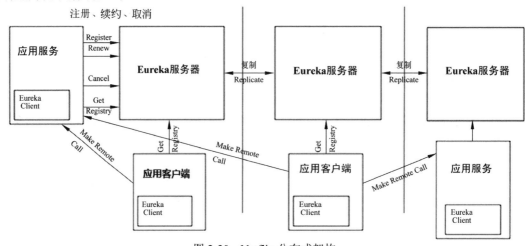

图 2-30　Netflix 分布式架构

下面使用 Spring Cloud Netflix 框架开发微服务，实现用户登录的业务操作，示例操作详情如下。

2.9.2　Spring Boot 与 Spring Cloud

微服务开发的典型模式是使用 Spring Boot，开发工具本书选择 STS3.9.13。Spring Boot 与 Spring Cloud 的版本依赖关系如表 2-1 所示。

表 2-1　Spring Boot 与 Spring Cloud 的版本依赖关系

Spring Cloud 版本 spring-cloud-dependencies	Spring Boot 版本 spring-boot-starter-parent
Dalston.SR4	1.5.6.RELEASE
Finchley.M2	大于或等于 2.0.0.M3 且小于 2.0.0.M5

续表

Spring Cloud 版本 spring-cloud-dependencies	Spring Boot 版本 spring-boot-starter-parent
Finchley.SR4	大于或等于 2.0.3.RELEASE 且小于 2.0.999.BUILD-SNAPSHOT
Greenwich.SR2	大于或等于 2.1.0.RELEASE 且小于 2.1.9.BUILD-SNAPSHOT
Hoxton.SR12	大于或等于 2.2.0.RELEASE 且小于 2.4.0.M1
2020.0.5-SNAPSHOT	大于或等于 2.5.8-SNAPSHOT 且小于 2.6.0-M1
2021.0.0-SNAPSHOT	大于或等于 2.6.1-SNAPSHOT

本地用户登录的项目案例选择的 Spring Boot 版本是 2.3.12.RELEASE，因为这个版本中包含的 Spring framework 版本是 5.2.15，这与本书所有的项目案例的基本环境一致。

```
<dependency>
    <groupId>org.springframework.boot</groupId>
    <artifactId>spring-boot-starter-parent</artifactId>
    <version>2.3.12.RELEASE</version>
    <type>pom</type>
</dependency>
```

2.9.3 注册服务器 Eureka

Eureka 是 Netflix 开发的一个基于 REST 服务的服务注册与发现的组件。它主要包括两个组件：Eureka Server 和 Eureka Client（如图 2-29 和图 2-30 所示）。

Eureka Server：提供服务注册与发现的能力（通常就是微服务中的注册中心）。

Eureka Client：一个 Java 客户端，用于简化与 Eureka Server 的交互（微服务中的服务提供者与服务消费者都是 Eureka Client）。

Eureka Server 与 Eureka Client 都是纯正的 Servlet 应用，需要构建成 war 包部署到 Web 服务器。它使用了 Jersey 框架实现自身的 RESTful HTTP 接口，Eureka Server 之间的同步、微服务的注册、Client 与 Server 的交互等全部通过 HTTP 实现。

Eureka 定时任务（发送心跳、定时清理过期服务、节点同步等）通过 JDK 自带的 Timer 实现，缓存使用 Google 的 guava 包实现。

eureka-core 模块包含的核心功能如下。

- com.netflix.eureka.cluster：与 peer 节点复制（replication）相关的功能。
- com.netflix.eureka.lease：租约，用来控制注册信息的生命周期（如添加、清除、续约）。
- com.netflix.eureka.registry：存储、查询服务注册信息。
- com.netflix.eureka.resources：RESTful 风格中的资源，相当于 SpringMVC 中的 Controller。
- com.netflix.eureka.transport：发送 HTTP 请求的客户端，如发送心跳。
- com.netflix.eureka.aws：与 Amazon AWS 服务相关的类。

创建服务注册中心操作步骤如下所述。

（1）使用 STS 工具，新建 Maven 项目（如图 2-31 所示）。

（2）编写 pom.xml 文件，下载 jar 包依赖。

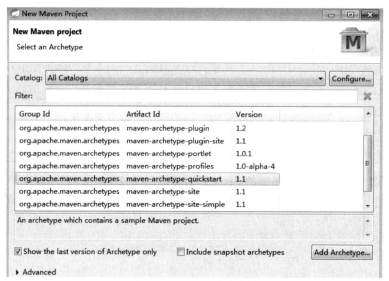

图 2-31　Maven 项目模板

JDK 使用 1.8 版本，Spring Boot 选择了 2.3.12 版本，Netflix 的 Spring cloud 选择了 Hoxton.SR12 版本（如表 2-1 所示）。

```xml
<properties>
    <project.build.sourceEncoding>UTF-8</project.build.sourceEncoding>
    <Java.version>1.8</Java.version>
</properties>
<parent>
    <groupId>org.springframework.boot</groupId>
    <artifactId>spring-boot-starter-parent</artifactId>
    <version>2.3.12.RELEASE</version>
</parent>
<dependencyManagement>
  <dependencies>
      <dependency>
          <groupId>org.springframework.cloud</groupId>
          <artifactId>spring-cloud-dependencies</artifactId>
          <version>Hoxton.SR12</version>
          <type>pom</type>
          <scope>import</scope>
      </dependency>
  </dependencies>
</dependencyManagement>
<dependencies>
    <dependency>
        <groupId>org.springframework.cloud</groupId>
        <artifactId>spring-cloud-starter-netflix-eureka-server</artifactId>
    </dependency>
</dependencies>
```

（3）在项目的 resources 文件夹下，新建 application.yml 配置文件，配置信息如下。

```
server:
    port: 8761
eureka:
```

```yaml
  instance:
    hostname: localhost
  client:
    registerWithEureka: false
    fetchRegistry: false
    serviceUrl:
      defaultZone:http://${eureka.instance.hostname}:${server.port}/eureka/
```

(4)注册中心无须编写任何管理代码,只需要@EnableEurekaServer 注释后启动即可。

```java
@SpringBootApplication
@EnableEurekaServer
public class App {
    public static void main(String[] args) {
        SpringApplication.run(App.class, args);
    }
}
```

(5)注册中心部署在 Spring Boot 内置的 Tomcat 服务器上,接收 Eureka Client 的 HTTP 请求。服务的注册、续约、移除等操作都是自动进行。

观察注册中心启动日志如下。

```
...
Registering application UNKNOWN with eureka with status UP
Setting the eureka configuration..
Eureka data center value eureka.datacenter is not set, defaulting to default
Eureka environment value eureka.environment is not set, defaulting to test
isAws returned false
Initialized server context
Tomcat started on port(s): 8761 (http) with context path ''
Started Eureka Server
Updating port to 8761
Started App in 8.428 seconds (JVM running for 9.849)
```

2.9.4 服务提供者

基于 Spring Cloud Netflix 创建微服务,操作步骤如下所述。

(1)使用 STS 工具,新建 Maven 项目(如图 2-31 所示)。

注意:作为 Service Provider(服务提供者),提供的所有服务访问模式都必须使用 @RestController 注解,即服务只提供数据返回,不提供视图。因此项目类型为 Maven 普通型,不能是 Maven Web 类型。

(2)编写 pom.xml 文件,下载 jar 包依赖。

JDK 环境选择 1.8 版本,Spring Boot 选择 2.3.12.RELEASE 版本,spring-cloud-dependencies 选择 Hoxton.SR12 版本,这些与注册中心要保持一致。

依赖配置信息如下:spring-cloud-starter-netflix-eureka-client 这个配置项表示 Service Provider 需要注册到 Eureka Server。spring-boot-starter-Web 表示 Service Provider 的对外服务,通过@RestController 发布,它需要依赖 Web 服务器。

```xml
<dependency>
    <groupId>org.springframework.cloud</groupId>
    <artifactId>spring-cloud-starter-netflix-eureka-client</artifactId>
</dependency>
```

```xml
<dependency>
    <groupId>org.mybatis.spring.boot</groupId>
    <artifactId>mybatis-spring-boot-starter</artifactId>
    <version>1.2.0</version>
</dependency>
<dependency>
    <groupId>mysql</groupId>
    <artifactId>mysql-connector-Java</artifactId>
    <version>8.0.22</version>
</dependency>
<dependency>
    <groupId>org.springframework.boot</groupId>
    <artifactId>spring-boot-starter-Web</artifactId>
</dependency>
```

(3)定义对外服务。

基于 SpringMVC 发布的对外服务，需要使用@RestController 注解，表示 UserBiz 实例对象在 Spring 容器管理下，只对外提供数据服务，没有视图。

```java
@RestController
public class UserBiz {
    @RequestMapping("/login")
    public UserResponse login(String uname,String pwd) throws Exception{
        ...
    }
}
```

(4)用 Mybatis 框架实现持久层访问。

```java
public interface IUserMapper {
    public User login(@Param("uname")String uname,
            @Param("pwd")String pwd) throws Exception;
}
```
```xml
<mapper namespace="com.icss.mapper.IUserMapper">
    <select id="login" resultType="User">
        select * from tuser where uname=#{uname} and pwd=#{pwd}
    </select>
</mapper>
```

(5)配置 application.yml，注册到 Eureka Sever。

```yaml
eureka:
  instance:
    lease-renewal-interval-in-seconds: 30
    lease-expiration-duration-in-seconds : 90
  client:
    serviceUrl:
      defaultZone: http://localhost:8761/eureka/

server:
  port: 8081

spring:
  application:
    name: userService

logging:
  level:
    com.netflix: info
```

```
        com.icss: info
        org.springframework : info
        org.apache.ibatis : debug
```

（6）启动服务。

```
@SpringBootApplication
@Configuration
@EnableAutoConfiguration
@EnableEurekaClient
@ImportResource(locations= {"classpath:beans.xml"})
public class App {
    public static void main( String[] args )
    {
         SpringApplication.run(App.class, args);
    }
}
```

userservice 服务启动后，日志输出如下。

```
...
Starting heartbeat executor: renew interval is: 30
Discovery Client initialized at timestamp 1638243477386 with initial instances
count: 0
DiscoveryClient_USERSERVICE/Domino-PC:userService:8081:registering service ...
Tomcat started on port(s): 8081 (http) with context path "
DiscoveryClient_USERSERVICE/Domino-PC:userService:8082 - registration status: 204
Getting all instance registry info from the eureka server
The response status is 200
```

（7）使用相同的服务代码，在 8082 端口再启动一个服务，服务名仍然使用 userService，这样 Service Consumer（服务消费者）可以通过负载均衡策略访问 8081 和 8082 上的服务。

（8）访问服务注册中心网址为 http://127.0.0.1:8761/，观察 userService 服务是否注册成功。如图 2-32 所示，8081 和 8082 端口的服务名为 USERSERVICE，表明两个服务都已经注册成功。

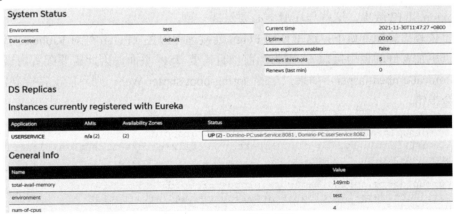

图 2-32　Eureka 服务观察

2.9.5　服务消费者

微服务的消费者（Service Consumer）一般为 Web 站点的控制器，也可以是一个服务 A

调用另外一个服务 B。如图 2-29 所示，Service Consumer 必须为 Eureka Client，即 Service Consumer 需要从 Eureka Server 定时获取 Service Provider 列表，然后 Service Consumer 根据负载均衡策略调用 Service Provider。

用户登录客户端访问 Service Provider 的操作步骤如下。

（1）使用 STS 工具，新建 Maven Web 项目（如图 2-33 所示）。

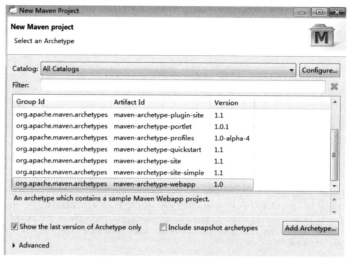

图 2-33 Maven Web 项目模板

注意：Service Provider 和 Eureka Server 都是 Maven 普通项目，即它们不需要 Web 页面信息。而当前的 Service Consumer 需要用户登录页面，因此需要使用 Maven Web 项目模板。

（2）编写 pom.xml 文件，下载 jar 包依赖。

JDK 环境选择 1.8 版本，Spring Boot 选择 2.3.12.RELEASE 版本，spring-cloud-dependencies 选择 Hoxton.SR12 版本，这些与注册中心要保持一致。

项目依赖信息配置如下：这里使用 Feign 连接远程服务（Feign 是对 Ribbon 的包装，给用户提供更加友好的调用接口）；因为当前项目需要 JSP 页面，因此需要配置内嵌 Tomcat 服务器 tomcat-embed-jasper，如果只配置 spring-boot-starter-Web，则只能支持控制器，转向视图时会报错。

```
<dependency>
    <groupId>org.springframework.cloud</groupId>
    <artifactId>spring-cloud-starter-netflix-eureka-client</artifactId>
</dependency>
<dependency>
   <groupId>org.springframework.cloud</groupId>
   <artifactId>spring-cloud-starter-openfeign</artifactId>
</dependency>
<dependency>
    <groupId>org.springframework.cloud</groupId>
    <artifactId>spring-cloud-starter-feign</artifactId>
    <version>1.4.7.RELEASE</version>
</dependency>
<dependency>
```

```xml
        <groupId>org.springframework.boot</groupId>
        <artifactId>spring-boot-starter-Web</artifactId>
</dependency>
<dependency>
        <groupId>org.apache.tomcat.embed</groupId>
        <artifactId>tomcat-embed-jasper</artifactId>
</dependency>
<dependency>
        <groupId>Javax.servlet</groupId>
        <artifactId>jstl</artifactId>
</dependency>
```

（3）定义 Feign 调用接口。

```java
@FeignClient(name="userService")
public interface UserService {
    @RequestMapping("/login")
    public UserResponse login(@RequestParam String uname,
                    @RequestParam String pwd) throws Exception;
}
```

（4）定义控制器 UserAction，通过 Feign 调用远程服务。

```java
@Controller
public class UserAction {
    @Autowired
    private UserService client;
    @GetMapping("/login")
    public String login() {
        return "/main/login.jsp";
    }
    @PostMapping("/login")
    public String login(String uname, String pwd,
                Model model,HttpSession session) throws Exception{
        Log.logger.info("UserAction接收用户请求, uname=" + uname );
        UserResponse res = client.login(uname, pwd);
        ...
    }
}
```

（5）配置 application.yml 文件。

注意：因为当前 Service Consumer 有 JSP 页面，因此需要配置 context-path。

```yaml
eureka:
  client:
    serviceUrl:
      defaultZone: http://localhost:8761/eureka/
server:
  port: 9091
  servlet:
    context-path: /client
spring:
  application:
    name: ribbonClient
  mvc:
    view:
      prefix: /WEB-INF/views/
logging:
  level:
    com.netflix: info
```

```
com.icss : info
org.springframework : info
```

（6）启动服务消费者。

```
@SpringBootApplication
@EnableDiscoveryClient
@ServletComponentScan
@EnableFeignClients
public class App {
    public static void main(String[] args){
        SpringApplication.run(App.class, args);
    }
}
```

Service Consumer 启动后，访问服务注册中心网址 http://127.0.0.1:8761/，观察 userService 服务和 Service Consumer 是否都已注册成功，如图 2-34 所示。

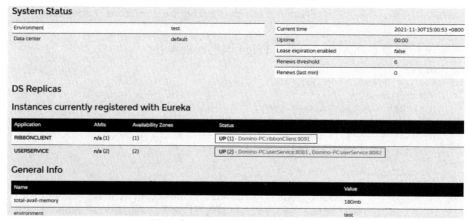

图 2-34　Eureka 客户端注册信息

2.9.6　微服务异常传递

微服务的 Service Consumer 与 Service Provider 之间的调用，采用的是 HTTP。HTTP 调用方式与 RPC 调用有很大的不同，就是如何把自定义的异常从 Service Provider 传递给 Service Consumer。

在服务器端，用户登录的逻辑接口如下。

```
public User login(String uname,String pwd) throws Exception {}
```

当用户名或密码为空时，会抛出自定义的异常 InputEmptyException，异常定义如下。

```
public class InputEmptyException extends RuntimeException{
    public InputEmptyException(String msg) {
        super(msg);
    }
}
```

Service Consumer 无法获取 Service Provider 抛出的自定义异常。因此最佳实践模式是通过错误码传递自定义异常。操作如下。

(1) 定义类 DataResponse。

DataResponse 作为所有微服务返回对象的通用类型,属性为错误码和错误信息。

```java
public class DataResponse implements Serializable{
    protected int code;
    protected String msg;
}
```

(2) 把 login() 返回的 User 类包装成 UserResponse。

UserResponse 继承 DataResponse,就是在全局异常处理器中统一使用这个数据类型作为返回值。

```java
public class UserResponse extends DataResponse{
    private User user;
    public User getUser() {
        return user;
    }
    public void setUser(User user) {
        this.user = user;
    }
}
```

(3) 在 Service Provider 中定义全局异常解析器。

使用 GlobalExceptionHandler 统一捕获所有的 InputEmptyException,同时进行统一处理,处理结果返回 DataResponse 对象。错误码为 0,错误信息从 Exception 中提取。

```java
@ControllerAdvice
public class GlobalExceptionHandler {
    @ResponseBody
    @ExceptionHandler(InputEmptyException.class)
    public DataResponse otherException(Exception e) {
        Log.logger.error(e.getMessage(),e);
        DataResponse res = new DataResponse();
        res.setCode(0);
        res.setMsg(e.getMessage());
        return res;
    }
}
```

(4) 在 Service Provider 的对外服务中,返回 UserResponse。

login() 中的 InputEmptyException 异常抛出后由 GlobalExceptionHandler 统一处理。正常的登录信息返回值被封装成 UserResponse 对象,注意正常登录的状态码为 1,InputEmptyException 的状态码为 0。

```java
@RequestMapping("/login")
public UserResponse login(String uname,String pwd) throws Exception {
    Log.logger.info("收到登录请求: uname=" + uname + ",pwd=" + pwd);
    if(uname == null || uname.equals("")) {
        throw new InputEmptyException("用户名不能为空...");
    }
    if(pwd == null || pwd.equals("")) {
        throw new InputEmptyException("密码不能为空...");
    }
    User user = userDao.login(uname, pwd);
    UserResponse res = new UserResponse();
```

```
            res.setCode(1);
            res.setMsg("OK");
            res.setUser(user);
            return res;
        }
```

（5）在 Service Consumer 中，通过 Feign 定义远程调用接口。

注意：从远程服务返回的数据，登录正常时是 UserResponse，输入为空时返回 DataResponse，服务器错误时返回 Exception。DataResponse 和 UserResponse 在 Feign 客户端统一用 UserResponse 接收，异常转向错误提示页。

```
@FeignClient(name="userService")
public interface UserService {
    @RequestMapping("/login")
    public UserResponse login(@RequestParam String uname,
                              @RequestParam String pwd) throws Exception;
}
```

（6）在 Service Consumer 中调用远程服务。

调用远程服务时，异常直接抛出，否则用 UserResponse 对象接收。提取 UserResponse 中的状态码，0 表示输入为空异常，1 表示登录成功或失败。

```
@PostMapping("/login")
public String login(String uname, String pwd,
        Modelmodel,HttpSession session) throws Exception{
    Log.logger.info("UserAction 接收用户请求, uname=" + uname );
    UserResponse res = client.login(uname, pwd);
    if(res.getCode() == 1) {
        User user = res.getUser();
        if(user == null) {
            model.addAttribute("msg","用户名或密码错误,请重新输入");
            return "/main/login.jsp";
        }else {
            session.setAttribute("user",user);
            return "/main/main.jsp";
        }
    }else if(res.getCode() == 0) {
        model.addAttribute("msg",res.getMsg());
        return "/main/login.jsp";
    }else {
        throw new RuntimeException("未知错误...");
    }
}
```

【本节完整代码参见本书配套资源】

2.10 Dubbo 架构

Dubbo 是阿里提供的一款高性能、轻量级的开源分布式服务框架，现在已经成为 Apache 的顶级项目。

Dubbo 是典型的 RPC 通信模式，RPC 通信原理如图 2-25 所示。Dubbo 的架构模型如图 2-35 所示，其中 Consumer（服务消费者）与 Provider（服务提供者）之间的调用模式就是 RPC。

图 2-35　Dubbo 架构

Dubbo 提供了六大核心功能：面向接口代理的高性能 RPC 调用、智能容错和负载均衡、服务自动注册与发现、高度可扩展能力、运行期流量调度、可视化的服务治理与运维。

- 面向接口代理的高性能 RPC 调用：提供高性能的基于代理的远程调用能力，服务以接口为粒度，为开发者屏蔽远程调用的底层细节。
- 智能容错和负载均衡：内置多种负载均衡策略，智能感知下游节点健康状况，显著减少调用延迟，提高系统吞吐量。
- 服务自动注册与发现：支持多种注册中心服务，服务实例上线与下线实时感知。
- 高度可扩展能力：遵循微内核+插件的设计原则，所有核心能力如 Protocol、Transport、Serialization 被设计为扩展点，平等对待内置实现和第三方实现。
- 运行期流量调度：内置条件、脚本等路由策略，通过配置不同的路由规则，轻松实现服务发布、同机房优先等功能。
- 可视化的服务治理与运维：提供丰富的服务治理与运维工具（随时查询服务元数据、服务健康状态及调用统计），实时下发路由策略、调整配置参数。

2.10.1　Dubbo 3 介绍

Dubbo 最早诞生于阿里巴巴，随后加入 Apache 软件基金会，项目从设计之初就是为了解决企业的服务化问题，因此充分考虑了大规模集群场景下的服务开发与治理问题，如易用性、性能、流量管理、集群可伸缩性等。在 Dubbo 开源将近 10 年的时间内，Dubbo 几乎成为了国内分布式服务框架选型的首选框架，尤其受到大规模互联网、IT 企业的认可。可以说作为开源服务框架，Dubbo 在支持服务集群方面规模大、经验丰富，是最具有企业规模化服务实践话语权的框架之一。采用 Dubbo 的企业涵盖互联网、传统 IT、金融、生产制造业等多个领域，一些典型用户包括阿里巴巴、携程、工商银行、中国人寿、海尔、金蝶等。

在企业大规模实践的过程中，Dubbo 的稳定性得到了验证，服务治理的易用性与丰富度也在不断提升，也就是在这样的背景下催生了下一代产品 Dubbo 3。Dubbo 3 的整个设计与开发过程，始终有社区团队和众多企业用户的共同参与，因此 Dubbo 3 的许多核心架构与功能都充分考虑了大规模服务实践诉求。阿里巴巴是参与在 Dubbo 3 中的核心力量之一，作为企业用户主导了该版本许多核心功能的设计与开发，阿里巴巴把 Dubbo 3 社区版本确定为其未来内部主推的服务框架，并选择将内部 HSF 通过 Dubbo 3 的形式贡献到开源社区，在阿里巴巴内部，众多业务线包括电商系统、交易平台，以及饿了么、钉钉等都已经成功迁移到 Dubbo 3 版本。同样全程参与在 Dubbo 3 开发与验证试点过程中的企业用户包括工商银行、携程、斗鱼、小米等。

Dubbo 3 是基于 Dubbo 2 演进而来，在保持原有核心功能特性的同时，Dubbo 3 在易用性、超大规模服务实践、云原生基础设施适配、安全设计等几大方向上进行了全面升级。以下示例代码都将基于 Dubbo 3 展开。

Dubbo 3 是在云原生背景下诞生的，使用 Dubbo 3 构建的微服务遵循云原生思想，能更好地复用底层云原生基础设施、贴合云原生服务架构。这体现在如下几方面。

- 服务支持部署在容器、Kubernetes 平台，服务生命周期可实现与平台调度周期对齐。
- 支持经典 Service Mesh 微服务架构，引入了 Proxyless Mesh 架构,进一步简化 Mesh 的落地与迁移成本，提供更灵活的选择。
- 作为桥接层，支持与 Spring Cloud、gRPC 等异构微服务体系的互调互通。

Dubbo 3 汲取了 Dubbo 2.x 的优点并针对已知问题做了大量优化，因此，Dubbo 3 在解决业务落地与规模化实践方面有着无可比拟的优势。

- 开箱即用：
  易用性高。如 Java 版本的面向接口代理的特性可以实现本地透明调用；
  功能丰富，基于原生库或轻量扩展即可实现绝大多数的微服务治理能力。
- 超大规模微服务集群实践：高性能的跨进程通信协议；地址发现、流量治理层面，轻松支持百万规模集群实例。
- 企业级微服务治理能力：服务测试；服务 Mock。

点对点的服务通信是 Dubbo 提供的一项基本能力，Dubbo 以 RPC 的方式将请求数据（Request）发送给后端服务，并接收服务器端返回的计算结果（Response）。RPC 通信对用户来说是完全透明的，使用者无须关心请求是如何发出去的、发到了哪里，每次调用只需要拿到正确的调用结果即可。同步的 Request-Response 是默认的通信模型，它最简单但却不能覆盖所有的场景，因此，Dubbo 提供以下更丰富的通信模型。

- 消费端异步请求（Client Side Asynchronous Request-Response）。
- 提供端异步执行（Server Side Asynchronous Request-Response）。
- 消费端请求流（Request Streaming）。
- 提供端响应流（Response Streaming）。
- 双向流式通信（Bidirectional Streaming）。

Dubbo 的服务发现机制，让微服务组件之间可以独立演进并任意部署，消费端可以在无须感知对端部署位置与 IP 地址的情况下完成通信。Dubbo 提供的是 Client-Based 的服务发现机制，使用者可以选择以下多种方式启用服务发现。

- 使用独立的注册中心组件，如 Nacos、ZooKeeper、Consul、Etcd 等。
- 将服务的组织与注册交给底层容器平台，如 Kubernetes，这被理解为一种更云原生的方式。

透明地址发现让 Dubbo 请求可以被发送到任意 IP 实例上，这个过程中流量被随机分配。当需要对流量进行更丰富、更细粒度的管控时，可以用 Dubbo 的流量管控策略，Dubbo 提供了负载均衡、流量路由、请求超时、流量降级、重试等策略，基于这些基础能力可以轻松地实现更多场景化的路由方案，包括金丝雀发布、A/B 测试、权重路由、同区域优先等，更酷的是，Dubbo 支持流控策略在运行态动态生效，无须重新部署。

Dubbo 强大的服务治理能力不仅体现在核心框架上，还包括其优秀的扩展能力以及周边配套设施的支持。通过 Filter、Router、Protocol 等几乎存在于每一个关键流程上的扩展点定义，可以丰富 Dubbo 的功能或实现与其他微服务配套系统的对接，包括 Transaction、Tracing 目前都有通过 SPI 扩展的实现方案。

Service Mesh 在业界得到了广泛的传播与认可，并被认为是下一代的服务架构，这主要是因为它解决了很多棘手的问题，包括透明升级、多语言、依赖冲突、流量治理等。Service Mesh 的典型架构是通过部署独立的 Sidecar 组件来拦截所有的出口与入口流量，并在 Sidecar 中集成丰富的流量治理策略，如负载均衡、路由等。除此之外，Service Mesh 还需要一个控制面（Control Plane）来实现对 Sidecar 流量的管控，即各种策略下发。在这里称这种架构为经典 Mesh。

为了解决 Sidecar 引入的相关成本问题，Dubbo 引入了另一种变相的 Mesh 架构——Proxyless Mesh。顾名思义，Proxyless Mesh 就是指没有 Sidecar 的部署，转而由 Dubbo SDK 直接与控制面交互。

可以设想，在不同的组织、不同的发展阶段，未来以 Dubbo 构建的微服务将会允许有三种部署架构：传统 SDK、基于 Sidecar 的 Service Mesh、脱离 Sidecar 的 Proxyless Mesh。基于 Sidecar 的 Service Mesh，即经典的 Mesh 架构，独立的 Sidecar 运行时接管所有的流量，脱离 Sidecar 的 Proxyless Mesh。Dubbo 微服务允许部署在物理机、容器、Kubernetes 平台之上，能做到以 Admin 为控制面，以统一的流量治理规则进行治理。

2.10.2 Dubbo 3 新特性

相比 Dubbo 2.7，Dubbo 3 版本进行了全面的升级，以下是新增的一些核心特性。

1. 全新服务发现模型

相比于 Dubbo 2.x 版本中的基于接口粒度的服务发现机制，Dubbo 3.x 引入了全新的基于应用粒度的服务发现机制，新模型带来了以下两方面的巨大优势。

（1）进一步提升了 Dubbo 3 在大规模集群实践中的性能与稳定性。新模型可大幅提高系统资源利用率，降低 Dubbo 地址的单机内存消耗（50%），降低注册中心集群的存储与推送压力（90%），Dubbo 可支持集群规模步入百万实例层次。

（2）打通与其他异构微服务体系的地址发现障碍。新模型使得 Dubbo 3 能实现与异构微服务体系（如 Spring Cloud、Kubernetes Service、gRPC 等）在地址发现层面的互通，为连通 Dubbo 与其他微服务体系提供可行方案。

在 Dubbo 3 的前期版本中，将会同时提供对两套地址发现模型的支持，以最大程度保证业务升级的兼容性。

2. 下一代 RPC 通信协议

定义了全新的 RPC 通信协议 Triple，一句话概括 Triple：它是基于 HTTP 2 上构建的 RPC 协议，完全兼容 gRPC，并在此基础上扩展出了更丰富的语义。使用 Triple 协议，用户将获得以下能力。

- 更容易适配网关、Mesh 架构，Triple 协议让 Dubbo 更方便地与各种网关、Sidecar 组件配合工作。
- 多语言友好，推荐配合 Protobuf 使用 Triple 协议，使用 IDL 定义服务，使用 Protobuf 编码业务数据。
- 流式通信支持。Triple 协议支持 Request Stream、Response Stream、Bi-direction Stream。

3. 云原生

Dubbo 3 构建的业务应用可直接部署在 VM、Container、Kubernetes 等平台，Dubbo 3 很好地解决了 Dubbo 服务与调度平台之间的生命周期对齐、Dubbo 服务发现地址与容器平台绑定等问题。

在服务发现层面，Dubbo 3 支持与 Kubernetes Native Service 的融合，目前仅限于 Headless Service。

Dubbo 3 规划了两种形态的 Service Mesh 方案，在不同的业务场景、不同的迁移阶段、不同的基础设施保障情况下，Dubbo 都会有以下 Mesh 方案可供选择，都可以通过统一的控制面进行治理。

- 经典的基于 Sidecar 的 Service Mesh。
- 无 Sidecar 的 Proxyless Mesh。

用户在 Dubbo 2 中熟知的路由规则，在 Dubbo 3.x 中将被一套统一的流量治理规则取代，这套统一流量规则将覆盖未来 Dubbo 3 的 Service Mesh、SDK 等多种部署形态，实现对整套微服务体系的治理。

4. 扩展点分离

Dubbo 3 的 Maven 也发生了一些变化，org.apache.dubbo:dubbo:3.0.0 将不再是包含所有资源的 all-in-one 包，一些可选的依赖已经作为独立组件单独发布，因此如果用户使用了不在 Dubbo 核心依赖包中的独立组件，如 registry-etcd、rpc-hessian 等，需要为这些组件在 pom.xml 中单独增加依赖包。

ZooKeeper 作为注册服务器，其扩展实现仍在核心依赖包中，依赖保持不变。

```
<properties>
    <dubbo.version>3.0.0</dubbo.version>
</properties>
```

```xml
<dependencies>
    <dependency>
        <groupId>org.apache.dubbo</groupId>
        <artifactId>dubbo</artifactId>
        <version>${dubbo.version}</version>
    </dependency>
    <dependency>
        <groupId>org.apache.dubbo</groupId>
        <artifactId>dubbo-dependencies-zookeeper</artifactId>
        <version>${dubbo.version}</version>
        <type>pom</type>
    </dependency>
</dependencies>
```

Redis 扩展实现已经不在核心依赖包中，如果需要启用 Redis 相关功能，应单独增加依赖包。

```xml
<properties>
    <dubbo.version>3.0.0</dubbo.version>
</properties>
<dependencies>
    <dependency>
        <groupId>org.apache.dubbo</groupId>
        <artifactId>dubbo</artifactId>
        <version>${dubbo.version}</version>
    </dependency>
    <dependency>
        <groupId>org.apache.dubbo</groupId>
        <artifactId>dubbo-dependencies-zookeeper</artifactId>
        <version>${dubbo.version}</version>
        <type>pom</type>
    </dependency>
    <dependency>
        <groupId>org.apache.dubbo</groupId>
        <artifactId>dubbo-registry-redis</artifactId>
        <version>${dubbo.version}</version>
    </dependency>
</dependencies>
```

5. 全面的性能提升

相比 Dubbo 2.x 版本，Dubbo 3 版本特点如下。

（1）服务发现资源利用率显著提升。

对比接口级服务发现，单机常驻内存下降 50%，地址变更期 GC（Garbage Collection，垃圾回收）消耗下降一个数量级（百次→十次）。

对比应用级服务发现，单机常驻内存下降 75%，GC 次数趋零。

（2）Dubbo 协议性能持平，Triple 协议在网关、Stream 吞吐量方面更具优势。

Dubbo 协议 3.0 与 2.x 相比，3.0 实现较 2.x 总体 QPS（Queries Per Second，每秒查询次数）持平，略有提升。

Triple 协议与 Dubbo 协议相比，直连调用场景 Triple 性能并无优势，其优势在网关、Stream 调用场景。

2.10.3 Dubbo 注册中心

Dubbo 常用的注册中心有 Nacos、Consul、ZooKeeper 等。如图 2-35 中的 Registry 就是注册中心。

Provider 服务启动后，需要首先向注册中心服务器进行注册，就是把提供服务的 IP、端口、服务名等信息，在注册中心进行登记。

服务消费者 Consumer 启动后，需要首先向注册中心进行订阅（subscribe）服务，即通过服务名获取能够提供该服务的服务器列表。

服务发现，即消费端具有自动发现服务地址列表的能力，这是服务框架需要具备的关键能力，借助于自动化的服务发现，服务之间可以在无须感知对端部署位置与 IP 地址的情况下实现通信。

实现服务发现的方式有很多种，Dubbo 提供的是一种 Client-Based 的服务发现机制，通常还需要部署额外的第三方注册中心组件来协调服务发现过程，如常用的 Nacos、Consul、Zookeeper 等，Dubbo 自身也提供了对多种注册中心组件的对接，用户可以灵活选择。

1. Dubbo 3 与 Dubbo 2 区别

就使用方式上而言，Dubbo 3 与 Dubbo 2 的服务发现配置是完全一致的，不需要改动什么内容。但就实现原理上而言，Dubbo 3 引入了全新的服务发现模型——应用级服务发现，它在工作原理、数据格式上已完全不能兼容老版本服务发现。

- Dubbo 3 应用级服务发现，以应用粒度组织地址数据。
- Dubbo 2 接口级服务发现，以接口粒度组织地址数据。

Dubbo 3 格式的 Provider 地址不能被 Dubbo 2 的 Consumer 识别到，反之 Dubbo 2 的消费者也不能订阅到 Dubbo 3 的 Provider。

图 2-36 所示为传统模式的服务注册与发现模型。如图 2-37 所示，注册中心在云平台上。接入云原生基础设施后，基础设施融入了微服务概念的抽象，微服务被编排、调度的过程即完成了在基础设施层面的注册。

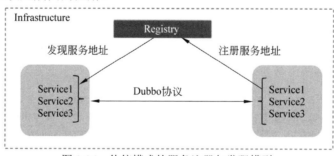

图 2-36　传统模式的服务注册与发现模型

下面将 Dubbo 2 与 Dubbo 3 在地址发现流程上的数据流量变化进行对比。假设一个微服务应用定义了 100 个接口（Dubbo 中的服务），则需要在注册中心注册 100 个服务，如果这个应用被部署在了 100 台机器上，那这 100 个服务总共会产生 100×100 = 10000 个虚拟

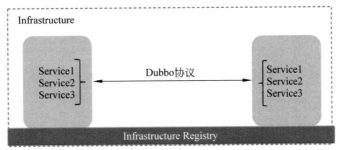

图 2-37 云平台服务注册与发现

节点。而同样的应用，对于 Dubbo 3 来说，新的注册发现模型只需要 1 个服务（只和应用有关，和接口无关），只需注册和机器实例数相等的 1×100 = 100 个虚拟节点到注册中心即可。在这个简单的示例中，Dubbo 3 所注册的地址数量下降到了原来的 1/100，对于注册中心和订阅方的存储压力是一个极大的释放。更重要的是，地址发现容量彻底与业务 RPC 定义解耦开来，整个集群的容量评估对运维来说将变得更加透明：部署多少台机器就会有多大负载，不会像 Dubbo 2 一样，因为业务 RPC 重构影响整个集群服务发现的稳定性。

2. ZooKeeper 注册中心

ZooKeeper 是一个开放源码的分布式应用程序协调服务，是 Google Chubby 的一个开源的实现，是 Hadoop 和 HBase 的重要组件。它是一个为分布式应用提供一致性服务的软件，提供的功能包括：配置维护、域名服务、分布式同步、组服务等。

使用 ZooKeeper 作为 Dubbo 的注册中心，可以达到工业级的性能要求。

下面以 ZooKeeper 为注册中心，演示环境搭建的步骤。

（1）在 VMware 虚拟机中安装 CentOS7 的 Linux 环境。

（2）进入 Apache 官网，下载 apache-zookeeper-3.6.2-bin.tar.gz。

（3）xftp 上传 apache-zookeeper-3.6.2-bin.tar.gz 到/usr/local 目录下。

（4）修改解压后的目录名为 zookeeper。

```
mv apache-zookeeper-3.6.2-bin zookeeper
```

（5）在目录 zookeeper 下新建目录 data 和 log。

```
mkdir data
mkdir log
```

（6）进入 zookeeper 中的 conf 目录，修改原有文件 zoo_sample.cfg 的名字。

```
mv zoo_sample.cfg zoo.cfg
```

（7）修改 zoo.cfg 中的配置项。

修改 dataDir=/usr/local/zookeeper/data；

新增配置项 dataLogDir=/usr/local/zookeeper/log；

新增配置项 clientPortAddress=192.168.28.188（根据虚拟机的实际 IP 来配置）。

（8）启动 ZooKeeper 服务器。

```
/usr/local/zookeeper/bin/zkServer.sh start
```

查看进程。
```
ps -ef|grep zookeeper
```
（9）客户端访问测试。
```
/usr/local/zookeeper/bin/zkCli.sh -server 192.168.28.188:2181
```
输入命令：
```
help
```
显示：
```
zk: localhost:2181(CONNECTED) 1]    ---表示连接成功
```
输入命令：
```
quit    --退出客户端
```
（10）关闭虚拟机的防火墙，使 Dubbo 服务成功注册。
```
# service firewalld stop
#service firewalld status          //查看防火墙状态
```

2.10.4　Dubbo 服务提供者

在图 2-35 所示的 Dubbo 架构图中，Provider 是服务的提供者。Dubbo 服务不需要依赖 Web 服务器，但是 Dubbo 服务的发布需要依赖 Spring 容器。

下面使用 STS 开发工具，演示 Dubbo 服务实现用户登录的开发步骤。

（1）使用 STS 新建 Maven 普通项目（如图 2-31 所示）。

（2）配置 pom.xml 文件。此处使用 Dubbo 3.0.4 版本和 Spring 5.2.18 版本，其他 jar 根据依赖自动匹配。

```xml
<properties>
    <project.build.sourceEncoding>UTF-8</project.build.sourceEncoding>
    <source.level>1.8</source.level>
    <target.level>1.8</target.level>
    <dubbo.version>3.0.4</dubbo.version>
    <spring.version>5.2.18.RELEASE</spring.version>
    <maven-compiler-plugin.version>3.5.0</maven-compiler-plugin.version>
</properties>
<dependencyManagement>
    <dependencies>
        <dependency>
            <groupId>org.springframework</groupId>
            <artifactId>spring-framework-bom</artifactId>
            <version>${spring.version}</version>
            <type>pom</type>
            <scope>import</scope>
        </dependency>
        <dependency>
            <groupId>org.apache.dubbo</groupId>
            <artifactId>dubbo-bom</artifactId>
            <version>${dubbo.version}</version>
            <type>pom</type>
            <scope>import</scope>
        </dependency>
```

```xml
        <dependency>
            <groupId>org.apache.dubbo</groupId>
            <artifactId>dubbo-dependencies-zookeeper</artifactId>
            <version>${dubbo.version}</version>
            <type>pom</type>
        </dependency>
    </dependencies>
</dependencyManagement>
<dependencies>
    <dependency>
        <groupId>org.apache.dubbo</groupId>
        <artifactId>dubbo</artifactId>
    </dependency>
    <dependency>
        <groupId>org.apache.dubbo</groupId>
        <artifactId>dubbo-dependencies-zookeeper</artifactId>
        <type>pom</type>
    </dependency>
    <dependency>
        <groupId>org.springframework</groupId>
        <artifactId>spring-test</artifactId>
        <scope>test</scope>
    </dependency>
    <dependency>
        <groupId>mysql</groupId>
        <artifactId>mysql-connector-Java</artifactId>
        <version>8.0.22</version>
    </dependency>
</dependencies>
<build>
    <plugins>
        <plugin>
            <groupId>org.apache.maven.plugins</groupId>
            <artifactId>maven-compiler-plugin</artifactId>
            <version>3.5</version>
            <configuration>
                <source>1.8</source>
                <target>1.8</target>
            </configuration>
        </plugin>
    </plugins>
</build>
```

（3）定义对外服务接口。

```java
public interface IUser {
    public User login(String uname,String pwd)
                throws InputEmptyException,Exception;
}
```

（4）实现用户登录的 Dubbo 服务。

因为可能有多台主机提供同一个服务，所以需要记录响应客户端请求的服务器的 IP、端口等信息。

```java
public class UserBiz implements IUser{
    public User login(String uname,String pwd) throws Exception {
        String server = RpcContext.getServerContext().getLocalAddress()
                + ":" + RpcContext.getServerContext().getLocalPort();
```

```java
        System.out.println( server + "--接收到用户登录请求: uname=" + uname);
        if(uname == null || uname.equals("")) {
            throw new InputEmptyException("用户名为空");
        }
        if(pwd == null || pwd.equals("")) {
            throw new InputEmptyException("密码为空");
        }
        UserDao dao = new UserDao();
        try {
            return dao.login(uname, pwd);
        } finally {
            dao.closeConnection();
        }
    }
}
```

(5) 在 resources 目录下新建 beans.xml 文件。

```xml
<!-- 提供应用信息,用于计算依赖关系 -->
<dubbo:application name="user-app" />
<!-- 使用 curator 连接虚拟机中的 zookeeper,连接超时默认 5000 需要放大 -->
  <dubbo:registry address="zookeeper://192.168.28.188:2181"
                  client="curator" timeout="25000" />
<!-- 身份校验 -->
<dubbo:provider token="true"/>
<!--Dubbo 服务的对外端口,动态分配  -->
<dubbo:protocol name="dubbo" port="-1" />
<!-- 声明需要暴露的 Dubbo 服务接口 -->
<dubbo:service interface="com.icss.service.IUser" ref="userService"/>
<!-- 和本地的 Spring bean 一样实现服务 -->
<bean id="userService" class="com.icss.service.impl.UserBiz" />
```

(6) 启动 Dubbo 服务。

创建 Spring 容器,加载 beans.xml 文件,使用 Spring 的 bean 对象提供 Dubbo 的对外服务。Dubbo 服务启动后,需要自动注册到 ZooKeeper 服务器上。Dubbo 3 的服务注册过程需要身份校验,所以时间较长,因此必须要设置 timeout 属性,否则会无法连接 ZooKeeper。

```java
public static void main(String[] args)throws Exception{
ClassPathXmlApplicationContext context
      = new ClassPathXmlApplicationContext("beans.xml");
    context.start();
    System.out.println("user provider start ...");
    System.in.read();        //按任意键退出
}
```

(7) 再次调用 main(),二次启动 Dubbo 服务。

在同一台服务器上,可以启动多个 Dubbo 服务,每个 Dubbo 服务都会自动分配对外服务的端口(真实环境是使用多台服务器提供相同的 Dubbo 服务)。

2.10.5 Dubbo 服务消费者

在如图 2-35 所示的 Dubbo 架构图中,Consumer 是服务的消费者。Consumer 启动后,根据远程服务的声明,到注册中心定时获取服务列表。如果某个服务宕机或失败,注册中心知晓后,也可以主动通知 Consumer 马上去更新服务列表。

基于 Dubbo 服务的用户登录客户端开发步骤如下。

(1)使用 STS 新建 Maven-Web 项目(如图 2-33 所示)。

用户登录需要 JSP 或 HTML 页面,而且需要部署到 Web Server 上,因此需要创建 Maven-Web 项目。

(2)配置 pom.xml 文件。

此处使用 Dubbo 3.0.4 版本,Spring 5.2.18 版本,尽量与 Dubbo 服务一致。日志系统使用 log4j-slf4j-impl 的 2.13.3 版本,这与 log4j1.2.17 有很大不同。

```
<properties>
    <project.build.sourceEncoding>UTF-8</project.build.sourceEncoding>
    <source.level>1.8</source.level>
    <target.level>1.8</target.level>
    <dubbo.version>3.0.4</dubbo.version>
    <spring.version>5.2.18.RELEASE</spring.version>
    <maven-compiler-plugin.version>3.5.0</maven-compiler-plugin.version>
</properties>
<dependencyManagement>
    <dependencies>
        <dependency>
            <groupId>org.springframework</groupId>
            <artifactId>spring-framework-bom</artifactId>
            <version>${spring.version}</version>
            <type>pom</type>
            <scope>import</scope>
        </dependency>
        <dependency>
            <groupId>org.apache.dubbo</groupId>
            <artifactId>dubbo-bom</artifactId>
            <version>${dubbo.version}</version>
            <type>pom</type>
            <scope>import</scope>
        </dependency>
        <dependency>
            <groupId>org.apache.dubbo</groupId>
            <artifactId>dubbo-dependencies-zookeeper</artifactId>
            <version>${dubbo.version}</version>
            <type>pom</type>
        </dependency>
    </dependencies>
</dependencyManagement>
<dependencies>
    <dependency>
        <groupId>org.apache.dubbo</groupId>
        <artifactId>dubbo</artifactId>
    </dependency>
    <dependency>
        <groupId>org.apache.dubbo</groupId>
        <artifactId>dubbo-dependencies-zookeeper</artifactId>
        <type>pom</type>
    </dependency>
    <dependency>
        <groupId>org.springframework</groupId>
```

```xml
            <artifactId>spring-Webmvc</artifactId>
        </dependency>
        <dependency>
            <groupId>Javax.servlet</groupId>
            <artifactId>Javax.servlet-api</artifactId>
        </dependency>
        <dependency>
            <groupId>Javax.servlet.jsp</groupId>
            <artifactId>Javax.servlet.jsp-api</artifactId>
            <version>2.3.3</version>
        </dependency>
        <dependency>
            <groupId>Javax.servlet</groupId>
            <artifactId>jstl</artifactId>
            <version>1.2</version>
        </dependency>
        <dependency>
            <groupId>com.fasterxml.jackson.core</groupId>
            <artifactId>jackson-databind</artifactId>
            <version>2.11.4</version>
        </dependency>
        <dependency>
            <groupId>org.apache.logging.log4j</groupId>
            <artifactId>log4j-slf4j-impl</artifactId>
            <version>2.13.3</version>
        </dependency>
    </dependencies>
    <build>
        <plugins>
            <plugin>
                <groupId>org.apache.maven.plugins</groupId>
                <artifactId>maven-compiler-plugin</artifactId>
                <version>3.5</version>
                <configuration>
                    <source>1.8</source>
                    <target>1.8</target>
                </configuration>
            </plugin>
        </plugins>
    </build>
```

（3）Spring 容器必须为单例模式，使用 BeanFactory 封装 Spring 容器为单例。

```java
public abstract class BeanFactory {
    private static ApplicationContext ctx;          //单例模式
    static {
        ctx = new ClassPathXmlApplicationContext("beans.xml");
    }
    public static ApplicationContext getApplicationContext() {
        return ctx;
    }
    public static <T> T getBean(Class<T> requiredType)
                            throws BeansException{
        return ctx.getBean(requiredType);
    }
    public static Object getBean(String name) throws BeansException {
        return ctx.getBean(name);
    }
}
```

（4）定义控制器 UserAction 类。

```
@Controller
public class UserAction {}
```

（5）在 UserAction 中定义 login()方法。

```
@ResponseBody
@PostMapping("/login")
public int login(User u,HttpSession session) throws Exception{
    int iRet = -1;
    if(u != null) {
        Log.logger.info("接收登录请求：uname=" + u.getUname()
                    + ",pwd=" + u.getPwd());
    }
    try {
        //获取远程 Dubbo 服务的代理
        IUser userBiz = (IUser)BeanFactory.getBean("userService");
        User user = userBiz.login(u.getUname(),u.getPwd());
        if(user != null) {
            session.setAttribute("user",user);
            iRet = 1;                          //登录成功
        }else {
            iRet = 2;                          //登录失败
        }
    }catch(InputEmptyException e) {
        iRet = 0;                              //用户名或密码为空
    }
    return iRet;
}
```

（6）多次进行用户登录测试，观察两个 Dubbo 服务受理登录请求的日志。

```
10.3.32.223:20880:20880--接收到用户登录请求： uname=tom
10.3.32.223:20880:20881--接收到用户登录请求： uname=jack
10.3.32.223:20880:20880--接收到用户登录请求： uname=rose
10.3.32.223:20880:20881--接收到用户登录请求： uname=johson
```

【本节完整代码参见本书配套资源】

2.10.6 Dubbo 交互协议

如图 2-35 所示，Consumer 与 Provider 之间使用何种协议交互，对 Dubbo 框架的整体性能有着非常大的影响。

Dubbo 3 提供了 Triple（Dubbo 3）、Dubbo 2 协议，这是 Dubbo 框架的原生协议。除此之外，Dubbo 3 也对众多第三方协议进行了集成，并将它们纳入 Dubbo 的编程与服务治理体系，包括 gRPC、Thrift、JsonRPC、Hessian2、REST 等。

下面分别比较一下 RPC 协议、HTTP 1.1、gRPC 协议和 Triple 协议的优缺点，看看使用哪种协议进行 PRC 通信更为合理。

1. TCP

图 2-25 所示是 RPC 架构图，TCP 是 RPC 框架的核心内容。它规范了数据在网络中的传输内容和格式。除必需的请求、响应数据外，通常还会包含额外控制数据，如单次请求的

序列化方式、超时时间、压缩方式和鉴权信息等。

TCP 的内容包含如下三部分。

- 数据交换格式：定义 RPC 的请求和响应对象在网络传输中的字节流内容，也叫作序列化方式。
- 协议结构：定义包含字段列表和各字段语义以及不同字段的排列方式。
- 协议通过定义规则、格式和语义来约定数据如何在网络间传输。一次成功的 RPC 通信，需要通信的两端都能够按照协议约定进行网络字节流的读写和对象转换。如果两端对使用的协议不能达成一致，就会出现鸡同鸭讲，无法满足远程通信的需求。

TCP 协议的设计需要考虑以下内容。

- 通用性：统一的二进制格式，跨语言、跨平台、多传输层协议支持。
- 扩展性：协议增加字段；协议升级；支持用户扩展和附加业务元数据。
- 性能：尽可能快。
- 穿透性：能够被各种终端设备识别和转发，网关、代理服务器等通用性和高性能两个指标通常无法同时达到，需要协议设计者进行一定的取舍。

2. HTTP 1.1

相对于直接构建于 TCP 传输层的私有 RPC 协议，构建于 HTTP 之上的远程调用解决方案会有更好的通用性，如 WebServices 或 REST 架构，使用 HTTP + JSON 可以说是一个事实标准的解决方案。

服务构建在 HTTP 之上，有以下两个最大的优势。

- HTTP 的语义和可扩展性能很好地满足 RPC 调用需求。
- 通用性：HTTP 几乎被网络上的所有设备所支持，具有很好的协议穿透性。

但是 HTTP 1.1 也存在如下比较明显的问题。

- 其采用典型的 Request-Response（请求-回应）模型，一个链路上一次只能有一个等待的 Request 请求，会产生 HOL（Head-of-line blocking，队首阻塞）。
- 使用更通用、更易于人类阅读的头部传输格式，但性能相当差。
- 无直接 Server Push（服务器推送）支持，需要使用 Polling Long-Polling（轮训）等变通模式。

3. gRPC 协议

上面提到了在 HTTP 1.1 及 TCP 之上构建 RPC 通信的优缺点，相比于 Dubbo 构建于 TCP 传输层之上，Google 选择将 gRPC 协议直接定义在 HTTP 2 之上。gRPC 的优势由 HTTP 2 和 Protobuf 继承而来。

- 基于 HTTP 2 的协议足够简单，用户学习成本低，天然有服务器推送、多路复用、流量控制能力。
- 具有基于 Protobuf 的多语言跨平台二进制兼容能力，提供强大的统一跨语言能力。
- 基于协议本身的生态比较丰富，它是 k8s/etcd 等组件的天然支持协议，云原生的事实协议标准。

gRPC 存在的部分问题如下。
- 对服务治理的支持比较基础，更偏向于基础的 RPC 功能，协议层缺少必要的统一定义，对于用户而言直接用起来并不容易。
- 强绑定 Protobuf 的序列化方式，需要较高的学习成本和改造成本，对于现有的偏单语言的用户而言，迁移成本不可忽视。

4. Triple 协议

如图 2-38 所示，Triple 协议是 Dubbo 3 推出的主力协议。Triple 意为第三代，通过 Dubbo 1.0/ Dubbo 2.0 两代协议的演进，以及云原生带来的技术标准化浪潮，Dubbo 3 新协议 Triple 应运而生。

Triple 协议现状如下。

- 完全兼容 gRPC、客户端/服务器端可以与原生 gRPC 客户端打通。
- 经过大规模生产实践验证，可以达到工业化生产级别。

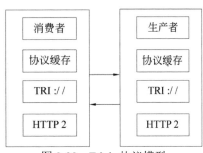

图 2-38 Triple 协议模型

Triple 协议的主要特点如下。

- 具备跨语言互通的能力，传统的多语言多 SDK 模式和 Mesh 化跨语言模式都需要一种更通用易扩展的数据传输格式。
- 提供更完善的请求模型，除了 Request/Response 模型，还支持 Streaming 和 Bidirectional 模型。
- 易扩展、穿透性高，包括但不限于 Tracing/Monitoring 支持，能被各层设备识别；网关设施等可以识别数据报文，对 Service Mesh 部署友好，降低了用户理解难度。
- 多种序列化方式支持、平滑升级。
- 支持 Java 用户无感知升级，不需要定义烦琐的 IDL（接口定义语言）文件，仅需要简单地修改协议名便可以轻松升级到 Triple 协议。

2.11 MOM 架构

消息中间件（Message Oriented Middleware，MOM）是把发送方的信息先暂存在独立的消息队列中，然后由消费方提取并处理消息。MOM 架构的基本元素是：消息发送者、消息接收者、消息本身、消息队列，如图 2-39 所示。

消息传递和排队技术有以下三个主要特点。

- 通信程序可在不同的时间运行：程序不在网络上直接相互通话，而是间接地将消息放入消息队列，因为程序间没有直接的联系，所以它们不必同时运行。消息放入适当的队列时，目标程序甚至根本不需要正在运行；即使目标程序在运行，也不意味着要立即处理该消息。

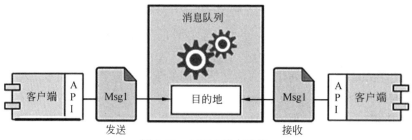

图 2-39　MOM 基本结构

- 对应用程序的结构没有约束：在复杂的应用场合中，通信程序之间不仅可以是一对一的关系，还可以是一对多和多对一的关系，甚至是上述多种关系的组合。多种通信方式的构造并没有增加应用程序的复杂性。
- 程序与网络复杂性相隔离：程序将消息放入消息队列或从消息队列中取出消息来进行通信，与此关联的全部活动，比如维护消息队列、维护程序和队列之间的关系、处理网络的重新启动和在网络中移动消息等是 MOM 的任务，程序不直接与其他程序通话，并且它们不涉及网络通信的复杂性。

2.11.1　JMS 与 MOM

JMS 即 Java 消息服务（Java Message Service）应用程序接口，是一个 Java 平台中关于面向消息中间件（MOM）的 API，用于在两个应用程序之间或分布式系统中发送/接收消息，进行异步通信。Java 消息服务是一套与具体平台无关的 API，大多数 MOM 提供商都对 JMS 提供了支持。

JMS 类似于 JDBC（Java Database Connectivity），JDBC 是可以用来访问许多不同关系数据库的 API，而 JMS 则提供同样与厂商无关的访问方法，以访问消息收发服务。

许多厂商都支持 JMS，包括 IBM 的 MQSeries、BEA 的 Weblogic JMS service 和 Progress 的 SonicMQ，还有 Apache 的 ActiveMQ。JMS 能够通过消息收发服务（有时称为消息中介程序或路由器）从一个 JMS 客户机向另一个 JMS 客户机发送消息。消息是 JMS 中的一种类型对象，它由两部分组成：报头和消息主体。报头由路由信息以及有关该消息的元数据组成。消息主体则携带着应用程序的数据或有效负载。根据有效负载的类型来划分，可以将消息分为几种类型，它们分别携带简单文本（TextMessage）、可序列化的对象（ObjectMessage）、属性集合（MapMessage）、字节流（BytesMessage）、原始值流（StreamMessage）、无有效负载的消息（Message）等。

JMS 对象模型包含如下几个要素（如图 2-40 所示）。

（1）连接工厂：连接工厂（Connection Factory）是由管理员创建的，并被绑定到 JNDI 树中。客户端使用 JNDI 查找连接工厂，然后利用连接工厂创建一个 JMS 连接。

（2）JMS 连接：JMS 连接（Connection）表示 JMS 客户端和服务器端之间的一个活动的连接，是由客户端通过调用连接工厂的方法建立的。

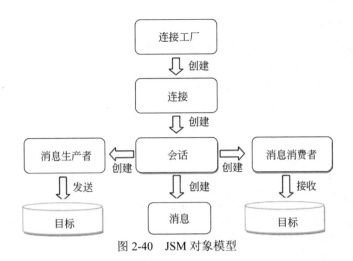

图 2-40 JSM 对象模型

（3）JMS 会话：JMS 会话（Session）表示 JMS 客户与 JMS 服务器之间的会话状态。JMS 会话建立在 JMS 连接上，表示客户与服务器之间的一个会话线程。

（4）JMS 目标：JMS 目标（Destination）又称为消息队列，是实际的消息源。

（5）JMS 消息生产者和消费者：消息生产者（Message Producer）和消息消费者（Message Consumer）对象由 Session 对象创建，用于发送和接收消息。

（6）JMS 消息通常有以下两种类型。

- 点对点（Point-to-Point）：在点对点的消息系统中，消息分发给一个单独的使用者。点对点消息往往与队列（Javax.jms.Queue）相关联。
- 发布/订阅（Publish/Subscribe）：发布/订阅消息系统支持一个事件驱动模型，消息生产者和消费者都参与消息的传递。生产者发布消息，而使用者订阅感兴趣的消息，并使用消息。该类型消息一般与特定的主题（Javax.jms.Topic）关联。

2.11.2 ActiveMQ 服务器搭建

ActiveMQ 是 Apache 的顶级项目，进入 Apache 主页即可下载。ActiveMQ 是一种广泛使用的、开源的、多协议支持的、基于 Java 平台的消息中间件（Broker）。ActiveMQ 的客户端可以使用 JavaScript、C、C++、Python、.Net、Java 等多种语言。ActiveMQ 支持 JMS 规范。

ActiveMQ 的下载与安装步骤如下（CentOS7 环境）。

（1）从 Apache 官网下载 apache-activemq-5.16.1-bin.tar.gz 安装包。

（2）使用工具 xftp 把安装包上传到/usr/local 下。

（3）进入/usr/local 目录，解压安装包。

```
tar -xzvf apache-activemq-5.16.1-bin.tar.gz
```

（4）解压后删除安装包。

```
rm apache-activemq-5.16.1-bin.tar.gz
```

（5）修改解压后的文件名为 activemq。

```
mv apache-activemq-5.16.1 activemq
```

（6）进入 Activemq 的 conf 目录，修改 jetty.xml 文件。

把默认的 127.0.0.1 修改为当前虚拟机的 ip 和端口

```xml
<bean id="jettyPort" class="org.apache.activemq.Web.WebConsolePort"
init-method="start">
    <property name="host" value="192.168.28.188"/>
    <property name="port" value="8161"/>
</bean>
```

（7）启动 Activemq 服务。

```
/usr/local/activemq/bin/activemq start
```

（8）查看服务运行情况 /usr/local/activemq/bin/activemq status，显示如下。

```
ActiveMQ is running (pid '2234')
root@localhost conf]# /usr/local/activemq/bin/activemq status
INFO: Loading '/usr/local/activemq//bin/env'
INFO: Using Java '/usr/local/jdk8/bin/Java'
ActiveMQ is running (pid '2234')
```

（9）通过浏览器访问 http://192.168.28.188:8161/。

这是 ActiveMQ 的管理页面，用户名与密码都是 admin。

2.11.3 发送点对点消息

在 JMS 中消息分为两种类型，分别为点对点消息和主题消息。点对点消息会发送到 Queue 队列中，主题消息会发送到 Topic 队列中。下面分别测试点对点消息和主题消息的发送与接收。

客户端发送点对点消息的操作步骤如下。

（1）在虚拟机中启动 ActiveMQ 服务器。

（2）新建 Maven 项目，配置 pom.xml 文件。

```xml
<dependencies>
    <dependency>
        <groupId>org.apache.activemq</groupId>
        <artifactId>activemq-pool</artifactId>
        <version>5.16.1</version>
    </dependency>
</dependencies>
<build>
    <plugins>
        <plugin>
            <groupId>org.apache.maven.plugins</groupId>
            <artifactId>maven-compiler-plugin</artifactId>
            <version>3.5</version>
            <configuration>
                <source>1.8</source>
                <target>1.8</target>
            </configuration>
        </plugin>
    </plugins>
</build>
```

（3）封装 ConnectionFactory，作为单例使用。
```java
public class JmsFactory {
    private static ConnectionFactory connectionFactory;
    static {
        connectionFactory = new
                ActiveMQConnectionFactory(ActiveMQConnection.DEFAULT_USER,
                ActiveMQConnection.DEFAULT_PASSWORD,
                "tcp://192.168.28.188:61616?connectionTimeout=5000");
    }
    public static Connection getConnection() throws Exception {
        return connectionFactory.createConnection();
    }
}
```

（4）实现发送消息的方法，并记录日志。
```java
public static void sendMessage(Session session,
            MessageProducermessageProducer)throws JMSException{
    for(int i=0;i<10;i++){
        TextMessage message = session.createTextMessage("msg-" + i);
        messageProducer.send(message);
        Thread.sleep(300);
        SimpleDateFormat sd = new SimpleDateFormat("yyyy-MM-dd HH:mm:ss");
        System.out.println("发送消息："+message.getText()+","+sd.format(new Date()));
    }
}
```

（5）在主函数中创建会话，发送点对点消息到队列 Queue 中。
```java
public static void main(String[] args) {
    Connection conn = null;
    Session session = null;
    try {
        conn = JmsFactory.getConnection();
        conn.start();
        //创建会话，使用事务模式确保消息发送成功
        session = conn.createSession(true, Session.AUTO_ACKNOWLEDGE);
        //设置目标队列 Queue 的名字为"FirstQueue"
        Destination destination = session.createQueue("FirstQueue");
        //创建 MessageProducer，发送点对点消息
        MessageProducer messageProducer = session.createProducer(destination);
        sendMessage(session, messageProducer);
        session.commit();          //提交事务
    } catch (Exception e) {
        e.printStackTrace();
        try {
            if(session != null){
                session.rollback();
            }
        }catch(Exception e2) {
            e2.printStackTrace();
        }
    } finally{
        if(conn!=null){
            try {
                conn.close();
            } catch (Exception e) {
                e.printStackTrace();
```

            }
          }
        }
    }

（6）消息发送成功，客户端显示信息如下。

```
发送消息：msg-0,2021-12-13 18:28:47
发送消息：msg-1,2021-12-13 18:28:48
发送消息：msg-2,2021-12-13 18:28:48
发送消息：msg-3,2021-12-13 18:28:48
发送消息：msg-4,2021-12-13 18:28:49
发送消息：msg-5,2021-12-13 18:28:49
发送消息：msg-6,2021-12-13 18:28:49
发送消息：msg-7,2021-12-13 18:28:49
发送消息：msg-8,2021-12-13 18:28:50
发送消息：msg-9,2021-12-13 18:28:50
```

（7）访问 ActiveMQ 的监控中心 http://192.168.28.188:8161/admin/queues.jsp，查看消息入队情况（如图 2-41 所示）。

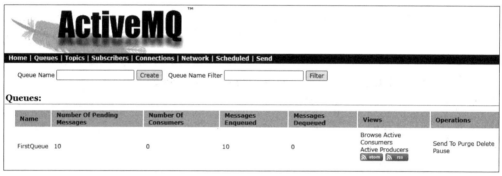

图 2-41　点对点消息入队

2.11.4　主动接收点对点消息

消息生产者把点对点消息发送到 Queue 队列后，消息会存储在队列中，直到消费者把消息取出。创建消息的消费者，主动接收点对点消息的操作步骤如下所述。

（1）新建 Maven 项目，配置 pom.xml 文件。

```xml
<dependencies>
    <dependency>
        <groupId>org.apache.activemq</groupId>
        <artifactId>activemq-pool</artifactId>
        <version>5.16.1</version>
    </dependency>
</dependencies>
```

（2）在主函数中创建 session 会话，从指定名称的队列中接收消息。

```java
public static void main(String[] args) {
    Connection conn = null;
    Session session = null;
    try {
```

```
        conn = JmsFactory.getConnection();
        conn.start();
        //创建会话,非事务模式,客户端接收消息时自动确认
        session = conn.createSession(false,Session.AUTO_ACKNOWLEDGE);
        //创建连接的消息队列,队列的名字要与消息发送队列名对应
        Destination destination = session.createQueue("FirstQueue");
        //创建消息消费者
        MessageConsumer messageConsumer = session.createConsumer(destination);
            TextMessage msg;
            do {
                msg = (TextMessage) messageConsumer.receive(5000);
                  Thread.sleep(500);
                  if(msg != null) {
                    System.out.println("收到的消息: " + msg.getText());
                  }
            }while (msg != null);
            conn.close();
    } catch (Exception e) {
            e.printStackTrace();
        }
    }
}
```

程序运行结果如下。

收到的消息: msg-0
收到的消息: msg-1
收到的消息: msg-2
收到的消息: msg-3
收到的消息: msg-4
收到的消息: msg-5
收到的消息: msg-6
收到的消息: msg-7
收到的消息: msg-8
收到的消息: msg-9

(3) 查看 ActiveMQ 的监控中心,如图 2-42 所示,发现入队的消息已经出队。

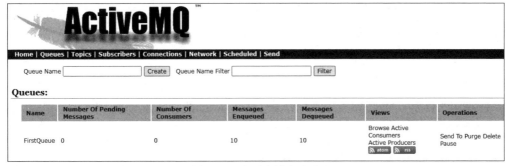

图 2-42　点对点消息出队

2.11.5　监听接收点对点消息

启动监听器,一旦发现队列中有消息后,可以马上进行接收。这种接收消息的模式,可以及时接收到通知信息。监听接收点对点消息的操作步骤如下所述。

(1)启动监听器,对指定名称的队列进行监听。

```java
public static void main(String[] args) {
    Connection conn = null;
    Session session = null;
    try {
        conn = JmsFactory.getConnection();
        conn.start();
        //创建会话,非事务模式,客户端接收消息时需要手动确认
        session = conn.createSession(false, Session.AUTO_ACKNOWLEDGE);
        Destination destination = session.createQueue("FirstQueue");
        MessageConsumer messageConsumer = session.createConsumer(destination);
        int id = (int) (Math.random() * 100);
        //注册监听器
        messageConsumer.setMessageListener(new MyListener(id));
        System.out.println(id + "-监听开始……");
        //不能关闭 connection
    } catch (Exception e) {
        e.printStackTrace();
    }
}
```

程序运行结果如下:

77-监听开始……

(2)消息监听。

```java
class MyListener implements MessageListener {
    private int id;
    public MyListener(int id) {
        this.id = id;
    }
    public void onMessage(Message message) {
        try {
            SimpleDateFormat sd = new SimpleDateFormat("yyyy-MM-dd HH:mm:ss");
            System.out.println(this.id + "收到的消息: " + ((TextMessage) message)
                        .getText() +"---" + sd.format(new Date()));
            message.acknowledge();     //手动确认
            Thread.sleep(500);
        } catch (Exception e) {
            e.printStackTrace();
        }
    }
}
```

(3)调用 2.11.3 节的代码,发送点对点消息到队列后,监听器马上可以收到队列中的消息。

```
77 收到的消息: msg-0---2021-12-13 18:39:16
77 收到的消息: msg-1---2021-12-13 18:39:17
77 收到的消息: msg-2---2021-12-13 18:39:17
77 收到的消息: msg-3---2021-12-13 18:39:18
77 收到的消息: msg-4---2021-12-13 18:39:18
77 收到的消息: msg-5---2021-12-13 18:39:19
77 收到的消息: msg-6---2021-12-13 18:39:19
77 收到的消息: msg-7---2021-12-13 18:39:20
77 收到的消息: msg-8---2021-12-13 18:39:20
77 收到的消息: msg-9---2021-12-13 18:39:21
```

2.11.6 发送主题消息

将 2.11.3 节中的一行代码，如下所示：
```
Destination destination = session.createQueue("FirstQueue");
```
修改为：
```
Destination destination = session.createTopic("FirstTopic");
```
则可以发送主题消息到 Topic 队列中，如图 2-43 所示。

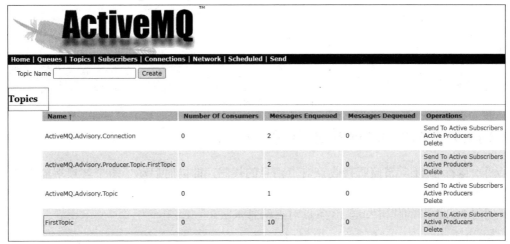

图 2-43　主题消息入队

2.11.7 主动接收主题消息

将 2.11.4 节中的一行代码，如下所示：
```
Destination destination = session.createQueue("FirstQueue");
```
修改为：
```
Destination destination = session.createTopic("FirstTopic");
```
主动到名字为 FirstTopic 的主题队列中接收消息，结果显示接收到的消息为空。

注意：主题消息与点对点消息不同，采用主动接收的模式，不能收到主题消息。

2.11.8 监听接收主题消息

将 2.11.5 节中的一行代码，如下所示：
```
Destination destination = session.createQueue("FirstQueue");
```
修改为：
```
Destination destination = session.createTopic("FirstTopic");
```
先启动主题消息监听，然后调用 2.11.6 节的代码发送主题消息。结果显示：可以及时接收到主题消息（如图 2-44 所示）。

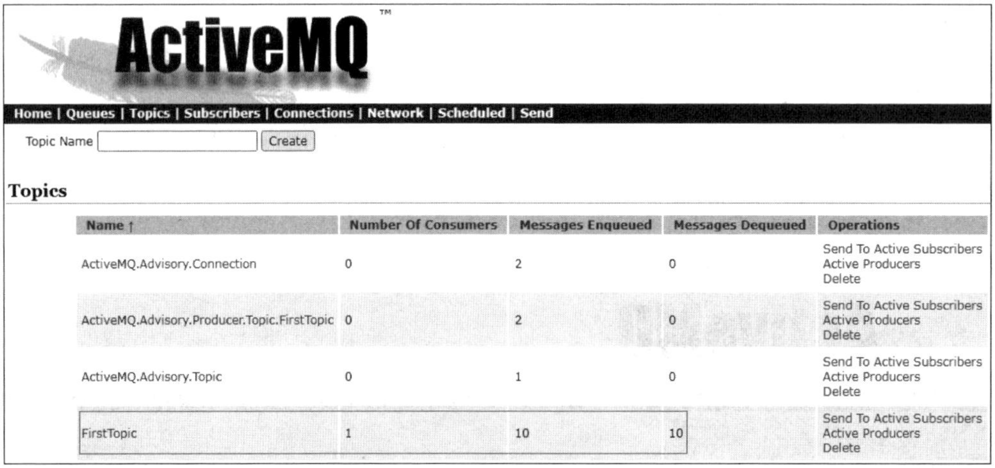

图 2-44　主题消息出队

2.11.9　多用户同时接收点对点消息

两次运行 2.11.5 节监听接收点对点消息的代码，即同时启动了两个客户端监听同一个 Queue 队列的消息。

调用 2.11.3 节的代码发送 10 条点对点消息入队。

```
发送消息：msg-0,2021-12-13 20:06:36
发送消息：msg-1,2021-12-13 20:06:37
发送消息：msg-2,2021-12-13 20:06:37
发送消息：msg-3,2021-12-13 20:06:37
发送消息：msg-4,2021-12-13 20:06:38
发送消息：msg-5,2021-12-13 20:06:38
发送消息：msg-6,2021-12-13 20:06:38
发送消息：msg-7,2021-12-13 20:06:38
发送消息：msg-8,2021-12-13 20:06:39
发送消息：msg-9,2021-12-13 20:06:39
```

两个监听客户端收到的消息如下。

```
68-监听开始……
68 收到的消息：msg-1---2021-12-13 20:06:39
68 收到的消息：msg-3---2021-12-13 20:06:40
68 收到的消息：msg-5---2021-12-13 20:06:40
68 收到的消息：msg-7---2021-12-13 20:06:41
68 收到的消息：msg-9---2021-12-13 20:06:41
85-监听开始……
85 收到的消息：msg-0---2021-12-13 20:06:39
85 收到的消息：msg-2---2021-12-13 20:06:40
85 收到的消息：msg-4---2021-12-13 20:06:40
85 收到的消息：msg-6---2021-12-13 20:06:41
85 收到的消息：msg-8---2021-12-13 20:06:41
```

通过上述测试，可以得到如下结论。

- 对于 Queue 队列的消息，如果没有在线监听，消息会存储在队列中。客户端上线后，可以通过主动接收的模式收到消息。
- 对于同一个 Queue 队列，如果存在多个消息监听者，则同一条消息只能被一个监听者抢到，如图 2-45 所示。

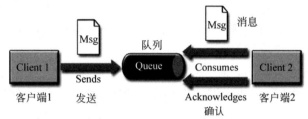

图 2-45　点对点消息单点接收

2.11.10　多用户同时接收主题消息

运行两次 2.11.8 节中监听接收主题消息的代码，即同时启动了两个客户端监听同一个 Topic 队列的消息。

调用 2.11.6 节发送主题消息的代码，连续发送 10 条主题消息入队。

```
发送消息：msg-0,2021-12-13 19:58:39
发送消息：msg-1,2021-12-13 19:58:40
发送消息：msg-2,2021-12-13 19:58:40
发送消息：msg-3,2021-12-13 19:58:40
发送消息：msg-4,2021-12-13 19:58:40
发送消息：msg-5,2021-12-13 19:58:41
发送消息：msg-6,2021-12-13 19:58:41
发送消息：msg-7,2021-12-13 19:58:41
发送消息：msg-8,2021-12-13 19:58:42
发送消息：msg-9,2021-12-13 19:58:42
```

两个监听客户端收到的消息如下。

```
24-监听开始……
24 收到的消息：msg-0---2021-12-13 19:58:42
24 收到的消息：msg-1---2021-12-13 19:58:43
24 收到的消息：msg-2---2021-12-13 19:58:43
24 收到的消息：msg-3---2021-12-13 19:58:44
24 收到的消息：msg-4---2021-12-13 19:58:44
24 收到的消息：msg-5---2021-12-13 19:58:45
24 收到的消息：msg-6---2021-12-13 19:58:45
24 收到的消息：msg-7---2021-12-13 19:58:46
24 收到的消息：msg-8---2021-12-13 19:58:46
24 收到的消息：msg-9---2021-12-13 19:58:47
54-监听开始……
54 收到的消息：msg-0---2021-12-13 19:58:42
54 收到的消息：msg-1---2021-12-13 19:58:43
54 收到的消息：msg-2---2021-12-13 19:58:43
54 收到的消息：msg-3---2021-12-13 19:58:44
54 收到的消息：msg-4---2021-12-13 19:58:44
```

```
54 收到的消息：msg-5---2021-12-13 19:58:45
54 收到的消息：msg-6---2021-12-13 19:58:45
54 收到的消息：msg-7---2021-12-13 19:58:46
54 收到的消息：msg-8---2021-12-13 19:58:46
54 收到的消息：msg-9---2021-12-13 19:58:47
```

通过上述测试，可以得到如下结论。

- 发送主题消息，只有在线监听的客户端才能收到消息，不在线监听的客户端不能通过主动接收的模式接收消息。
- 如果有多个客户端在同时监听同一个主题队列，那么多个客户端接收到的消息完全相同。即同一条消息，可以被多个消息监听者同时接收到，如图2-46所示。

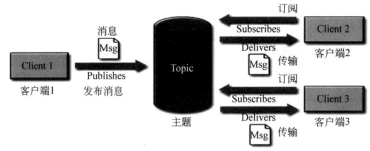

图 2-46　主题消息多点接收

2.11.11　消息生命期

消息的传播模式 DeliveryMode 有两个可选值，分别为 PERSISTENT 和 NON_PERSISTENT。如果客户标识消息为 PERSISTENT，则消息中介（Broker）会存储消息直到消息被接收确认。PERSISTENT 消息在取走前，即使服务器宕机，消息也不会丢失。标识为 NON_PERSISTENT 的消息，表示这个消息不是非常重要，即使偶尔丢失，也是可以允许的。为了减少 Broker 的压力，有些消息会被标识为 NON_PERSISTENT。

通过如下代码，可以设置消息的传播模式（默认为 PERSISTENT）。

```
MessageProducer messageProducer = session.createProducer(destination);
messageProducer.setDeliveryMode(DeliveryMode.NON_PERSISTENT);
```

对于 PERSISTENT 消息，还可以设置 Broker 保存消息的时间，超过约定时间没有确认接收的消息，会被 Broker 删除。

```
MessageProducer messageProducer = session.createProducer(destination);
messageProducer.setTimeToLive(50000*1000);
```

注意：当前版本的 ActiveMQ 设置的消息失效时间值不能太小，否则会直接放入死信队列中（不同版本效果有差异）。如图 2-47 所示，ActiveMQ.DLQ（Dead Letter Queue）为死信队列，进入死信队列的消息会被抛弃，不会被接收到。

2.11.12　会话与消息确认模式

JMS 消息只有在被确认之后，才认为已经成功地被消费了。消息的成功消费通常包含三

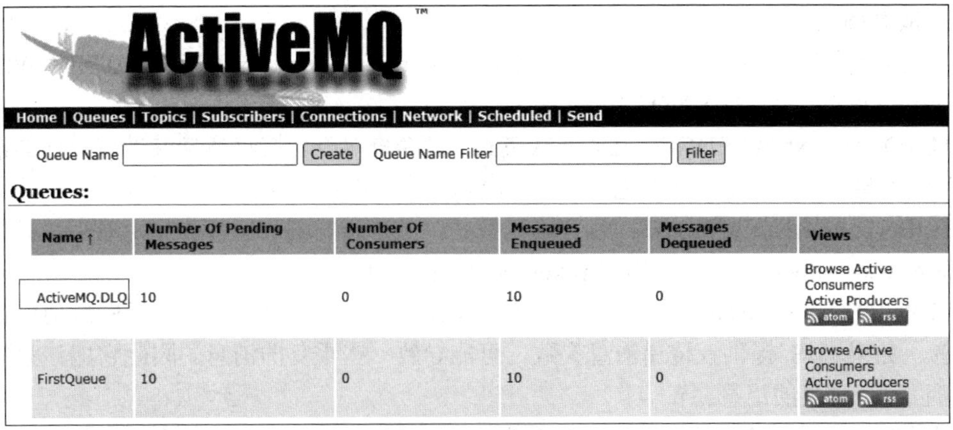

图 2-47　死信队列

个阶段：客户接收消息、客户处理消息和消息被确认。

1. 创建会话

当调用 Connection 实例的 createSession() 方法创建会话时，可以指定消息确认模式。

`Session createSession(boolean transacted, int acknowledgeMode) throws JMSException`

JMS 的消息 Broker 支持两种事务，分别为本地事务和全局事务。sessionMode 参数依赖当前 createSession() 方法的调用环境。下面分析在不同的环境下的会话创建与消息确认。

（1）Java SE 环境或 Java EE 应用的客户端容器。

如果 transacted 被设置为 true，则会话使用本地事务模式，即需要手动调用 commit()、rollback() 进行事务控制。事务开启后，acknowledgeMode 的值被忽略。

如果 transacted 被设置为 false，表示无须事务控制。在非事务环境下，消息确认模式的取值范围为 Session.CLIENT_ACKNOWLEDGE、Session.AUTO_ACKNOWLEDGE 和 Session.DUPS_OK_ACKNOWLEDGE。

（2）Java EE Web 环境或 EJB 容器（存在激活的 JTA 事务进程）。

在 JTA 事务环境下，两个参数 transacted 和 acknowledgeMode 都会被忽略。会话参与到 JTA 事务中，事务的提交与回滚都由 JTA 服务负责。

（3）Java EE Web 环境或 EJB 容器（没有激活的 JTA 事务进程）。

如果 transacted 被设置为 false，acknowledgeMode 参数被设置为 JMSContext.AUTO_ACKNOWLEDGE 或 Session.DUPS_OK_ACKNOWLEDGE，则消息将按照设置的模式被确认。

如果 transacted 被设置为 false，acknowledgeMode 参数被设置为 JMSContext.CLIENT_ACKNOWLEDGE，则 JMS 推荐忽略这个参数，使用 non-transacted + auto-acknowledged 模式替代它。

如果 transacted 被设置为 true，则 JMS 推荐忽略这个参数，使用 non-transacted + auto-acknowledged 模式替代它，或者使用本地事务模式。

2. 消息确认

消息确认模式有三种：Session.AUTO_ACKNOWLEDGE、Session.CLIENT_ACKNOWLEDGE 和 Session.DUPS_OK_ACKNOWLEDGE。

AUTO_ACKNOWLEDGE：自动确认模式，当客户端成功接收消息或当前会话的消息监听器接收消息成功返回后，该消息被 Broker 标识为已确认。

CLIENT_ACKNOWLEDGE：客户确认模式，当消息的消费者接收到消息后，必须要调用消息的 acknowledge 方法才能被 Broker 标识为已确认。

DUPS_OK_ACKNOWLEDGE：重复确认模式，这个确认模式指示会话懒散地确认邮件的传递。如果 JMS 提供者传递消息失败，可能导致一些重复的消息。因此它应该只用于消费者可以容忍重复的消息。

消息确认代码测试操作步骤如下。

（1）在 2.11.3 节发送点对点消息的代码基础上，修改消息发送模式为非事务模式，消息确认模式为客户确认。

```java
public static void main(String[] args) {
    Connection conn = null;
    Session session = null;
      try {
          conn = JmsFactory.getConnection();
          conn.start();
          session = conn.createSession(false, Session.CLIENT_ACKNOWLEDGE);
          Destination destination = session.createQueue("FirstQueue");
          MessageProducer messageProducer = session.createProducer(destination);
          sendMessage(session, messageProducer);
     } catch (Exception e) {
          e.printStackTrace();
     } finally{
          if(conn!=null){
             try {
                conn.close();
             } catch (Exception e) {
                e.printStackTrace();
             }
          }
      }
}
```

程序运行结果如下。

```
发送消息：msg-0,2021-12-14 11:21:31
发送消息：msg-1,2021-12-14 11:21:32
发送消息：msg-2,2021-12-14 11:21:32
发送消息：msg-3,2021-12-14 11:21:32
发送消息：msg-4,2021-12-14 11:21:33
发送消息：msg-5,2021-12-14 11:21:33
发送消息：msg-6,2021-12-14 11:21:33
发送消息：msg-7,2021-12-14 11:21:34
发送消息：msg-8,2021-12-14 11:21:34
发送消息：msg-9,2021-12-14 11:21:34
```

（2）访问 ActiveMQ 的监控中心，查看消息状态，如图 2-48 所示，这与图 2-41 没有什么区别。

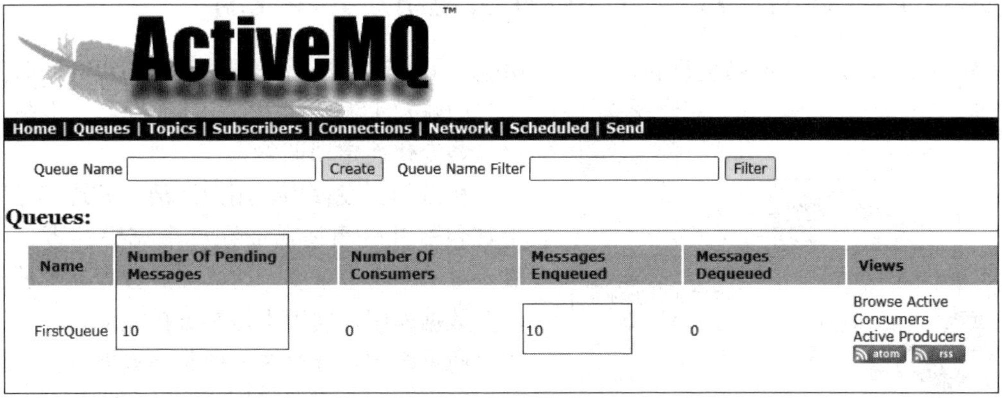

图 2-48　消息待确认

（3）消息接收。非事务环境中消息确认模式为 Session.CLIENT_ACKNOWLEDGE。

```java
public static void main(String[] args) {
   Connection conn = null;
   Session session = null;
   try {
       conn = JmsFactory.getConnection();
       conn.start();
       session = conn.createSession(false,Session.CLIENT_ACKNOWLEDGE);
       Destination destination = session.createQueue("FirstQueue");
       MessageConsumer messageConsumer = session.createConsumer(destination);
       TextMessage msg;
          do {
              msg = (TextMessage) messageConsumer.receive(5000);
              if(msg != null) {
                 msg.acknowledge();            //消息确认
              }
              Thread.sleep(500);
              if(msg != null) {
                 System.out.println("收到的消息: " + msg.getText());
              }
          }while (msg != null);
          conn.close();
   } catch (Exception e) {
        e.printStackTrace();
   }
}
```

总结如下。

消息生产者发送消息时，最好使用事务模式，忽略消息确认方式。而消息的消费者，推荐使用非事务模式，消息确认模式设置为客户确认。

消息的客户确认模式，需要手动调用消息的 acknowledge()方法，确保消息已收到。

在客户确认模式下，如果没有调用消息的 acknowledge()方法进行确认，则消息不会出队。未出队的消息可以反复接收，直到确认完成。

【本节完整代码参见本书配套资源】

2.11.13　案例：JTA 与 MOM 实现用户异步注册

如图 2-49 所示，网站提供新用户注册功能。用户注册成功后自动开通邮箱，同时给新用户的账户上派发新手红包（新手红包会随着营销策略变化而定期调整）。

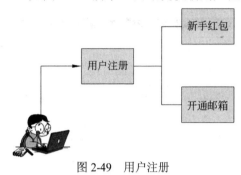

图 2-49　用户注册

传统的开发模型，用户注册、开通邮箱、新手红包等几件事情需要在一个完整的事务中完成。对于中小型系统，这三种业务数据会放在同一个数据库中，使用本地事务控制即可。而在大型电商系统中，会把这三种业务数据放在不同的数据库中，因此需要使用 XA 的全局事务控制。

由于这三种业务的复杂性，不管是本地事务还是全局事务控制，用户注册失败的风险都比较高。例如邮箱开通失败会导致用户注册失败，新手红包发放异常也会导致用户注册失败。用户注册失败，会给用户带来非常差的体验，会给网站带来用户流失，因此一定要坚决避免。

使用传统的事务模型管理用户注册是很不合理的，引入 MOM，可以把传统的事务同步模型调整为异步模型。异步注册流程操作步骤如下所述。

（1）用户表设计。

与其他用户表的区别：表中增加了一个 synState 字段，用于显示同步信息。默认值为 0，表示未同步；注册消息同步后，修改 synState=1。

```
create table TUser  (
   uname              varchar(15)                 not null,
   pwd                varchar(30),
   role               int,
   tel                varchar(11),
   synState           int,
   constraint PK_TUSER primary key (uname)
);
```

（2）在 Web 站点提交用户注册信息，向用户表 TUser 中成功写入一条记录后，即可马上提示用户注册成功，synState=0。

（3）图 2-50 中的 Scheduler 表示定时任务，即有一个定时任务，每隔 10s 就检索一遍用户表，提取 synState=0 的记录信息发送到消息队列 MQ 中。

（4）消息发送成功，接收到 MQ 的返回信息后，修改 TUser 表中的 synState=1。

注意：定时任务向 MQ 发送消息，以及修改 TUser 表中的 synState=1，这两个操作必须要在一个 XA 事务中进行，这样就可以确保用户注册的消息一定可以发送成功。

（5）新手红包系统和邮箱系统，接收消息队列中的用户注册消息，使用本地事务，完成邮箱开通和新手红包的发放。

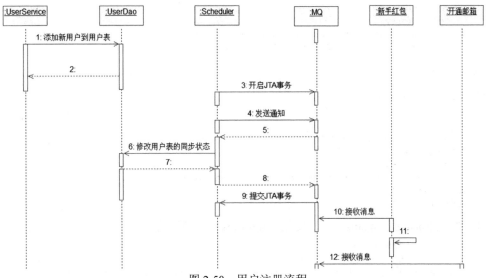

图 2-50 用户注册流程

用户注册的核心代码操作如下。

（1）编辑 pom.xml 文件。

使用 Spring Boot 开发环境，在 XA 事务中同时连接 ActiveMQ 和 MySQL 8.0。

```xml
<properties>
    <project.build.sourceEncoding>UTF-8</project.build.sourceEncoding>
    <Java.version>1.8</Java.version>
</properties>
<parent>
    <groupId>org.springframework.boot</groupId>
    <artifactId>spring-boot-starter-parent</artifactId>
    <version>1.5.8.RELEASE</version>
</parent>
<dependencies>
    <dependency>
        <groupId>org.springframework.boot</groupId>
        <artifactId>spring-boot-starter-Web</artifactId>
    </dependency>
    <dependency>
        <groupId>org.mybatis.spring.boot</groupId>
        <artifactId>mybatis-spring-boot-starter</artifactId>
        <version>1.2.0</version>
    </dependency>
    <dependency>
        <groupId>mysql</groupId>
        <artifactId>mysql-connector-Java</artifactId>
        <version>8.0.22</version><!--$NO-MVN-MAN-VER$ -->
    </dependency>
    <dependency>
        <groupId>org.apache.activemq</groupId>
        <artifactId>activemq-broker</artifactId>
    </dependency>
    <dependency>
        <groupId>org.springframework.boot</groupId>
        <artifactId>spring-boot-starter-jta-atomikos</artifactId>
```

(2) 配置 mybatisMysql.xml。

```xml
<configuration>
    <typeAliases>
        <typeAlias alias="User" type="com.icss.entity.User" />
    </typeAliases>
    <mappers>
        <mapper resource="com/icss/mysql/mapper/userMapper.xml" />
    </mappers>
</configuration>
```

(3) 配置 Spring 的 beans.xml，使用 Atomikos 控制 XA 事务。

```xml
<!--配置mysql 数据源-->
<bean id="mysqlDatasource"
        class="com.atomikos.jdbc.AtomikosDataSourceBean" init-method="init"
        destroy-method="close" primary="true">
    <property name="uniqueResourceName" value="ds1" />
    <!-- 8.0 以下版本使用 com.mysql.jdbc.jdbc2.optional.MysqlXADataSource -->
    <property name="xaDataSourceClassName"
        value="com.mysql.cj.jdbc.MysqlXADataSource" />
    <property name="xaProperties">
        <props>
            <prop key="url">jdbc:mysql://localhost:3306/aa?useSSL=false
                &amp;serverTimezone=UTC&amp;allowPublicKeyRetrieval=true
            </prop>
            <prop key="user">root</prop>
            <prop key="password">123456</prop>
        </props>
    </property>
</bean>
<bean id="mysqlSessionFactory"
        class="org.mybatis.spring.SqlSessionFactoryBean" primary="true">
    <property name="configLocation"
        value="classpath:mybatisMysql.xml" />
    <property name="dataSource" ref="mysqlDatasource" />
</bean>
<bean class="org.mybatis.spring.mapper.MapperScannerConfigurer" primary="true">
    <property name="sqlSessionFactoryBeanName"
        value="mysqlSessionFactory" />
    <property name="basePackage" value="com.icss.mysql.mapper" />
</bean>
<!--ActiveMQ 数据源-->
  <bean id="xaFactory" class="org.apache.activemq.ActiveMQXAConnectionFactory">
    <property name="brokerURL" value="tcp://192.168.28.133:61616?connectionTimeout=5000"/>
</bean>
<!-- 配置 JMS connector; call init to register for recovery!-->
<bean id="ampConnectionFactory"
        class="com.atomikos.jms.AtomikosConnectionFactoryBean"
        init-method="init" destroy-method="close" primary="true">
  <property name="uniqueResourceName" value="ds2" />
```

```xml
        <property name="xaConnectionFactory" ref="xaFactory" />
</bean>
    <bean id="destination" class="org.apache.activemq.command.ActiveMQQueue">
        <!--消息队列名称-->
        <constructor-arg value="UserRegistQueue"/>
    </bean>
<bean id="jmsTemplate" class="org.springframework.jms.core.JmsTemplate">
    <property name="connectionFactory">
        <ref bean="ampConnectionFactory"/>
    </property>
    <property name="defaultDestination"> <ref bean="destination"/>
    </property>
    <property name="receiveTimeout" value="1000"/>
        <property name="sessionTransacted" value="true"/>
</bean>
    <!--配置atomikos事务管理器-->
    <bean id="atomikosTransactionManager"
            class="com.atomikos.icatch.jta.UserTransactionManager"
            init-method="init" destroy-method="close">
        <property name="forceShutdown" value="false" />
    </bean>
    <!--配置spring的JtaTransactionManager,底层委派给atomikos进行处理-->
    <bean id="jtaTransactionManager" class="org.springframework.transaction.jta.JtaTransactionManager">
        <property name="transactionManager" ref="atomikosTransactionManager" />
</bean>
<tx:annotation-driven transaction-manager="jtaTransactionManager" />
```

（4）定义逻辑类 UserService。

```
@RestController
public class UserService {
    @Autowired
    private IUserDao userDao;
    @Autowired
    private MsgProducer msgProducer;
    @Value("${server.port}")
    private String port;
    @RequestMapping("/say")
    public String home() {
        return "Hello world,i'm in " + port;
    }
    @RequestMapping("/msg")
    @Transactional(rollbackFor=Throwable.class)
    public void notifyUserRegistMsg(@RequestParam String uname)
                            throws Exception {...}
}
```

（5）模拟定时器，发送用户注册成功的消息，并修改同步状态。

```
/**
 * 模拟定时器,发送用户注册成功的消息+同步状态更新
 *使用atomikos的JTA事务,确保消息发送与状态更新必须同时完成
 * @param uname
 */
@RequestMapping("/msg")
@Transactional(rollbackFor=Throwable.class)
public void notifyUserRegistMsg(@RequestParam String uname) throws Exception {
```

```java
    //发送消息给ActiveMQ的broker
    msgProducer.sendMessage(uname);
    //更新表中的同步状态
    userDao.updateMsgSynState(uname);
    if(uname != null) {
        throw new RuntimeException("异常回滚测试...");
    }
}
```

（6）定义消息类型。

```java
public class MyMessage implements MessageCreator {
    private String info;
    public MyMessage(String info) {
        this.info = info;
    }
    @Override
    public Message createMessage(Session session) throws JMSException {
        TextMessage message = session.createTextMessage(info);
        return message;
    }
}
```

（7）发送用户注册的消息给 ActiveMQ。

```java
@Component
public class MsgProducer {
    @Autowired
    private JmsTemplate jmsTemplate;
    public void sendMessage(String uname) throws Exception{
        String msg = "用户创建成功:uname=" + uname;
        jmsTemplate.send(new MyMessage(msg));
        Log.logger.info(msg + ",消息已发送...");
    }
}
```

（8）更新本地消息同步状态。

```java
@RequestMapping("/userAdd")
@Transactional(rollbackFor=Throwable.class)
public int addUser(@RequestBody User user) throws Exception {
    int result = 1;
    Log.logger.info("uname= " + user.getUname() + ",role=" + user.getRole());
    userDao.addUser(user);
    return result;
}
```

（9）使用 Mybatis 更改同步状态。

```java
public interface IUserMapper {

    /**
     * 消息发送成功，更新用户表中的同步状态为1
     * @throws Exception
     */
    public void updateMsgSynState(@Param("uname")String uname) throws Exception;

    /**
     * 添加用户
     * @param user
```

```
     * @throws Exception
     */
    public void addUser(User user) throws Exception;
}
<mapper namespace="com.icss.mysql.mapper.IUserMapper">
    <update id="updateMsgSynState">
        update tuser set synState=1 where uname=#{uname}
    </update>
    <insert id="addUser" >
        insert into tuser(uname,pwd,role,tel,synstate)
                    values(#{uname},#{pwd},#{role},#{tel},0)
    </insert>
</mapper>
```

2.12 案例：电影院综合票务管理平台架构设计

2.12.1 票务平台业务需求

去电影院看电影，大家应该都经历过。以前看电影前需要在电影院门前的售票窗口买票，然后持票进入影厅。如果是热门电影，则需要提前排队买票，这非常不方便。

现在电影票的购票形式便捷且多样：既可以在美团、猫眼、淘票票、豆瓣等网站直接购买，也可以在各家影院的 App 上购买，还可以在电影院窗口购买或是在自助售票机上购买。

电影院、影厅、影片还有电影票是如何管理的呢？这需要一套完整的电影院综合票务管理平台来实现上述各项内容的管理工作。

一套完整的电影院综合票务管理平台包含多个业务子系统，同时会涉及很多用户，分别是观众、电影院售票员、影院经理、院线管理人员、网络代售人员等。图 2-51 简单描述了票务管理平台的用户和操作用例。

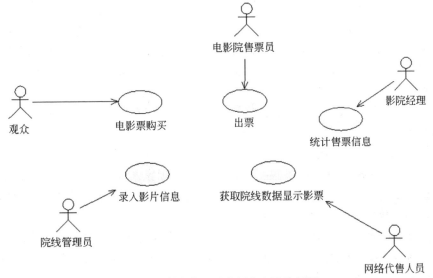

图 2-51　票务管理平台用户和操作用例

2.12.2 票务平台行业规范

作为一个系统分析师,想要实现一套完整的电影院综合票务管理平台,首先要非常清楚地了解关于电影院票务平台的行业规范,这是实现这个系统的必要前提。在做其他系统的时候也如此,如银行系统、电信系统、石油系统、广电系统、航天系统、烟草系统等,每个业务系统都有自己所属的行业,也都有国家关于这个行业的统一规范要求。

2013年12月31日,国家新闻出版广电总局发布了《电影院票务管理系统技术要求和测量方法》,下面摘取部分核心内容来帮助大家了解如何实现整个票务平台。

图2-52所示是电影院综合票务管理平台的整体框架图,下面简单说明各部分的含义。

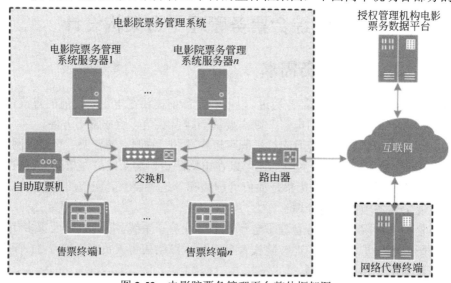

图2-52 电影院票务管理平台整体框架图

(1)"电影院票务管理系统服务器 1~n"是指院线的票务系统服务器,中国有很多院线,如"万达电影""大地院线""联合院线""中影南方新干线""星美院线""时代院线""中影数字"等。影片播放的权利主要在院线,即电影拍好后,投资方会和院线合作,由院线安排上映时间。

(2)"售票终端1~n"主要指电影院前台售票窗口。每个电影院都有所属的院线,一般为加盟店形式。电影院通过售票终端(App或Web站点)连接院线的服务器,实现售票操作。

(3)"自助取票机"连接院线服务器,打印当前电影院的影票。

(4)"授权管理机构电影票务数据平台"是当时国家新闻出版广电总局搭设的数据中心,所有影片信息必须在数据平台先登记,才能在票务系统中看到。售票终端的出票信息,也要及时传递给数据平台进行统一监管。

(5)"网络代售终端"指的就是猫眼、豆瓣、美团这些网络售票代理机构,它们需要和院线合作,网络代理和院线是多对多的关系,即一个院线可以由多家网络代理;而一个网络代理也可以同时和多家院线合作。

注：本节案例仅为了学习架构设计技术，如与现行规范、平台不一致，读者设计时可自行调整相关内容即可。

1. 适用范围

本标准规定了用于电影院票务管理系统中的电影院编码、影片编码、基本功能及数据交换方式等内容。

本标准只对与电影院票务管理系统相关的功能及数据接口提出了基本要求和测量方法。

本标准适用于放映电影的电影院（含影剧院、俱乐部等场所）票务管理系统和与其进行数据交换的其他系统。

2. 术语和定义

- **授权管理机构电影票务数据平台**：由国家电影行政主管部门授权管理机构对电影院票务数据和电影院票务管理系统进行管理的软件平台。
- **电影院票务管理系统**：能够完成电影院票务管理的售票系统。
- **电影票网络代售**：除电影院现场售票外通过网络向观众出售电影票。
- **电影票网络代售终端**：所有使用本标准附录 A 网络代售接口通过网络连接电影院票务管理系统进行售票的系统，统称为电影票网络代售终端。
- **影片编码**：由 12 位具有特定含义的数字字符组成。一组数字字符的组合所特指的影片具有唯一性。影片编码由授权管理机构提供并通过授权管理机构电影票务数据平台获取。
- **电影院编码**：由 8 位数字字符组成，它所代表的电影院在全国范围内是唯一的。由授权管理机构提供。
- **电影票编码**：由 16 位数字字符组成，唯一标识一张电影票。
- **电影票信息码**：记录了一张电影票相关信息的二维码。
- **电影票价**：观众支付的观看电影的直接费用。
- **影厅**：单块银幕的固定电影放映场地。
- **电影院**：由一个或多个影厅组成的场所。
- **电影票**：观众进入电影院观看电影的凭证。
- **座位**：单座：单人座位。双座：双人座位，统计时按 2 人计，售票时，出 2 张票。包厢：2 人（包括 2 人）以上的多人座位，按人统计，按人出票。
- **影片**：供观众当场观看的内容。
- **营业日期**：指电影院的实际工作日。
- **场次**：一部影片在一个影厅的一次完整放映过程。
- **放映计划**：电影院根据需要，确定、安排拟放映的影片名称、时间、影厅以及票价等项目。
- **分账比例**：与影片发行各方就票房收入进行分配的比例，此处指票房收入中需要上缴各方百分比之和。
- **连场**：在同一个放映厅内，凭单张票可连续观看多部影片的特殊电影场次。

- **售票**：电影院对观众观看电影的销售行为，电影票为收费凭证。
- **预售**：电影院向观众销售未来营业日电影票的行为。
- **自助取票机**：通过验证观众提供的二维码或特定的数字凭证自助打印电影票的设备。
- **优惠票**：票价低于影院公开挂牌零售票价的电影票。
- **售票原始数据**：一张电影票票面所包含的数据。
- **退票**：因为某种原因取消观看电影而引起的退还票款行为。
- **补登**：电影院由于机器故障等意外原因导致不能使用电影院票务管理系统售票，在系统修复前使用手工出售代用票，在系统恢复后将票务信息补录到电影院票务管理系统中的行为。
- **统计数据上报**：将票务数据以营业日为统计单位依照本标准规定的格式传送到授权管理机构电影票务数据平台的行为。
- **原始数据上报**：将售票原始数据依照本标准规定的格式传送到授权管理机构电影票务数据平台的行为。
- **票务监管**：授权管理机构电影票务数据平台通过现场或网络登录方式进入电影院票务管理系统取得指定票务数据的行为。
- **营业状态**：指电影放映场所进行电影放映经营活动的状态。
- **营业零票房**：指电影院在单个营业日的正常营业中未产生票房。
- **电影院公钥**：是指在电影院票务管理系统中非对称加密算法密钥对中的公开密钥。
- **电影院私钥**：是指在电影院票务管理系统中非对称加密算法密钥对中电影院使用的非公开密钥。
- **数字签名**：以电子形式存在于数据信息之中的，或作为其附件的或逻辑上与之有联系的数据，可用于辨别数据签署人的身份，并表明签署人对数据信息中包含的信息的认可。

3. 缩略语

- HTTP 超文本传输协议（Hypertext Transfer Protocol）。
- HTTPS 安全超文本传输协议（Hypertext Transfer Protocol over Secure Socket Layer）。
- IP 互联网协议（Internet Protocol）。
- LSB 最低有效字节优先（Least Significant Byte）。
- MD5 信息摘要算法 5（Message Digest Algorithm 5）。
- MSB 最高有效位优先（Most Significant Bit）。
- PKCS 公钥加密标准（Public-Key Cryptography Standards）。
- RSA 一种以三个发明人名字命名的非对称加密算法（Ron Rivest、Adi Shamir 和 Leonard Adleman）。
- SHA1 安全哈希标准 1（Secure Hash Standard）。
- SOAP 简单对象访问协议（Simple Object Access Protocol）。
- TCP 传输控制协议（Transfer Control Protocol）。

- TLS 传输层安全协议（Transport Layer Security）。
- TMS 影院管理系统（Theater Management System）。
- XML 可扩展标记语言（Extensible Markup Language）。
- XSD XML 结构定义（XML Schemas Definition）。

4. 基本业务规则

- **场次计数规则**：1 部影片放映 1 次计 1 个场次。
- **出票规则**：电影院票务管理系统根据电影院座位数，实行 1 人 1 票的出票规则。
- **观众计数规则**：计观众人次。1 名观众看 1 场电影计 1 人次，1 名观众看 3 场电影计 3 人次，以此类推。
- **影片编码规则**：影片编码规则应符合本标准附录 B 的要求。
- **电影院编码规则**：电影院编码规则应符合本标准附录 C 的要求。
- **营业日期**：电影院的营业日期用于统计上报时限定每日的统计时间段，特指定为当日上午 6 点至次日上午 6 点（不含次日上午 6 点）。

其他规则略。

2.12.3 票务平台整体架构设计

图 2-53 所示是电影院票务系统与外部系统之间的接口设计架构图。

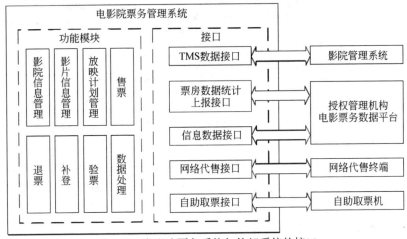

图 2-53 电影院票务系统与外部系统的接口

（1）"电影院票务管理系统"是各大院线独立搭建的业务系统，核心功能有影院信息管理、影片信息管理、放映计划管理、售票、退票、补登、验票、数据处理等。

（2）"授权管理机构电影票务数据平台"是官方授权的院线统一管理中心，各大院线的影厅信息、出票信息、影片信息等都需要统一登记在授权中心。

（3）"影院管理系统"是指电影院工作人员使用的业务系统，主要功能有影厅设置、座位设置、票价设置、出票、退票、出票统计等。

（4）"网络代售终端"为猫眼、美团、淘票票等网络代理。

（5）"自助取票机"一般放置在各电影院门前。

电影院综合票务管理平台的整体开发架构如图2-54所示。这里面主要有三大业务系统，分别为院线票务系统、网络代售系统、授权管理平台。注意：这三大业务系统由各个不同的团队独立开发部署，但是三大业务系统的数据需要实时交互，因此彼此之间需要经常沟通具体接口调用方式。

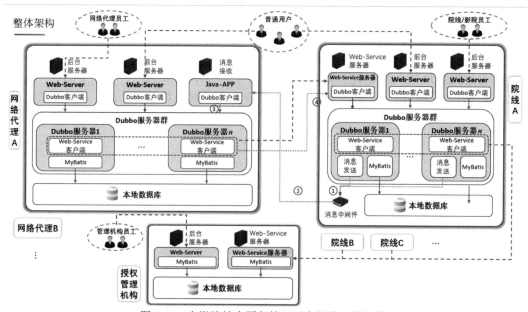

图 2-54　电影院综合票务管理平台整体开发架构

简单估算，全国共有院线 50 多家，电影院 12 000 家。2018 年全国观影人次为 17.16 亿人次，2019 年为 17.27 亿人次。2020 年受疫情影响，总观影人次为 5.41 亿，累计场次达 5654 万次，票房收入 200 多亿元。

通过全国购票次数统计，可以知道这三大业务系统每天都需要面对很大的并发压力，因此服务层使用 Dubbo 集群（比 Spring Cloud 集群有更好的性能优势）；院线票务系统和网络代售之间在公网交互，设计为 MOM 消息通知或 URL 回调通知方式；院线票务系统与授权管理平台使用 Web 服务或 TCP 接口调用。

2.12.4　院线票务系统架构设计

院线票务系统的开发架构如图 2-55 所示。

（1）服务层为 Dubbo 服务器集群，所有核心的票务处理逻辑都在这个模块实现。

（2）图中的前台 Web-Server 是院线提供的订票系统，普通用户可以直接访问这个系统进行订票，它是 Dubbo 服务的客户端，通过调用院线的 Dubbo 服务实现网上订票。

（3）图中的后台 Web-Server 影院管理系统，院线管理人员和电影院工作人员通过影院管理系统调用 Dubbo 服务，完成影厅设置、座位设置、票价设置、统计分析等功能。

（4）不同院线的票务系统开发架构不同，但是所有院线系统都必须满足《电影院票务管理系统技术要求和测量方法》中的规范要求。

（5）院线票务系统接收到授权管理平台的影片上线信息后，通过消息中间件或 URL 回调方式通知网络代售系统（一个院线会签约多家网络代售）。网络代售接收到院线的消息通知后，主动调用图 2-55 中的 Web 服务接口，读取需要的数据。

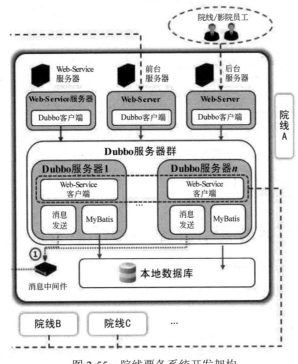

图 2-55　院线票务系统开发架构

（6）院线票务系统与其他系统的接口描述在后面详解。院线票务系统之间完全独立，没有任何交互。

2.12.5　网络代售系统架构设计

如图 2-56 所示为网络代售的开发架构参考，服务层仍然推荐使用 Dubbo 集群，也可以考虑使用 Spring Cloud 集群。

像猫眼、美团等网络代售，会同时签约多家院线。院线影片上线，会及时发送消息通知网络代售，不同的院线消息通知方式不同。

网络代售接到消息通知后，调用院线的 Web 服务接口进行数据更新。

网络代售前台服务器：猫眼、美团等网络代售平台的会员或注册用户，登录前台服务器，然后下单订票。

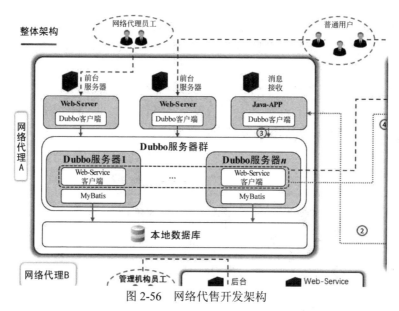

图 2-56　网络代售开发架构

网络代售后台服务器：网络代售管理人员，登录后台服务器，然后调用 Dubbo 服务完成订票、退票等业务信息的统计与查询。

2.12.6　院线票务系统与授权管理平台接口设计

院线票务系统与授权管理平台之间的接口分为两部分，分别为"信息数据接口"和"票房数据统计上报接口"，架构如图 2-53 所示。

院线票务系统通过调用"信息数据接口"上传影院、影厅、上映计划、售票、退票等信息，同时调用"信息数据接口"获得影片详细信息。

院线票务系统通过调用"票房数据统计上报接口"，要求所有电影院以营业日为统计单位，把每天的营业数据上报给授权管理机构、院线及影片的特定发行商。

1. 信息数据接口设计

信息数据接口是"院线票务管理系统"与"授权管理机构电影票务数据平台"之间进行数据通信的接口。

在信息数据接口中规定授权管理机构电影票务数据平台作为服务器端，电影院票务管理系统作为客户端。由服务端发送、客户端接收的报文称作服务端报文，由客户端发送、服务端接收的报文称作客户端报文。

电影院使用专线、光纤或 ADSL 等方式接入互联网后，通过互联网连接"授权管理机构电影票务数据平台"。

在网络层应采用符合 RFC791 标准的 IP。在传输层应采用符合 RFC793 标准的 TCP，使用 8000 端口号。链路安全采用符合 RFC2246 的 TLS1.0 版本双向验证方式。在一般情况下采用长连接方式，当连接断开后重新连接应重新进行身份认证。

报文通信采用停等机制，如果报文发送后 30s 无响应报文，发送端重发报文，超过 3 次无响应则认为链路断开,报文发送失败。

客户端与服务器的交互模式设计为基于 TCP/IP 的 Socket 通信方式,因此需要规定数据交互的报文结构。具体报文的结构设计如表 2-2 所示。

表 2-2 院线与授权管理平台的报文结构

语　　法	位　　数	数据类型
sync_tag	16	uint(16)
version	8	uint(8)
packet_length	16	uint(16)
payload_id	8	uint(8)

for(i=0; i<length−8; i++) {
　　payload_data
}
	8	byte(1)

CRC16	16	uint(16)

对表 2-2 中数据说明如下。

sync_tag:同步标记,内容固定为十六进制<0xAA 0x55>。

version:版本,描述协议版本,当前版本为<0x01>。

packet_length:报文总长度,从 sync_tag 第一字节开始到 CRC16 的最后一字节结束的长度。

payload_id:协议体标识,标识报文中协议体内容数据结构类型,取值如表 2-3 所示。

表 2-3 协议体标识取值范围

payload_id 值	数据结构名称	报 文 类 型
0x01	认证请求数据结构	客户端报文
0x02	认证反馈数据结构	服务器端报文
0x03	心跳数据结构	客户端报文
0x04	通知下发数据结构	服务器端报文
0x05	通知确认数据结构	客户端报文
0x06	影院信息请求数据结构	客户端报文
0x07	影院信息数据结构	服务器端报文
0x08	影片信息下载请求数据结构	客户端报文
0x09	影片信息数据结构	服务器端报文
0x0C	影厅信息数据结构	客户端报文
0x0F	影厅座位信息数据结构	客户端报文
0x17	放映计划信息数据结构	客户端报文
...	...	...

注:具体报文数据结构,参见"电影院计算机票务管理系统软件技术规范"。

服务端报文：指授权管理平台发给院线票务系统的报文，主要有影院信息数据结构回应、影片信息数据结构回应、影厅信息查询、影厅座位信息查询、放映计划查询、售票原始数据查询、票房统计上报数据查询等。

客户端报文：指院线票务系统发给授权管理平台的报文，主要有影院信息请求、影片信息下载请求、影厅信息数据结构回应、影厅座位信息数据结构回应、放映计划信息数据结构回应、售票原始数据上报、售票原始数据结构回应、票房统计上报数据结构回应等。

2. 票房数据统计上报接口设计

"票房数据统计上报接口"是指电影院以营业日为统计单位，把每天的营业数据上报给授权管理机构、院线及影片的特定发行商。

电影院可以使用专线、光纤或 ADSL 等方式接入互联网后，通过互联网连接数据接收端。在网络层应采用符合 RFC791 的 IP。在传输层应采用符合 RFC793 的 TCP，使用 7000 端口号。安全链路采用符合 RFC2246 的 TLS1.0 双向验证方式，在安全链路基础上使用符合 RFC2818 的 HTTPS 协议。

票房数据统计上报一般由发送端（即影院端）发起连接，接收端（即授权管理机构、院线或影片特定发行商）在建立连接的过程中确认发送端身份。连接建立之后发送端使用 post 方法提交票房数据，接收端在处理之后返回数据接收状态。完成之后由发送端断开连接，此外特别情况下接收端可以在任何时间主动断开连接，例如：服务器负载过大、客户端有攻击服务器的嫌疑时。报文通信采用停等机制，如果报文发送后 60s 无响应报文，发送端重发报文，超过 3 次无响应则认为链路断开，数据上报失败。

票房数据统计上报通信协议由 XML 数据格式进行组织，包括两条协议报文，分别是票房数据上报和数据接收状态。

上报数据的 XML 范例如下，具体格式参见《电影院计算机票务管理系统软件技术规范》。

```xml
<?xml version="1.0" encoding="UTF-8"?>
<Data Version="2.0" Type="TicketReport"
  Datetime="2013-01-01T00:00:00" SourceCode="12345678"
  DestinationCode="12345678"
  xmlns:xsi="http://www.w3.org/2001/XMLSchema-instance"
  xsi:noNamespaceSchemaLocation="http://www.crifst.ac.cn/2013/TicketReport.xsd">
    <TicketReport Status="Normal" Id="ID_TicketReport">
        <Cinema Code="12345678" Status="Normal">
            <Session>
                <BusinessDate>2013-01-01</BusinessDate>
                <ScreenCode>1234567890123456</ScreenCode>
                <FilmCode>123456789012</FilmCode>
                <SessionCode>1234567890123456</SessionCode>
                <SessionDatetime>2013-01-01T00:00:00</SessionDatetime>
                <LocalSalesCount>100</LocalSalesCount>
                <LocalRefundCount>6</LocalRefundCount>
                <LocalRefund>120</LocalRefund>
                <LocalSales>120</LocalSales>
                <OnlineSalesCount>6</OnlineSalesCount>
                <OnlineRefundCount>6</OnlineRefundCount>
                <OnlineRefund>120</OnlineRefund>
```

```xml
            <OnlineSales>120</OnlineSales>
            <PastSaleCount>0</PastSaleCount>
            <PastSales>0</PastSales>
        </Session>
    </Cinema>
</TicketReport>
<ds:Signature
    xmlns:ds="http://www.w3.org/2000/09/xmldsig#">
    <ds:SignedInfo>
        <ds:CanonicalizationMethod
        Algorithm="http://www.w3.org/TR/2001/REC-xml-c14n-20010315#
                WithComments" />
        <ds:SignatureMethod
            Algorithm="http://www.w3.org/2000/09/xmldsig#rsa-sha1" />
        <ds:Reference URI="#ID_TicketReport">
            <ds:DigestMethod
                Algorithm="http://www.w3.org/2000/09/xmldsig#sha1" />
            <ds:DigestValue>MIx+dTip2q8YZuszc1u9FjgstNEn0TX88Pvn9Uc2qho=
            </ds:DigestValue>
            GY/T 276—2013
            127
        </ds:Reference>
    </ds:SignedInfo>
    <ds:SignatureValue>M3OsXKgAD6Ap7/Fut1JSKO3kmZ+w69Y7RHkRtglibr1L4anMCXn
    I3bKGLKCCkLXTQUhF1Pgx1R7l1RGQ4YXshpO3cZC3x1VUKiSF7P/hQyqePFPzw+bSF6
    ifHtTdgKV0a3Oa0S5Q+gZQ600I0VElgHjSN8uryHRtsDNacgKgTJa28F8UdP8vTtqYJ
    XrhAtB+fK0G3aULh2ANHfysRy1gn69EDUegKyqPQ7u/wtQMlH4GzhLKpGT3zpJGA6c2
    DKDmZxh1ST/AeRD43WGqt0nceI6VWddb+1H2SdE3G3+/wx7e9f9Ztw58o75svzcVBxU
    wYZ4PBizbdMLnTmy/TKdQuA==
    </ds:SignatureValue>
</ds:Signature>
</Data>
```

"授权管理平台"与"院线票务系统"是在公网交互，而且"票房数据统计上报接口"的数据格式为 XML，因此"票房数据统计上报接口"的代码实现可以采用 Web Service，具体操作需要与"授权管理平台"进行协商。

2.12.7 院线票务系统与影院管理系统接口设计

影院管理系统（TMS）与院线票务系统的接口简称 TMS 数据接口，架构示意如图 2-53 所示。

TMS 数据接口应是符合 GY/T 247—2011 附录 A 票务管理系统 SOAP 通信协议要求的数据接口。附录中定义的数据交换文件格式为 SOAP，基于 XML 的数据格式。XML 数据格式使用命名空间来定义 XML 中元素的作用空间。SOAP 中定义的数据交换格式，使用的命名空间为 http://project.crifst.org/tms/smi/2010/POSAPI。

由于 Web Service 支持多种语言平台，因此在进行接口定义时需要使用 WSDL 规范的 XML 格式。

【影院管理系统的表设计，参见本书 4.13 节】

1. getFilms 命令定义

电影院通过 TMS 数据接口读取所有的影片信息，接口描述如下。

```
<SOAP-ENV:Body>
    <m:getFilms xmlns:m="http://project.crifst.org/tms/smi/2010/POSAPI"/>
</SOAP-ENV:Body>
```

getFilms 命令的返回值定义如下。

```
<SOAP-ENV:Body>
    <getFilmsResponse xmlns="http://project.crifst.org/tms/smi/2010/POSAPI">
        <getFilmsResult>string</getFilmsResult>
    </getFilmsResponse>
</ SOAP-ENV:Body>
```

2. getSchedules 命令定义

电影院通过 TMS 数据接口，读取指定电影院在某段时间内的影片播放计划，接口描述如下。

```
<SOAP-ENV:Body>
    <m:getSchedules xmlns:m="http://project.crifst.org/tms/smi/2010/POSAPI">
        <m:TheatreCode>String</m:TheatreCode>
        <m:BeginDate>String</m:BeginDate>
        <m:EndDate>String</m:EndDate>
    </m:getSchedules>
</SOAP-ENV:Body>
```

getSchedules 包含 TheatreCode、BeginDate、EndDate 3 个参数。

getSchedules 中的 TheatreCode 参数用来描述影院的编码，类型为 string。

getSchedules 中的 BeginDate 参数用来描述放映计划的开始时间，类型为 string。

getSchedules 中的 EndDate 参数用来描述放映计划的结束时间，类型为 string。

getSchedules 命令的返回值定义如下。

```
<SOAP-ENV:Body>
<getSchedulesResponse xmlns="http://project.crifst.org/tms/smi/2010/POSAPI">
    <getSchedulesResult>string</getSchedulesResult>
</getSchedulesResponse>
</SOAP-ENV:Body>
```

2.12.8　院线票务系统与网络代售系统接口设计

网络代售系统接口是院线票务系统的一个网络服务，网络电影票务运营商的网络代售终端可通过该接口实现影院、影厅、座位、影片、放映计划和订单等信息的查询，并支持锁定、售票和退票等票务操作功能。

接口采用符合 W3C 的 SOAP Version 1.2 协议，数据格式为 XML。SOAP 请求采用 HTTPS POST，使用 9000 端口。

1. QueryCinema 接口定义

查询影院基础信息的代码为：`<QueryCinema CinemaCode="影院编码" Id= "ID_QueryCinema"/>`，它有如下两个参数。

- CinemaCode 属性描述了电影院编码，是必要属性，字符串类型，格式为 8 位定长字符串。
- Id 属性是 QueryCinema 元素的标识，是必要属性，字符串类型，Id 属性值固定为

ID_QueryCinema,用于在 Signature 签名元素中标识对 QueryCinema 元素进行签名。QueryCinema 的返回数据为 QueryCinemaReply 元素,返回数据的格式参考如下。

```
<QueryCinemaReply  Status="返回状态"  ErrorCode="错误代码"
    ErrorMessage="错误描述" Id="ID_QueryCinemaReply">
    <Cinema Code="电影院编码" Name="电影院名称" Address="电影院地址"
        ScreenCount="影厅数量">
        <Screen>
            <Code>影厅编码</Code>
            <Name>影厅名称</Name>
            <SeatCount>影厅座位数量</SeatCount>
            <Type>影厅类型</Type>
        </Screen>
        ...
    </Cinema>
</QueryCinemaReply>
```

2. QuerySeat 接口定义

查询影院某影厅的座位信息的代码为:`<QuerySeat CinemaCode="影院编码" ScreenCode="影厅编码" Id="ID_QuerySeat"/>`,QuerySeat 共有如下三个参数。

- CinemaCode 属性描述了电影院编码,是必要属性,字符串类型,格式为 8 位定长字符串。
- ScreenCode 属性描述了影厅编码,是必要属性,字符串类型,格式为 16 位定长字符串。
- Id 属性是 QuerySeat 元素的标识,是必要属性,字符串类型,Id 属性值固定为 ID_QuerySeat,用于在 Signature 签名元素中标识对 QuerySeat 元素进行签名。

QuerySeat 返回 QuerySeatReply 元素,返回的 XML 格式示例如下。

```
<QuerySeatReply Status=" 返回状态" ErrorCode=" 错误代码"
    ErrorMessage=" 错误描述" Id="ID_QuerySeatReply">
    <Cinema Code="电影院编码">
        <Screen Code="影厅编码">
            <Seat>
                <Code>座位编码</Code>
                <GroupCode>座位分组编码</GroupCode>
                <RowNum>座位行号</RowNum>
                <ColumnNum>座位列号</ColumnNum>
                <XCoord>座位横坐标</XCoord>
                <YCoord>座位纵坐标</YCoord>
                <Status>座位状态</Status>
            </Seat>
            ...
        </Screen>
        ...
    </Cinema>
</QuerySeatReply>
```

网络代售系统与院线票务系统的其他接口参考 GY/T 276—2013 规范描述。

3. QueryFilm 接口定义

查询电影院在一段时期中上映的影片信息的代码为:`<QueryFilm StartDate="开始日期"`

EndDate="结束日期" Id="ID_QueryFilm"/>，QueryFilm 元素有如下三个属性。
- StartDate 属性描述了公映日期查询开始日期，是必要属性，日期类型。
- EndDate 属性描述了公映日期查询结束日期，是必要属性，日期类型。
- Id 属性是 QueryFilm 元素的标识，是必要属性，字符串类型，Id 属性值固定为 ID_QueryFilm，用于在 Signature 签名元素中标识对 QueryFilm 元素进行签名。

QueryFilm 返回的 XML 数据示例如下。

```xml
<QueryFilmReply Status="返回状态" ErrorCode="错误代码"
        ErrorMessage="错误描述" Id="ID_QueryFilmReply">
    <Films Count="影片数量">
        <Film>
            <Code>影片编码</Code>
            <Name>影片名称</Name>
            <Version>发行版本</Version>
            <Duration>影片时长</Duration>
            <PublishDate>公映日期</PublishDate>
            <Publisher>发行商</Publisher>
            <Producer>制作人</Producer>
            <Director>导演</Director>
            <Cast>演员</Cast>
            <Introduction>简介</Introduction>
        </Film>
    </Films>
</QueryFilmReply>
```

4. QuerySession 接口定义

查询电影院的放映计划信息的代码为：<QuerySession CinemaCode="影院编码" StartDate="开始日期" EndDate="结束日期" Id="ID_QuerySession"/>，QuerySession 元素有如下四个属性。

- CinemaCode 属性描述了电影院编码，是必要属性，字符串类型，格式为 8 位定长字符串。
- StartDate 属性描述了开始日期，是必要属性，日期类型，格式：yyyy-MM-dd，以自然日为准。
- EndDate 属性描述了结束日期，是必要属性，日期类型，格式：yyyy-MM-dd，以自然日为准。
- Id 属性是 QuerySession 元素的标识，是必要属性，字符串类型，Id 属性值固定为 ID_QuerySession，用于在 Signature 签名元素中标识对 QuerySession 元素进行签名。

QuerySession 返回的结果 XML 数据格式如下。

```xml
<QuerySessionReply Status="返回状态" ErrorCode="错误代码"
      ErrorMessage="错误描述" Id="ID_QuerySessionReply">
    <Sessions CinemaCode="电影院编码">
        <Session ScreenCode="影厅编码">
            <Code>放映计划编码</Code>
            <StartTime>放映开始时间</StartTime>
            <PlaythroughFlag>连场标志</PlaythroughFlag>
```

```
            <Films>
                <Film>
                    <Code>影片编码</Code>
                    <Name>影片名称</Name>
                    <Duration>影片时长</Duration>
                    <Sequence>影片在连场中的顺序</Sequence>
                </Film>
                ...
            </Films>
            <Price>
                GY/T 276-201353
                <LowestPrice>最低票价</LowestPrice>
                <StandardPrice>标准票价</StandardPrice>
            </Price>
        </Session>
        ...
    </Sessions>
</QuerySessionReply>
```

5. QuerySessionSeat 接口定义

查询某放映计划的座位状态信息的代码为：`<QuerySessionSeat CinemaCode="影院编码" SessionCode="放映计划编码" Status="座位售出状态" Id="ID_QuerySessionSeat"/>`，QuerySessionSeat 有如下四个。

- CinemaCode 属性描述了电影院编码，是必要属性，字符串类型，格式为 8 位定长字符串。
- SessionCode 属性描述了放映计划编码，是必要属性，字符串类型，格式为 16 位定长字符串。
- Status 属性描述了座位售出状态，其值为基于字符串的枚举类型，取值为：All，所有；Available，可售出；Locked，已锁定；Sold，已售出；Booked，已预订；Unavailable，不可用。
- Id 属性是 QuerySessionSeat 元素的标识，是必要属性，字符串类型，Id 属性值固定为 ID_QuerySessionSeat，用于在 Signature 签名元素中标识对 QuerySessionSeat 元素进行签名。

QuerySessionSeat 返回的结果数据格式如下。

```
<QuerySessionSeatReply Status="返回状态" ErrorCode="错误代码"
            ErrorMessage="错误描述" Id="ID_QuerySessionSeatReply">
    <SessionSeat CinemaCode="电影院编码" SessionCode="场次编码">
        <Seat>
            <Code>座位编码</Code>
            <RowNum>座位行号</RowNum>
            <ColumnNum>座位列号</ColumnNum>
            <Status>座位售出状态</Status>
        </Seat>
        ...
    </SessionSeat>
</QuerySessionSeatReply>
```

6. LockSeat 接口定义

座位锁定后只有锁定该座位的终端可以对该座位进行出票操作。

```xml
<LockSeat CinemaCode="电影院编码" Id="ID_LockSeat">
    <Order SessionCode="放映计划编码" Count="锁定座位数量">
        <Seat SeatCode="座位编码" />
        ...
    </Order>
</LockSeat>
```

LockSeat 元素有两个属性，一个子元素。

- CinemaCode 属性描述了电影院编码，是必要属性，字符串类型，格式为 8 位定长字符串。
- Id 属性是 LockSeat 元素的标识，是必要属性，字符串类型，Id 属性值固定为 ID_LockSeat，用于在 Signature 签名元素中标识对 LockSeat 元素进行签名。
- Order 是 LockSeat 元素的子元素，描述了订单信息，一个 LockSeat 元素只包含一个 Order 元素。SessionCode 属性描述了放映计划编码，是必要属性，字符串类型，格式为 16 位定长字符串。Count 属性描述了锁定座位数量，是必要属性，整型数据类型。
- Seat 元素是 Order 元素的子元素，描述了一个特定场次的一组座位集合，一个 Order 元素至少包含一个 Seat 元素。SeatCode 属性描述了座位编码，字符串类型，格式为 16 位定长字符串，座位编码在电影院内是唯一的。

LockSeat 返回的 LockSeatReply 元素格式如下。

```xml
<LockSeatReply Status="返回状态" ErrorCode="错误代码"
               ErrorMessage=" 错误描述" Id="ID_LockSeatReply">
    <Order OrderCode="订单编码" AutoUnlockDatetime="自动解锁日期时间"
           SessionCode="放映计划编码" Count="锁定座位数量">
        <Seat SeatCode="座位编码" />
        ...
    </Order>
</LockSeatReply>
```

7. ReleaseSeat 接口定义

释放由网络代售接口锁定的座位。

```xml
<ReleaseSeat CinemaCode="电影院编码" Id="ID_ReleaseSeat">
    <Order OrderCode="订单编码" SessionCode="放映计划编码" Count="解锁座位数量">
        <Seat SeatCode="座位编码" />
        ...
    </Order>
</ReleaseSeat>
```

返回的 ReleaseSeatReply 元素格式如下。

```xml
<ReleaseSeatReply Status="返回状态" ErrorCode="错误代码"
                  ErrorMessage="错误描述" Id="ID_ReleaseSeatReply">
    <Order OrderCode="订单编码" SessionCode="放映计划编码" Count="解锁座位数量">
        <Seat SeatCode="座位编码" />
    </Order>
</ReleaseSeatReply>
```

8. SubmitOrder 接口定义

提交已锁定的订单，完成交易。交易成功后，返回取票序号和取票验证码。

```
<SubmitOrder CinemaCode="电影院编码" Id="ID_SubmitOrder">
    <Order OrderCode="订单编码" SessionCode="放映计划编码" Count="订单座位数量">
        <Seat SeatCode="座位编码" Price="座位价格" />
        ...
    </Order>
</SubmitOrder>
```

返回的 SubmitOrderReply 元素格式如下。

```
<SubmitOrderReply Status="返回状态" ErrorCode="错误代码"
                  ErrorMessage="错误描述" Id="ID_SubmitOrderReply">
    <Order OrderCode="订单编码" SessionCode="放映计划编码" Count="订单座位数量"
           PrintNo="取票序号" VerifyCode="取票验证码">
        <Seat SeatCode="座位编码" FilmTicketCode="电影票编码" />
        ...
    </Order>
</SubmitOrderReply>
```

9. QueryPrint 接口定义

查询订单打印出票的状态。

```
<QueryPrint CinemaCode="电影院编码" Id="ID_QueryPrint">
    <Order>
        <PrintNo>取票序号</PrintNo>
        <VerifyCode>取票验证码</VerifyCode>
    </Order>
</QueryPrint>
```

QueryPrintReply 返回的 XML 示例如下。

```
<QueryPrintReply Status="返回状态" ErrorCode="错误代码"
                 ErrorMessage="错误描述" Id="ID_QueryPrintReply">
    <Order OrderCode="订单编码" PrintNo="取票序号" VerifyCode="取票验证码">
        <Status>出票状态</Status>
        <PrintTime>出票时间</PrintTime>
    </Order>
</QueryPrintReply>
```

10. RefundTicke 接口

将已交易成功并且未出票的订单做退票处理。

```
<RefundTicket CinemaCode="电影院编码" Id="ID_RefundTicket">
    <Order>
        <PrintNo>取票序号</PrintNo>
        <VerifyCode>取票验证码</VerifyCode>
    </Order>
</RefundTicket>
```

RefundTicketReply 返回的 XML 示例如下。

```
<RefundTicketReply Status="返回状态" ErrorCode="错误代码"
    ErrorMessage="错误描述" Id="ID_RefundTicketReply">
    <Order OrderCode="订单编码" PrintNo="取票序号" VerifyCode="取票验证码">
        <Status>退票处理结果</Status>
```

```
            <RefundTime>退票时间</RefundTime>
        </Order>
</RefundTicketReply>
```

11. QueryOrde 接口定义

根据订单编号查询订单详情。

```
<QueryOrder CinemaCode="影院编码" Id="ID_QueryOrder">
        <OrderCode>订单编码</OrderCode>
</QueryOrder>
```

返回的 QueryOrderReply 元素格式如下。

```
<QueryOrderReply Status="返回状态" ErrorCode="错误代码"
    ErrorMessage="错误描述" Id="ID_QueryOrderReply">
    <Order OrderCode="订单标识">
            <CinemaCode>电影院编码</CinemaCode>
            <CinemaName>电影院名称</CinemaName>
            <ScreenCode>影厅编码</ScreenCode>
            <ScreenName>影厅名称</ScreenName>
            <SessionCode>放映计划编码</SessionCode>
            <StartTime>放映计划开始时间</StartTime>
            <PlaythroughFlag>连场标志</PlaythroughFlag>
            <PrintNo>取票序号</PrintNo>
            <VerifyCode>取票验证码</VerifyCode>
            <Films>
                <Film>
                    <Code>影片编码</Code>
                    <Name>影片名称</Name>
                    <Duration>影片时长</Duration>
                    <Sequence>影片在连场中的序号</Sequence>
                </Film>
                ...
            </Films>
            <Seats>
                <Seat>
                    <SeatCode>座位编码</SeatCode>
                    <RowNum>座位行号</RowNum>
                    <ColumnNum>座位列号</ColumnNum>
                    <FilmTicketCode>电影票编码</FilmTicketCode>
                    <PrintStatus>出票状态</PrintStatus>
                    <PrintTime>出票时间</PrintTime>
                    <RefundStatus>退票状态</RefundStatus>
                    <RefundTime>退票时间</RefundTime>
                </Seat>
                ...
            </Seats>
    </Order>
</QueryOrderReply>
```

2.12.9　院线票务系统消息通知设计

院线票务系统通过"信息数据接口"从授权管理平台获取影片信息后，做出排片计划，然后通知网络代售和影院管理系统，如图 2-54 所示。消息通知的方式可以采用两种方式：其一为 MOM 消息通知；其二为 URL 回调方式。

1. MOM 消息通知

排片计划生成后，院线票务系统发送消息给 MOM，网络代售监听 MOM 的消息通知。通知使用文本信息，消息格式如下。

"院线编号-消息编号-消息内容"

网络代售接收到 MOM 的消息通知后，通过 2.12.8 节设计的 Web 服务接口，主动调用获取详细的拍片信息。

2. URL 回调通知

网络代售发布用于接收通知的微服务接口（多家网络代售的对外接口应该保持一致）。通过配置文件，统一管理和院线合作的网络代售的微服务接口，格式示例如下。

http://xxx.xxx.xxx.120/CinemaMsg/schedule

http://xxx.xxx.xxx.121/CinemaMsg/schedule

http://xxx.xxx.xxx.122/CinemaMsg/schedule

当院线拍片计划生成后，根据配置文件，分别调用网络代售的微服务接口发送消息通知。根据网络代售微服务接口的返回值，记录消息发送的日志。

2.12.10 自动取票接口设计

自助取票接口是电影院票务管理系统与自助取票机交互的通信接口。这里定义电影院票务管理系统为服务器端，自助取票机为客户端。

在网络层应采用符合 RFC791 标准的 IP。在传输层应采用符合 RFC793 标准的 TCP，使用 8500 端口号。一般情况下采用长连接方式，当连接断开后重新连接应重新进行身份认证。自助取票报文结构如表 2-4 所示，其中，sync_tag 为同步标记，内容固定为十六进制<0xAA 0x55>；version 为版本，描述协议版本，当前版本为<0x01>；packet_length 为报文总长度，从 sync_tag 第一字节开始到 CRC16 的最后一字节结束的长度；payload_id 为协议体标识，标识报文中协议体内容数据结构类型。

表 2-4 自助取票报文结构

语　　法	位　数	数　据　类　型
sync_tag	16	uint(16)
version	8	uint(8)
packet_length	16	uint(16)
payload_id	8	uint(8)

for(i=0; i<length−8; i++) {
　　payload_data
}
	8	byte(1)

CRC16	16	uint(16)

第 3 章 项目模块设计

架构设计是体现软件系统如何实现的草图,模块设计则是业务系统的详细逻辑描述。首先需要把业务系统按照业务模块进行划分,然后详细描述每个模块是如何实现其业务逻辑的。

模块设计可以使用 Power Designer 的 Object Oriented Model 和 Logical Data Model 进行建模(参见 4.2 节),本书推荐使用应用更广的 Rational Rose 工具的 Logical View(逻辑视图)进行逻辑建模。

3.1 UML 与逻辑设计

UML2.0 一共有 14 种图形,分别是用例图、类图、对象图、状态图、活动图、时序图、协作图、构件图、部署图、包图、组合结构图、交互概览图、计时图、制品图等(参见 1.3 节)。

UML2.0 中的类图、对象图、时序图、协作图等,可以在 Rational Rose 的 Logical View 中使用。在实际开发中,应用最多的是类图和时序图。

3.1.1 UML 类图

UML 中的类图用于描述系统中类的静态结构。打开 Rational Rose 工具,右键选择 Logical View→New→Class Diagram,可以新建一个 UML 类图(如图 3-1 所示)。

1. 类与接口

在类图中,常用的图元有类、接口、继承、实现、依赖、关联、包等。图 3-2 所示为宠物游戏系统的类图示例。

宠物游戏系统基本需求为:灵活实现一群宠物(如猫、狗、猴子等,可扩展)参加运动会,根据每种宠物的特性,参加不同的比赛项目。所有宠物都可以参加游泳比赛;狗和猴子可以参加飞盘比赛;猫和猴子可以参加爬树比赛。

根据宠物游戏系统需求,设计类图后,用 Java 代码描述如下。

(1) 新建接口 ISwim。

```
public interface ISwim {
    public void swim();
}
```

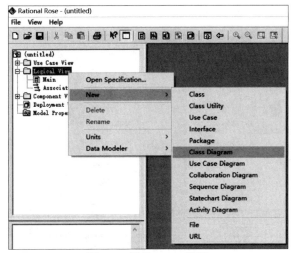

图 3-1 新建 UML 类图

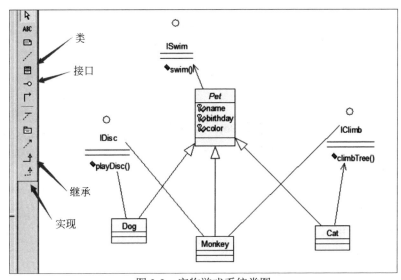

图 3-2 宠物游戏系统类图

(2) 新建抽象类 Pet,实现接口 ISwim。

抽象类在 Rational Rose 中用斜体字显示(如图 3-2 所示中的 Pet 字体),双击图 3-2 中类的图元,在类的规格描述窗口(如图 3-3 所示)勾选 Abstract 复选框。

```
public abstract class Pet implements ISwim{
    protected String name;
    protected String color;
    ...
    public void swim() {
        System.out.println(this.name + " is swimming...");
    }
}
```

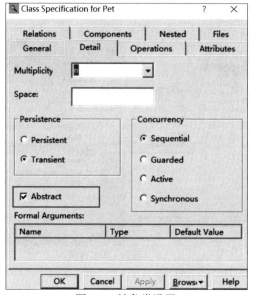

图 3-3 抽象类设置

（3）新建接口 IDisc。

```
public interface IDisc {
    public void playDisc();
}
```

（4）新建业务类 Dog，继承抽象类 Pet，实现接口 IDisc。

```
public class Dog extends Pet implements IDisc{
    @Override
    public void playDisc() {
        System.out.println(this.name + " is playing disc...");
    }
}
```

（5）新建接口 IClimb。

```
public interface IClimb {
    public void climbTree();
}
```

（6）新建业务类 Cat，继承抽象类 Pet，实现接口 IClimb。

```
public class Cat extends Pet implements IClimb {
    @Override
    public void climbTree() {
        System.out.println(this.name + " is climb tree...");
    }
}
```

（7）新建业务类 Monkey，继承抽象类 Pet，同时实现接口 IDisc 和 IClimb。

```
public class Monkey extends Pet implements IDisc,IClimb{
    @Override
    public void climbTree() {
        System.out.println(this.name + " is climb tree...");
    }
```

```
    @Override
    public void playDisc() {
        System.out.println(this.name + " is play disc...");
    }
}
```

2. 聚合关系

如图 3-2 所示，Dog 与 Pet 之间是继承关系，这是类与类之间最常见的关系。但是，如何描述班级类与学生类之间的关系呢？

图 3-4 所示为班级与学生类图，一个班级中有很多学生，每个学生都有所属班级的属性，这种关系在 UML 中被称为聚合关系。如图 3-5 所示，使用 unidirectional association（单向关联）连接班级类与学生类。双击单项关联图元，图 3-6 中勾选 Aggregate（聚合）复选框和 By Reference（引用）单选按钮，这样就设置了班级与学生的聚合关系。

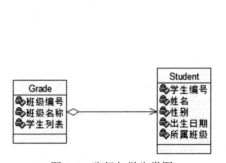

图 3-4　班级与学生类图

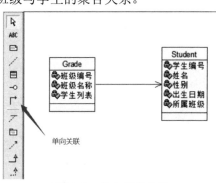

图 3-5　单向关联关系

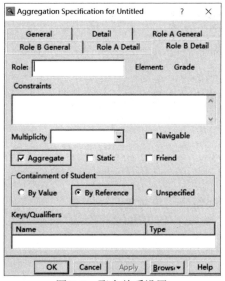

图 3-6　聚合关系设置

3. 组合关系

类与类之间的组合（composition）关系，是一种强聚合关系，它同样体现整体与部分的关系，但此时整体与部分是不可分的，整体生命周期的结束也意味着部分生命周期的结束，人（Person 类）与头（Head 类）的关系就是组合关系。

在开发实践中，组合的关系较少，常见的都是聚合关系。

在企业管理系统中，员工与用户的关系是一对一的关系，即每个员工只能有一个用户（或没有），用户只能依赖员工才能存在（参见 4.3 节的表设计）。

员工与用户的类图如图 3-7 所示，设置组合关系与设置聚合关系类似，但是需要勾选 By Value（值）单选按钮（如图 3-8 所示）。

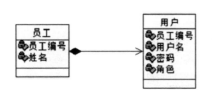

图 3-7　员工与用户类图

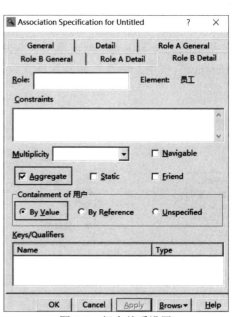

图 3-8　组合关系设置

员工与用户组合关系代码如下。

（1）新建用户类，用户类中包含员工编号。
```
public class User {
    private String sno;
    private String uname;
    private String pwd;
    private int role;
}
```

（2）新建员工类，员工类组合用户对象。
```
public class Staff {
    private String sno;
    private String name;
    private User user;
}
```

4．依赖关系

类与类之间的依赖关系，是一种弱关联关系，如图 3-9 所示，在员工接口 IStaff 中有 addStaffUser()方法，这个方法的实现依赖于持久层接口 IUserDao 与 IStaffDao，同时

addStaffUser()的实现还依赖于 User 实体和 Staff 实体。

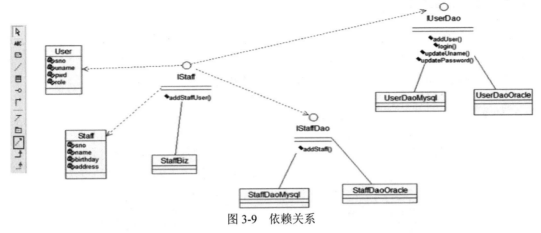

图 3-9 依赖关系

依赖关系与聚合关系相比，是一种弱关系。聚合关系在代码中体现为成员变量的关联，而依赖关系则是方法级别的关联。

图 3-9 所示依赖关系的代码示例如下。

（1）IStaff 接口设计如下，在 addStaffUser()的方法实现中，会调用 IStaffDao 的 addStaff() 方法和 IUserDao 的 addUser()方法。

```
public interface IStaff {
    public void addStaffUser(Staff staff) throws Exception;;
}
```

（2）IStaffDao 接口设计。

```
public interface IStaffDao {
    public void addStaff(Staff staff) throws Exception;
}
```

（3）IUserDao 接口设计。

```
public interface IUserDao {
    public void addUser(User user) throws Exception;
}
```

（4）在 IStaff 接口实现类 StaffBiz 的 addStaffUser()中依赖持久层对象 StaffDao 和 UserDao，还依赖实体对象 Staff 和 User。

```
public class StaffBiz implements IStaff{
    public void addStaffUser(Staff staff) throws Exception {
        IStaffDao staffDao = new StaffDao;
        staffDao.addStaff(staff);
        User user = new User();
        user.setUname(staff.getSno());
        user.setSno(staff.getSno());
        user.setPwd("123456");
        user.setRole(IRole.CUSER);
        IUserDao userDao = new UserDao();
        userDao.addUser(user);
    }
}
```

3.1.2 UML 时序图

UML 时序图（Sequence Diagram）表示对象之间的动态合作关系，强调对象发送消息的顺序，同时显示对象之间的交互关系。

右击选择 Logical View，按如图 3-10 所示步骤新建 UML 时序图。

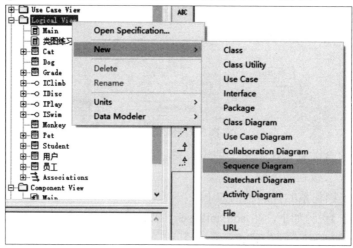

图 3-10　新建 UML 时序图

图 3-11 所示为用户登录的时序图示例，按照 MVC 架构模式实现用户登录，会涉及控制层 UserAction 类、逻辑层 UserService 类、持久层 UserDao 类等多个类的方法调用。时序图中的主要图元有对象（Object）、对象消息（Object Message）、返回消息（Return Message）等。

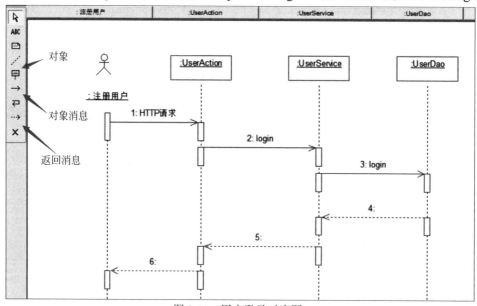

图 3-11　用户登录时序图

对象的命名规范如图 3-12 所示，一般采用":类名"的方式，即无须给对象命名，注意：类名的首字母应该大写，对象首字母小写。

消息用于描述对象间交互的方式和内容，对象消息一般指被调用的类中的方法名，双击消息图元，可以设置消息类型，如图 3-13 所示。

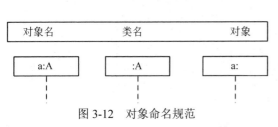

图 3-12　对象命名规范　　　　图 3-13　消息类型设置

- 简单消息（Simple）：简单文本型消息。
- 同步消息（Synchronous）：一个对象向另一个对象发出同步消息后，将处于阻塞状态，需要一直等到另一个对象的回应。
- 延迟消息（Balking）：延迟阻塞的消息。
- 超时消息（Timeout）：未在约定时间内送达的消息。
- 存储过程调用（Procedure Call）：调用数据库中的存储过程。
- 异步消息（Asynchronous）：一个对象向另一个对象发出异步消息后，这个对象可以进行其他的操作，不需要等到另一个对象的响应。
- 返回消息（Return）：同步消息的返回信息。

3.1.3　UML 协作图

UML 协作图（Collaboration Diagram）描述对象之间的相互调用关系，通过消息调用，强调了对象间的消息交互与消息顺序。

右键选择 Logical View，按如图 3-14 所示步骤新建 UML 协作图。

协作图基本元素包括：活动者参与者（Actor）、对象（Object）、连接（Link）和消息（Message）等。图 3-15 所示为用户登录的协作图。

对象：在协作图中用长方形框表示对象。对象是类的实例，负责发送和接收消息，与时序图中的符号相同，冒号前为对象名，冒号后面为类名。

连接：使用实线连接两个对象。

消息：由标记在连接上方的带有标记的箭头表示，表示被调用对象的方法。

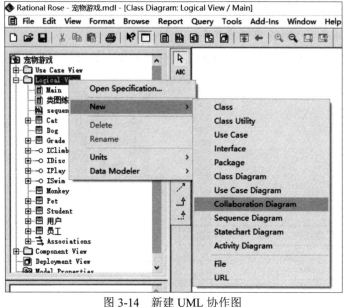

图 3-14　新建 UML 协作图

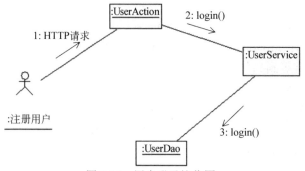

图 3-15　用户登录协作图

UML 时序图与协作图都是对象交互，时序图强调的是消息的调用顺序，协作图强调的是发送和接收消息的对象之间的组织结构，当出现消息分支选择时，用协作图表示更清晰。

时序图与协作图都是围绕一个系统用例展开的，绘制时序图和协作图时，应与需求阶段的用例配合使用。

3.2　新闻系统模块设计

3.2.1　新闻系统功能描述

新闻系统是常见的内容网站，如新浪新闻、搜狐新闻、凤凰新闻等。新闻网站的特点是：新闻内容对所有的访问者显示的信息一致，因此新闻页可以使用静态页面。新闻网站每天需要上线很多新闻，针对每条新闻都需要美工排版录入，显然这样做是非常低效的。

本项目就是通过后台进行新闻发布，根据新闻的模板动态生成新闻页（模板可以自由替换）。通过模板生成的新闻页，可以自动发布到新闻系统的前台。这样生成的新闻系统，新闻内容和新闻显示样式都可以灵活变化，而且由于新闻页都是静态页面，网站的访问性能也会非常高。

注意：本章为新闻系统的模块设计，可以同时参考 4.10 节中的新闻系统物理表设计。

3.2.2 新闻系统开发架构

根据新闻系统的需求描述，软件开发架构采用如图 3-16 所示模式。News 为新闻系统的公网站点，允许公网用户自由访问。NewsBack 为新闻发布系统，它部署在企业内网中，只有新闻系统的工作人员才能访问。

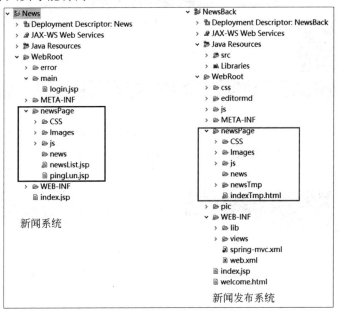

图 3-16　新闻系统开发架构

NewsBack 系统中的 newsPage 目录结构与 News 系统中的 newsPage 目录结构一致，但是在 NewsBack 系统中的 newsPage 目录下增加了 newsTmp 目录，用于存放新闻模板页。

NewsBack 系统使用 SSM 框架开发，首先读取各种模板页，然后从数据库提取新闻数据填充模板，最后把生成的新闻页动态发布到 News 系统中。

3.2.3 新闻系统主页设计

图 3-17 所示为新闻系统的首页样式（图片来源：新华网），设计不同的模板可以显示多种样式的主页内容。

如图 3-18 所示，这是根据主页样式设计的新闻系统首页模板（indexTmp.html）。新闻系统首页模板是普通的文本文件，就是在新闻主页 index.html 的基础上，把动态数据全部删

图 3-17 新闻系统首页

除，分别用@%domestic%、@%happy%、@%internal%、@%news%、@%rightPic% 等特殊占位符号进行替换，然后通过模板类读取模板数据，再动态读取数据库中的新闻数据进行填充即可。

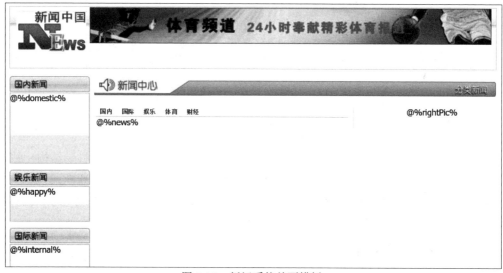

图 3-18 新闻系统首页模板

【新闻系统的所有模板和页面原型，参见本书配套资源】

下面介绍新闻系统首页的时序图设计。

如图 3-19 所示，按照 MVC 开发架构模式，新闻管理员发出 createAllPage()请求后，会把新闻首页和所有新闻页全部创建成功。PageCreateAction 是控制器类,用于接收客户端 HTTP 请求;PageCreateBiz 是核心业务逻辑类,根据模板创建所有页面的操作都在这个类的 createAllPage()方法中完成;MainTemplate 是主页模板类,根据模板类生成主页静态页面;HotBiz 是热点新闻逻辑类;HotDao 是热点新闻持久层类,根据传入的目录 id,读取该目录下的所有新闻信息。

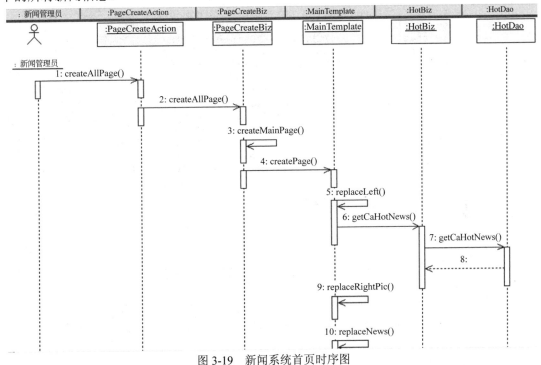

图 3-19 新闻系统首页时序图

与图 3-19 对应的类设计如下(注意这些类属于新闻发布系统 NewsBack)。

(1)PageCreateAction 是控制器类。

```
@Controller
@RequestMapping("/admin/page")
public class PageCreateAction {
    @RequestMapping("/create")
    public String createAllPage(HttpServletRequest request,Model model) throws Exception{
}
```

(2)PageCreateBiz 是核心业务逻辑类。

```
@Service("pageCreateBiz")
@Transactional(readOnly=true)
public class PageCreateBiz {
    @Autowired
    private PageCreateDao pageCreateDao;
    public void creatAllPage(String rooPath) throws Exception{
        createMainPage(rooPath);          //调用主页模板,创建主页
        //默认创建所有状态为 1 的新闻页
```

```
            List<String> nids = createNewsPage(rooPath);
            updateNewsState(nids);              //新闻创建成功,把state修改为0
    }
        private void createMainPage(String rooPath) throws Exception{}
}
```

(3) MainTemplate 是主页模板类。

```
public class MainTemplate {
    private static final String DOMESTIC = "@%domestic%";
    private static String HAPPY = "@%happy%";
    private static String INTERNAL = "@%internal%";
    private final String NEWS = "@%news%";
    private final String RIGHT_PIC = "@%rightPic%";
    private String rooPath;
    public MainTemplate(String rooPath){}
    public void createPage() throws Exception{}
    public static String replaceLeft(String text,String cid,String tag) throws
                            Exception{}
    private String replaceRightPic(String text, List<HotPicDTO> hotList) throws
                            Exception{}
    private String replaceNews(String text, List<String> cids) throws Exception{}
}
```

(4) HotBiz 是热点新闻管理的逻辑类。

```
@Service("hotBiz")
@Transactional(readOnly=true)
public class HotBiz {
    @Autowired
    private HotDao hotDao;
    /**
     * 根据栏目id,读取指定栏目下的热点新闻
     */
    public List<NewsDTO> getCaHotNews(String cid) throws Exception{
        return hotDao.getCaHotNews(cid);
    }
}
```

(5) HotDao 是操作热点新闻的持久层类。

```
@Repository("hotDao")
public class HotDao {
    @Autowired
        private HotMapper hotMapper;
        public List<NewsDTO> getCaHotNews(String cid) throws Exception{
            return hotMapper.getCaHotNews(cid);
        }
}
```

3.2.4 新闻目录列表页设计

单击新闻系统主页的新闻目录名称,可以进入新闻列表页(如图 3-20 所示,图片来源:新华网)。新闻列表页的内容需要动态变化,因此设计为动态的 JSP 页面。为了提高新闻列表页的访问性能,新闻数据需要上传到 Redis 数据库,新闻列表数据从 Redis 中提取,但是新闻列表页中的每个新闻页都是模板生成的静态页面。

图 3-20　新闻列表页

新闻列表时序图设计如图 3-21 所示。

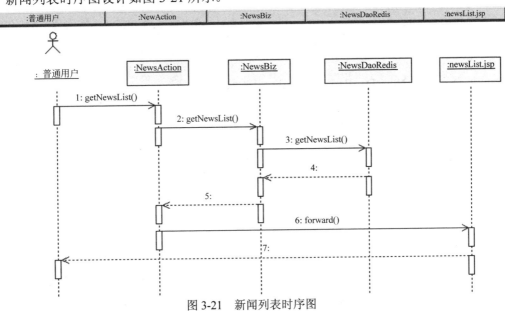

图 3-21　新闻列表时序图

新闻列表类图设计如图 3-22 所示。
与图 3-22 对应的新闻列表 OO 代码设计如下（注意这些类属于新闻系统 News）。
（1）NewsAction 为控制器类。

图 3-22 新闻列表类图

```
@Controller
@RequestMapping("/news")
public class NewsAction {
    @RequestMapping("/nlist")
    public String getNewsList(String cid,int page,Model model)
                              throws Exception{}
}
```

（2）NewsBiz 为业务逻辑类。

```
@Service("newsBiz")
@Transactional(readOnly=true)
public class NewsBiz {
    @Autowired
    private NewsDao newsDao;
    public List<NewsDTO> getNewsList(String cid,TurnPagePara tp) throws Exception{
        return newsDao.getNewsList(cid, tp);
    }
}
```

（3）持久层类 NewsDaoRedis 从 Redis 中提取新闻数据。

```
@Repository("newsDao")
public class NewsDaoRedis implements NewsDao{
    public List<NewsDTO> getNewsList(String cid, TurnPagePara tp) throws Exception {
        List<NewsDTO> retNews = new ArrayList<>();
        Jedis jedis = RedisUtil.getJedis();
        //从 Redis 中提取目录下的新闻数量
        tp.AllCount = Integer.parseInt(jedis.llen(cid).toString());
        tp.allPages = tp.AllCount/tp.rows + 1;
        if(tp.page > tp.allPages){
            tp.page = tp.allPages;
        }else if(tp.page < 1){
            tp.page = 1;
        }
        int iStart = (tp.page - 1) * tp.rows;     //List 的索引从 0 开始
        int iEnd = iStart + tp.rows;
        List<String> newsList = jedis.lrange(cid, iStart, iEnd);
        for(String json : newsList){
            JSONObject jsonObject = JSONObject.fromObject(json);
            NewsDTO news=(NewsDTO)JSONObject.toBean(jsonObject,NewsDTO.class);
            retNews.add(news);
        }
        RedisUtil.returnResource(jedis);
        return retNews;
    }
```

        }
}

（4）newsList.jsp 显示新闻列表，每条新闻的链接指向静态 HTML 页。

```
<ul class="classlist">
    <c:forEach var="nw" items="${newsList}">
        <li><a href='<%=basePath%>newsPage/news/${nw.nid}.html'>
                        ${nw.title} </a><span>
        <fmt:formatDate value="${nw.pubtime}"
                        pattern="yyyy-MM-dd HH:mm"/> </span></li>
    </c:forEach>
    <li class='space'></li>
    <p align="center">
        <table id="tblTurnPage" cellSpacing="0" cellPadding="1"
            width="100%" border="0"  style="font-family:arial;font-size:12px;">
            <tr>
                <td>总页数：${allPage}</td>
                <td>当前页：${page}</td>
                <td>
        <a href="<%=basePath%>news/nlist.do?cid=${cid}&page=1">首页|</a>
        <a href="<%=basePath%>news/nlist.do?cid=${cid}&page=${page-1}">《前页|</a>
        <a href="<%=basePath%>news/nlist.do?cid=${cid}&page=${page+1}">后页》|</a>
        <a  href="<%=basePath%>news/nlist.do?cid=${cid}&page=${allPage}">末页|</a>
        </td></tr></table></p>
</ul>
```

3.2.5　新闻页设计

图 3-23 所示为新闻页的显示样式，新闻页中包含文字信息和图片。因为新闻页对所有

图 3-23　新闻页样式

用户的显示内容一致，因此使用静态页面。

新闻页通过模板在新闻发布系统中生成，然后推送到新闻系统中。新闻页模板的设计如图 3-24 所示。

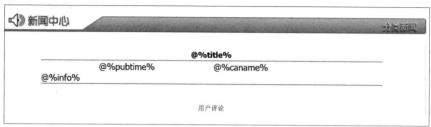

图 3-24　新闻页模板

下面介绍新闻页时序图的设计。

如图 3-25 所示，按照 MVC 开发架构模式，新闻管理员发出 createAllPage()请求后，会把新闻首页和所有新闻页全部创建成功。PageCreateAction 是控制器类，用于接收客户端 HTTP 请求；PageCreateBiz 是核心业务逻辑类，根据模板创建所有页面的操作都在这个类的 createAllPage()方法中完成；NewsTemplate 是页面模板类，根据模板类生成新闻页的静态页面；NewsBiz 是新闻逻辑类，NewsDao 是新闻持久层类，调用 getPrePublishNews()，读取所有状态为 1 的待发布的新闻（新闻创建页创建成功后，会把新闻状态设置为 0）。

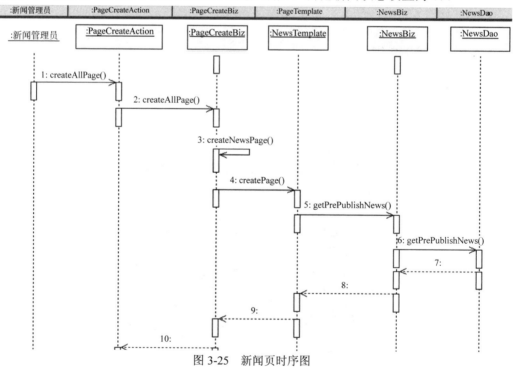

图 3-25　新闻页时序图

与图 3-25 对应的新闻页的部分 OO 代码设计如下（NewsBack 系统）。

```
        }
}
```

（4）newsList.jsp 显示新闻列表，每条新闻的链接指向静态 HTML 页。

```
<ul class="classlist">
    <c:forEach var="nw" items="${newsList}">
        <li><a href='<%=basePath%>newsPage/news/${nw.nid}.html'>
                        ${nw.title} </a><span>
        <fmt:formatDate value="${nw.pubtime}"
                        pattern="yyyy-MM-dd HH:mm"/> </span></li>
    </c:forEach>
    <li class='space'></li>
    <p align="center">
        <table id="tblTurnPage" cellSpacing="0" cellPadding="1"
            width="100%" border="0"  style="font-family:arial;font-size:12px;">
            <tr>
                <td>总页数：${allPage}</td>
                <td>当前页：${page}</td>
                <td>
    <a href="<%=basePath%>news/nlist.do?cid=${cid}&page=1">首页|</a>
    <a href="<%=basePath%>news/nlist.do?cid=${cid}&page=${page-1}">《前页|</a>
    <a href="<%=basePath%>news/nlist.do?cid=${cid}&page=${page+1}">后页》|</a>
    <a href="<%=basePath%>news/nlist.do?cid=${cid}&page=${allPage}">末页|</a>
                </td></tr></table></p>
</ul>
```

3.2.5 新闻页设计

图 3-23 所示为新闻页的显示样式，新闻页中包含文字信息和图片。因为新闻页对所有

图 3-23　新闻页样式

用户的显示内容一致，因此使用静态页面。

新闻页通过模板在新闻发布系统中生成，然后推送到新闻系统中。新闻页模板的设计如图 3-24 所示。

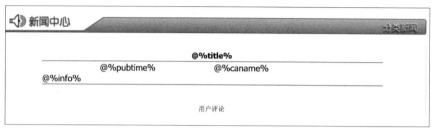

图 3-24　新闻页模板

下面介绍新闻页时序图的设计。

如图 3-25 所示，按照 MVC 开发架构模式，新闻管理员发出 createAllPage()请求后，会把新闻首页和所有新闻页全部创建成功。PageCreateAction 是控制器类，用于接收客户端 HTTP 请求；PageCreateBiz 是核心业务逻辑类，根据模板创建所有页面的操作都在这个类的 createAllPage()方法中完成；NewsTemplate 是页面模板类，根据模板类生成新闻页的静态页面；NewsBiz 是新闻逻辑类，NewsDao 是新闻持久层类，调用 getPrePublishNews()，读取所有状态为 1 的待发布的新闻（新闻创建页创建成功后，会把新闻状态设置为 0）。

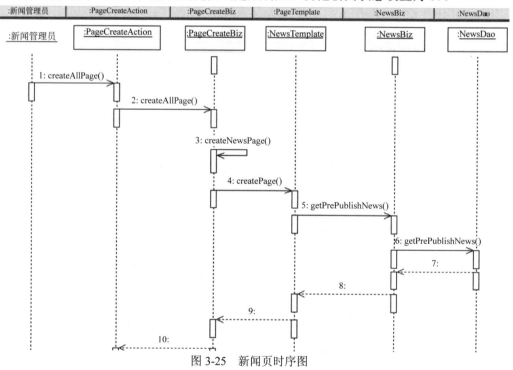

图 3-25　新闻页时序图

与图 3-25 对应的新闻页的部分 OO 代码设计如下（NewsBack 系统）。

（1）PageCreateAction 为控制器类。

```
@Controller
@RequestMapping("/admin/page")
public class PageCreateAction {
    @RequestMapping("/create")
    public String createAllPage(HttpServletRequest request,Model model)
                                    throws Exception{}
}
```

（2）PageCreateBiz 为核心业务逻辑类。

```
@Service("pageCreateBiz")
@Transactional(readOnly=true)
public class PageCreateBiz {
    @Autowired
    private PageCreateDao pageCreateDao;
    public void creatAllPage(String rooPath) throws Exception{}
    private List<String> createNewsPage(String rootPath) throws Exception{}
}
```

（3）NewsTemplate 为新闻模板类。

```
public class NewsTemplate {
    public NewsTemplate(String rootPath){}
    public List<String> createPage() throws Exception{}
}
```

（4）NewsBiz 是新闻逻辑类。

```
@Service("newsBiz")
@Transactional(readOnly=true)
public class NewsBiz {
    private final String TITLE = "@%title%";
    private final String PUBTIME = "@%pubtime%";
    private final String CNAME = "@%caname%";
    private final String INFO = "@%info%";
    private final String PLUN = "@%plun%";
    public List<NewsDTO> getPrePublishNews() throws Exception{}
}
```

（5）NewsDao 为新闻持久层类。

```
@Repository("newsDao")
public class NewsDao {
    public List<NewsDTO> getPrePublishNews() throws Exception{}
}
```

3.2.6　新闻评论页设计

如图 3-26 所示，这是新闻评论页的样式。单击图 3-24 新闻页上的"用户评论"按钮，即可进入新闻评论页。注意：新闻页是静态的 HTML 页面，但是新闻评论页的内容是动态变化的，因此使用 JSP 页面。

新闻评论页的时序图设计如图 3-27 所示。

注册用户才能提交新闻评论。注册用户单击"用户评论"按钮，进入新闻评论页。按照 MVC 的开发架构，NewsAction 是控制器类，PlunBiz 是评论的业务逻辑类，PlunDao 是持久层类。

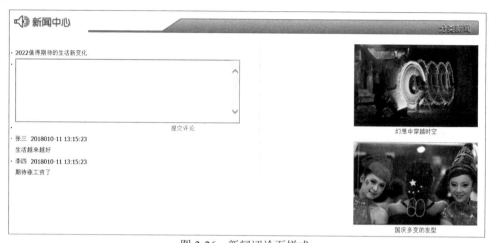

图 3-26　新闻评论页样式

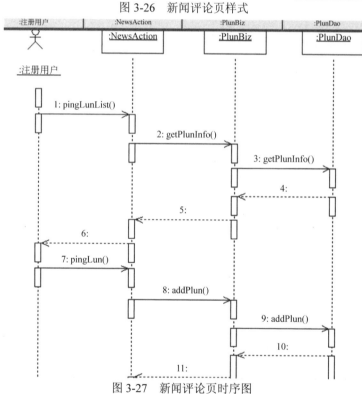

图 3-27　新闻评论页时序图

与图 3-27 对应的新闻评论页的 OO 代码设计如下（News 系统）。

（1）NewsAction 是控制器类。

```
@Controller
@RequestMapping("/news")
public class NewsAction {
    @RequestMapping(value="pl",method=RequestMethod.GET)
```

```
        public String pingLunList(String nid,Model model, HttpSession session) throws
                        Exception{}
        @RequestMapping(value="pl",method=RequestMethod.POST)
        public String pingLun(String nid,String pinfo, HttpSession session,
                        Model model) throws Exception{}
}
```

（2）PlunBiz 是评论逻辑类。

```
@Service("plunBiz")
@Transactional(readOnly=true)
public class PlunBiz {
    /**          * 提取某条新闻下的所有评论  */
    public List<TPlun> getPlunInfo(String nid) throws Exception{    }
    /**          * 添加评论信息              */
    public void addPlun(TPlun pl) throws Exception{}
}
```

（3）PlunDao 是评论的持久层类。

```
@Repository("plunDao")
public class PlunDao {
    public List<TPlun> getPlunInfo(String nid) throws Exception{    }
    public void addPlun(TPlun pl) throws Exception{}
}
```

3.2.7 新闻发布设计

新闻发布是一个自动部署过程，主要操作步骤如下。

（1）进入新闻发布系统（NewsBack）的发布页，单击"打包"按钮，把当天生成的所有新闻页面进行打包。页面打包调用 Zip 工具包，生成 news.zip，压缩包存放在目录/NewsPublish 下，页面打包成功，打包信息记录在打包日志中。

（2）单击"发布"按钮，由 NewsBack 系统访问 News 系统的 NewsSynchroAction 的 newsDataUpdate.do，发出页面发布的请求。

（3）News 系统接收到新闻更新请求，从 NewsBack 的指定路径下载 news.zip，然后自动解压到目标路径，实现页面的动态更新。

新闻发布过程中，需要新闻页面的打包与解压操作，这些操作封装在工具类 ZipUtil 中，核心代码如下（注意压缩与解压使用的包为 Java.util.zip.*）。

```
public static void CreateZipFile(String strSrcFile, StringstrZipFile)
                throws Exception {
    File fSrc = new File(strSrcFile);
    if (fSrc.exists()) { // 可以是文件或目录
        if (strZipFile == null) {
            if (fSrc.isFile()) {
                strZipFile += ".zip";
            } else {
                strZipFile = strSrcFile + ".zip";
            }
        }
        File fZip = new File(strZipFile);
        if (fZip.isFile()) {
            fZip.delete(); // 如目标文件存在，先删除
```

```java
            }
            writeZipFile(strSrcFile, strZipFile, "/");
        }
    }
    /**
     * 通过 Zip 压缩单一文件（输出文件为与源同名的*.zip 文件） <br>
     */
    private static void writeZipFile(String strSrcFile, String strZipFile,
                                     StringstrZipRoot) throws Exception {
        ZipOutputStream zipOut;
        FileOutputStream fileOut;
        CheckedOutputStream cOut;
        zipOut = null;
        fileOut = null;
        cOut = null;
        int iLen = strSrcFile.length();
        if (iLen > 4) {
            try {
                fileOut = new FileOutputStream(strZipFile);
                cOut = new CheckedOutputStream(fileOut, new CRC32());
                zipOut = new ZipOutputStream(new BufferedOutputStream(cOut));
            } finally {
                zipOut.flush();
                zipOut.close();
                cOut.close();
                fileOut.close();
            }
        }
    }
    /** * <br>解压一个 Zip 压缩文件     */
    public static void unZipFile(String strZipFile, StringstrUnzipPath)
                              throws Exception {
        File fSrc = new File(strZipFile);
        if (fSrc.exists()) {
            ZipFile f = new ZipFile(strZipFile);
            if (f != null) {
                Enumeration enu = f.entries();
                while (enu.hasMoreElements()) {
                    ZipEntry entry = (ZipEntry) enu.nextElement();
                    String filename = strUnzipPath + entry.getName();
                    InputStream zin = f.getInputStream(entry);
                    File file = new File(filename);
                    if (file.exists()) {
                        if (file.delete()) {
                            // 删除原文件，用新文件替换
                            file.createNewFile();
                        }
                    }
                    byte[] buf = new byte[4 * 1024 * 1024];
                    int len;
                    OutputStream out = new FileOutputStream(file);
                    while ((len = zin.read(buf, 0, 4 * 1024 * 1024)) > 0) {
                        out.write(buf, 0, len);
                    }
                    out.flush();
                    out.close();
                    zin.close();
                }
```

```
            f.close();
        }
    }
}
```

3.3 物流管理系统模块设计

本项目是为了满足地方物流公司在本省范围内的物流配送的管理系统(这有别于全国范围内的物流配送),物流配送的基本模式是用货车在配送点之间装卸货物,配送点负责和客户直接沟通,所有配送点由总公司统一管理。

物流管理系统功能模块图如图 3-28 所示。

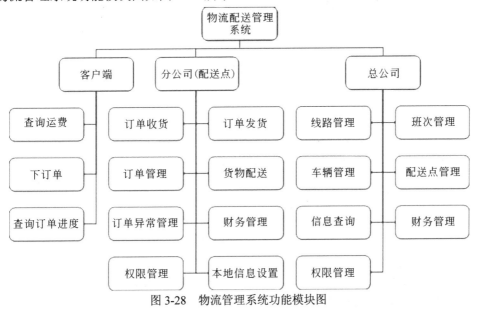

图 3-28　物流管理系统功能模块图

3.3.1 物流管理系统需求分析

1. 总公司业务功能

总公司主要负责制定物流公司的总体战略和全局管理,具体业务包括:线路管理,班次管理,车辆管理,配送点管理,权限管理,财务管理,信息查询。

- 线路管理:建立配送点间基本线路,管理运输线路,为配送点提供线路查询。
- 班次管理:设置班次,为配送点提供班次查询,处理配送点加急班次请求。
- 车辆管理:维护车辆基本信息。
- 配送点管理:添加新配送点,审查各配送点配送费计算方案。
- 权限管理:后台用户的管理和权限分配。
- 财务管理:制订利润分配方案,统计各部门收益。
- 信息查询:查询配送点的订单信息,查询配送点间的交接单信息。

总公司基本用例分析如图 3-29 所示。

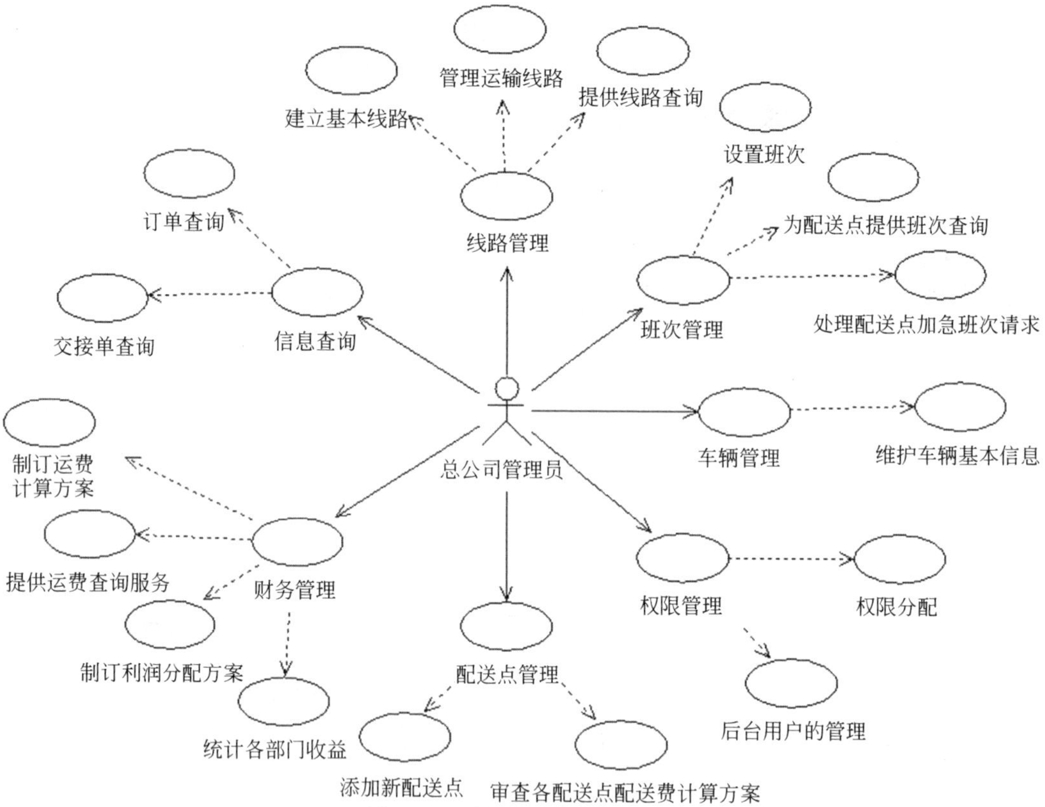

图 3-29　总公司基本用例分析

2. 配送点业务功能

配送点的主要工作是货物的配送、收取，货物库存管理和货物的收发货管理，以及本地信息的设置等，具体可分为以下功能。

- 订单管理：订单审核，订单修改，订单状态修改，下订单，订单查询。
- 订单发货：班次查询，待发订单查询，交接单生成，交接单绑定，紧急订单提醒，加开班次申请。
- 订单收货：班次查询，交接单确认，交接单修改。
- 货物配送：库存订单查询，订单确认。
- 订单异常管理：异常订单登记、处理、查询等。
- 本地信息设置：配送价格设置，配送价格申报，设置中转线路，权限管理。

配送点通过用户填写或收货员填写完成订单，进入配送点仓库，配送点理货员在进行班次查询后对库存订单进行分配、生成交接单并进行班次绑定，并视库存情况向总公司提交加车申请，待货物抵达目的地，收货的配送点可以通过交接单对本地货物进行卸货检查，同时通过班次查询进行装货工作，完成交接单审查后由配送员安排相应的配送工作并记录订单的完成情况，图 3-30 为配送点的基本业务流程，图 3-31 为配送点基本用例分析。

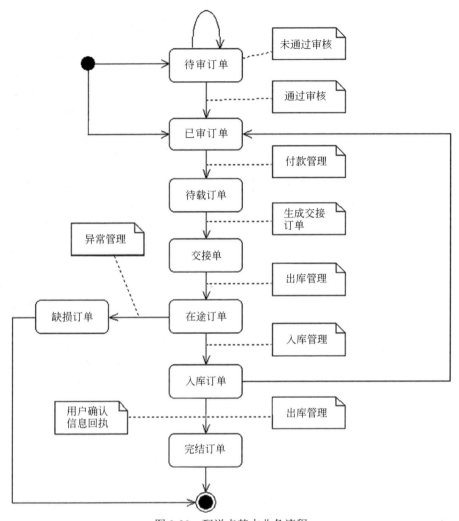

图 3-30　配送点基本业务流程

3. 客户基本业务功能

客户通过公司前台网站（或者到配送点进行邮寄）与公司进行交互，完成寄送货物功能，客户享有的功能如下。

- 查询运费：通过输入物体的重量、体积、邮寄路线等信息，查看所需的寄送费用。
- 下订单：客户填写完备的寄送货物信息，进行寄送。
- 查询订单进度：根据系统为客户生成的唯一的订单编号查询订单的寄送状态。

图 3-32 是客户的基本用例分析。

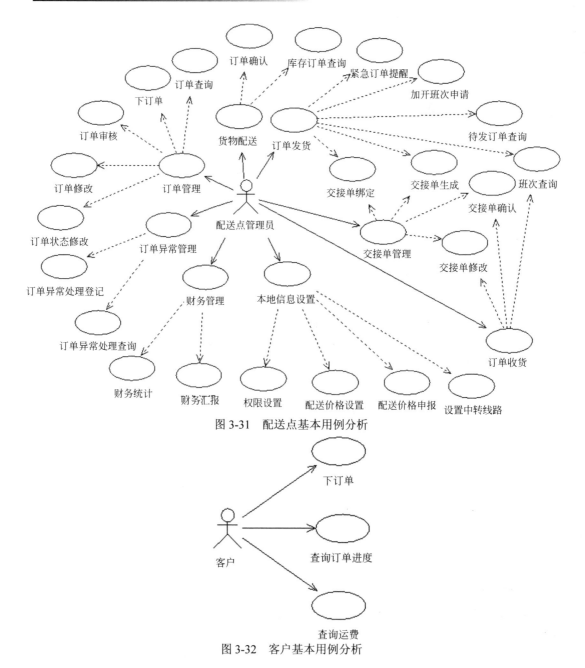

图 3-31 配送点基本用例分析

图 3-32 客户基本用例分析

3.3.2 物流管理系统模块设计

1. 订单管理模块设计

订单管理是配送点进行订单审核、订单修改、订单状态修改、下订单、订单查询等操作。订单管理模块的类图如图 3-33 所示，订单管理时序图如图 3-34 所示。

图 3-33 订单管理模块类图

（1）OrderManager 通过 JSP 页面进行 CURD 操作。
（2）JSP 页面通过 post 方式和控制器 Servlet 交互，提交订单查询请求。
（3）OrderService 类通过 DBConnection 类建立和数据库的连接。
（4）OrderServlet 调用 OrderService 类的 queryOrder()进行查询。

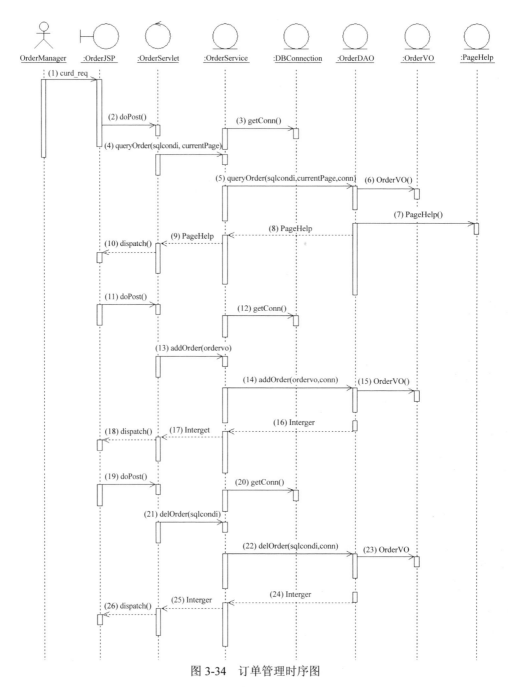

图 3-34 订单管理时序图

（5）OrderService 类调用 OrderDAO 类的 quryOrder()完成查询。

（6）OrderDAO 类通过 OrderVO 类获得 Order 类的数据封装。

（7）OrderDAO 类调用 PageHelp()完成分页请求。

（8）OrderDAO 类将 PageHelp 对象返回给 OrderService 类。

（9）OrderService 类将 PageHelp 对象返回给 OrderServlet 类。
（10）OrderServlet 调用 dispatch()函数，将 response 返回给 JSP 页面。
（11）JSP 页面通过 post 方式和控制器 Servlet 交互，提交订单添加请求。
（12）OrderService 类通过 DBConnection 类建立和数据库的连接。
（13）OrderServlet 调用 OrderService 类的 addOrder()进行添加。
（14）OrderService 类调用 OrderDAO 类的 addOrder()完成添加。
（15）OrderDAO 类通过 OrderVO 类获得 Order 类的数据封装。
（16）OrderDAO 类将 Interger 值（代表添加成功与否）返回给 OrderService 类。
（17）OrderService 类将 Interger 值（代表添加成功与否）返回给 OrderServlet 类。
（18）OrderServlet 调用 dispatch()函数，将 response 返回给 JSP 页面。
（19）JSP 页面通过 post 方式和控制器 Servlet 交互，提交订单删除请求。
（20）OrderService 类通过 DBConnection 类建立和数据库的连接。
（21）OrderServlet 调用 OrderService 类的 delOrder()进行删除。
（22）OrderService 类调用 OrderDAO 类的 delOrder()完成删除。
（23）OrderDAO 类通过 OrderVO 类获得 Order 类的数据封装。
（24）OrderDAO 类将 Interger 值（代表删除成功与否）返回给 OrderService 类。
（25）OrderService 类将 Interger 值（代表删除成功与否）返回给 OrderServlet 类。
（26）OrderServlet 调用 dispatch()方法，将 response 返回给 JSP 页面。

附加说明：本时序图中并没有画出详细类图中的 updateOrder()、querystoreOrder()、queryconfirmOrder()这三个功能，因为它们的具体流程和上面描述的过程基本一致，updateOrder()功能的流程可以复用 addOrder()功能的基本流程，querystoreOrder()和 queryconfirmOrder()功能的流程都可以复用 queryOrder()功能的流程。

2. 交接单管理模块设计

配送点理货员在进行班次查询后对库存订单进行分配、生成交接单并进行班次绑定，并视库存情况向总公司提交加车申请，待货物抵达目的地，收货配送点可以通过交接单对本地货物进行卸货检查，同时通过班次查询进行装货工作，完成交接单审查后由配送员安排相应的配送工作并记录订单的完成情况。

交接单模块设计的类图和时序图分别参见图 3-35～图 3-39。

【关于异常订单处理模块设计、配送费管理模块设计、总公司车辆管理、配送点管理、配送线路管理、配送班次管理的内容，参见本书配套资源】

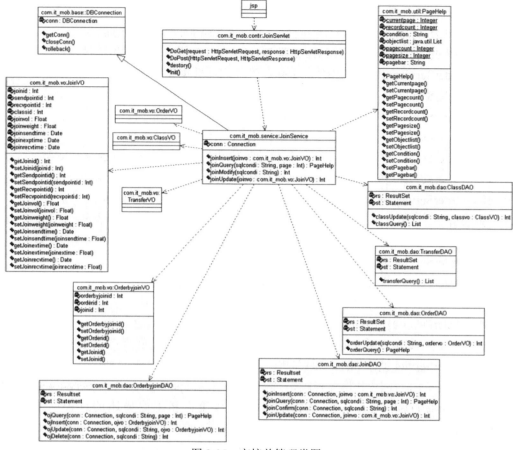

图 3-35　交接单管理类图

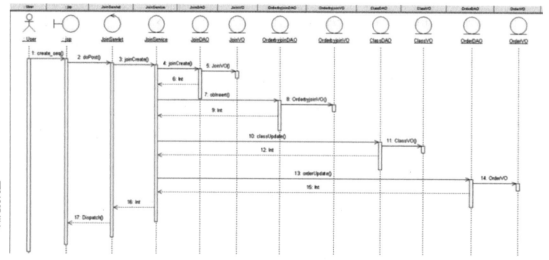

图 3-36　创建交接单

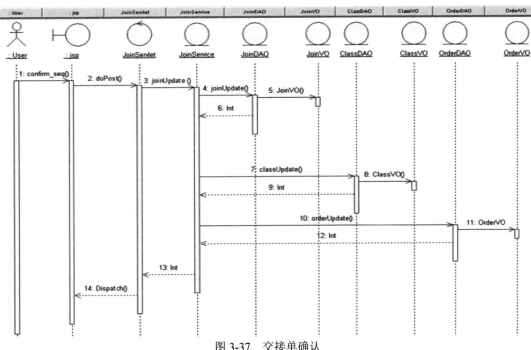

图 3-37 交接单确认

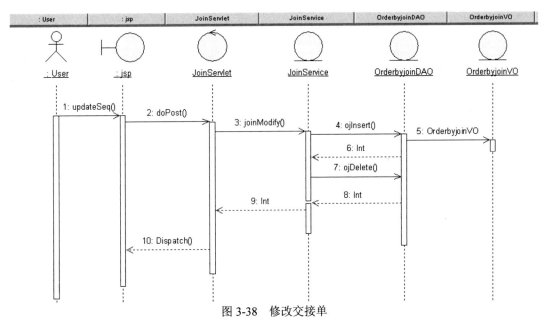

图 3-38 修改交接单

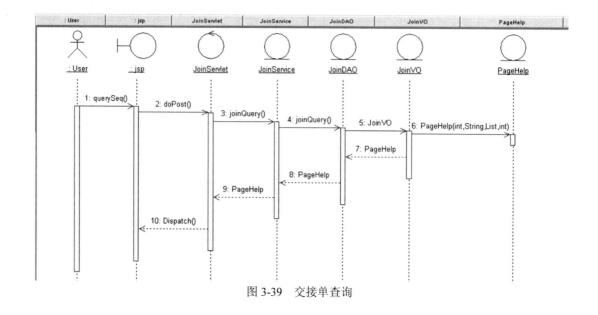

图 3-39　交接单查询

第 4 章 持久层物理表设计

持久层设计可以分为关系数据库和非关系数据库两种存储方式。

关系数据库就是指由行与列组成的二维表,一组表与表的关系组成数据库。数据写入表时需要检查表之间的约束,如主键约束、外键约束、候选键约束等,用户通过 SQL 查询来检索数据库中的数据。关系数据库具有如下特点。

(1) 存储方式:传统的关系数据库采用表格的存储方式,数据以行和列的方式进行存储,读取和查询都十分方便。

(2) 存储结构:关系数据库按照结构化的方法存储数据,每个数据表都必须先定义好各个字段(也就是先定义好表的结构),再根据表的结构存入数据,这样做的好处就是数据的形式和要求在存入数据之前就已经定义好了,所以整个数据表的可靠性和稳定性都非常高,但带来的问题是一旦存入数据后,若要修改数据表的结构就会十分困难。

(3) 存储规范:关系数据库为了避免重复、规范化数据以及充分利用好存储空间,把数据按照最小关系表的形式进行存储,这样数据管理就可以变得很清晰、一目了然。当然这主要针对一张数据表的情况,如果是多张表情况就不一样了。由于数据涉及多张数据表,数据表之间存在着复杂的关系,随着数据表数量的增加,数据管理会越来越复杂。

(4) 扩展方式:由于关系数据库将数据存储在数据表中,故数据操作的瓶颈出现在多张数据表的操作中,而且数据表越多这个问题越严重,如果要缓解这个问题,只能提高计算机处理能力,也就是选择速度更快、性能更高的计算机,这样的方法虽然存在一定的拓展空间,但这样的拓展空间非常有限。

(5) 查询方式:关系数据库采用结构化查询语言(SQL)来对数据库进行查询,SQL 早已获得了各个数据库厂商的支持,成为了关系数据库行业标准,它能够支持数据库的 CRUD(增加、查询、更新、删除)操作,具有非常强大的功能,SQL 可以采用类似索引的方法来加快查询操作。

(6) 规范化:在数据库的设计开发过程中,开发人员经常会遇到同时需要对一个或者多个数据实体(包括数组、列表和嵌套数据)进行操作的情况,这样在关系数据库中,一个数据实体一般首先要分割成多个部分,然后再对分割的部分进行规范化,规范化以后再分别存入多张关系数据表中,这是一个复杂的过程。好消息是随着软件技术的发展,相当多的软件开发平台都提供一些简单的解决方法。例如,可以利用 ORM 层(也就是对象关系映射)来将数据库中的对象模型映射到基于 SQL 的关系数据库中，以及进行不同类型系统的数据之间的转换。

（7）事务性：关系数据库强调 ACID 规则，即原子性（Atomicity）、一致性（Consistency）、隔离性（Isolation）、持久性（Durability），可以满足对事务性要求较高或者需要进行复杂数据查询的操作，而且可以充分满足数据库操作的高性能和操作稳定性的要求。关系数据库可以控制事务原子性细粒度，一旦操作有误，可以马上回滚事务。

（8）读写性能：关系数据库十分强调数据的一致性，并因此降低读写性能，付出了巨大的代价。虽然关系数据库存储数据和处理数据的可靠性很不错，但一旦面对海量数据的处理时，效率就会变得很差，特别是遇到高并发读写的时候，性能会下降得非常厉害。

非关系数据库又被称为 NoSQL 数据库，常见的有内存数据库 Redis、文档数据库 MongoDB、图形数据库 Neo4J、列存储数据库 HBase 等。

非关系数据库无须考虑操作的 ACID 特性，因此其数据写入的性能更高。非关系数据库一般不考虑强一致性，因此更容易进行集群部署，其存储的数据量远大于关系数据库。

4.1 持久层设计原则

关系数据库设计需要遵守三范式原则，严格的三范式原则虽然节省了数据库的存储空间，提高了数据维护效率，但是在进行复杂数据的查询时，速度会很慢。因此，为了提高查询速度，通常采用冗余数据的方式来提高性能，这被称为反范式。

NoSQL 数据库的设计需要遵守 BASE 原则和 CAP 原则。

4.1.1 三范式原则

范式指关系数据库的设计范式，是符合某一种级别的关系模式的集合。目前关系数据库有六种范式：第一范式（1NF）、第二范式（2NF）、第三范式（3NF）、第四范式（4NF）、第五范式（5NF）和 Boyce-Codd 范式（BCNF）。

满足最低要求的范式是第一范式（1NF）。在第一范式的基础上进一步满足更多要求的称为第二范式（2NF），其余范式以此类推。一般说来，数据库只需满足第三范式（3NF）就够了（3NF 需要依赖 2NF）。

1. 第一范式（1NF）

在任何关系数据库中，第一范式（1NF）都是对关系模式的基本要求，不满足第一范式（1NF）的数据库就不是关系数据库。

所谓第一范式（1NF）是指数据库表的每一列都是不可分割的基本数据项，同一列中不能有多个值。

例如，学生信息有很多属性：学生编号、姓名、年龄、身高、体重、家庭地址、联系电话等，每个属性都可以作为一个学生表中的列，但是如果把两个属性合成一个列进行存储，就会违反 1NF 的约束。

如图 4-1 所示，身高与体重应该设计为两个列，如果身高与体重合在同一列中，使用 SQL 分别检索身高>170cm 和体重>60kg 的学生时将无法操作。

2. 第二范式（2NF）

第二范式（2NF）是在第一范式（1NF）的基础上建立起来的，即满足第二范式（2NF）必须先满足第一范式（1NF）。

第二范式（2NF）的含义是：数据库表中不存在非关键字段对任一候选关键字段的部分函数依赖，也即所有非关键字段都完全依赖于任一组候选关键字。

因为在关系数据库中，不管是主键还是候选键，都可以唯一识别一行记录。不属于主键和候选键的列就是“非关键字段”。这些“非关键字段”必须唯一依赖主键和候选键。

如图 4-2 所示，学生编号是可以唯一识别一个学生的关键字段，因此需要把学生编号设置为主键（学生姓名容易重名，不能设置为主键）。学生表有了主键设置后，所有的其他非关键字段必须要依赖于学生编号，这样就满足了第二范式（2NF）的要求。

如图 4-3 所示，若在学生表中增加一列“讲师姓名”，就会产生歧义。因为一个学生的讲师会有多人，讲师信息不能成为学生的属性，所以增加了“讲师姓名”这一列后，学生表就不再满足 2NF 的要求。如果把“讲师姓名”修改为“班主任姓名”，这样的设计就满足 2NF 了，因为学生只能有一个班主任。

	Name
1	学生编号
2	姓名
3	年龄
4	身高体重
5	家庭地址
6	联系电话

图 4-1　不满足 1NF 的学生表

	Name
→	学生编号
2	姓名
3	年龄
4	身高
5	体重
6	家庭地址
7	联系电话

图 4-2　满足 2NF 的学生表

	Name
1	学生编号
2	姓名
3	年龄
4	身高
5	体重
6	家庭地址
7	联系电话
→	讲师姓名

图 4-3　不满足 2NF 的学生表

3. 第三范式（3NF）

满足第三范式（3NF）必须先满足第二范式（2NF）。

第三范式（3NF）的含义是：数据库表中不能存在非关键字段对任一候选关键字段的传递函数依赖。

所谓传递函数依赖指的是如果存在“C 依赖 B，B 依赖 A”的决定关系，则 C 传递函数依赖于 A。也就是说表中的所有字段和主键必须直接对应，不能依赖其他中间字段。

如图 4-4 所示，“学院”字段指学生所属的学院，它是直接依赖于主键“学号”的，但

学号	姓名	年龄	学院	学院地点	学院电话
1	张三	18	物电学院	11号楼	111111
2	李四	19	物电学院	11号楼	111111
3	王五	19	数信学院	10号楼	333333
4	赵六	19	数信学院	10号楼	333333
5	马七	18	生物学院	9号楼	555555

图 4-4　不满足 3NF 的学生表

是"学院地点"和"学院电话"则依赖于"学院"字段,不是直接依赖于主键"学号"。因此这个设计不满足 3NF 的要求,应该把"学院地点"和"学院电话"移出到"学院信息"表中,在学生表中只保留"学院"字段。

4.1.2 反范式原则

完全满足三范式(3NF)的关系数据库设计,不存在数据冗余,节省了数据的存储空间。但是三范式(3NF)设计,在多表联合查询时,会增加需要关联表的数量,当数据量很大时,多表联合查询会大大降低查询的响应速度。

为了提高数据查询的响应速度,可以采用增加冗余数据的方式。这种设计思想,破坏了三范式(3NF)的设计原则,给数据维护和数据存储都带来了影响。但是反范式的设计,在实际开发中也会带来很多好处,因此需要设计人员权衡利弊,进行合理的取舍。

反范式的常用设计模式有:增加冗余列、增加附加列、横向切割表、纵向切割表等。

1. 增加冗余列

通过增加冗余列,存储查询中最常用到的非关键字段信息,是反范式设计中最常见的设计模式。

在电子商务系统中,一个用户会有多个配送地址,但都会设置一个默认的配送地址,当然默认的配送地址可以修改。图 4-5 所示就是满足 3NF 的表设计。"用户表"与"配送地址表"是一对多的关系。为了标识哪个配送地址是默认的配送地址,需要在"配送地址表"中增加"是否为默认地址"列进行识别。

当需要提取用户默认配送地址信息时,需要使用下面的多表联合查询 SQL。

```
select * from tuser u,taddr a where u.uname=a.uname and a.isDefault=1 and u.uname='tom';
```

如图 4-6 所示,为了提高查询速度,减少表之间的关联。在"用户表"中增加了一列"默认配送地址"。这是典型的反范式设计,因为"默认配送地址"列是完全冗余的设计。增加冗余列后,再次提取用户的默认配送地址信息时,就简单得多了,参见如下 SQL 语句。

```
select * from tuser where uname='tom';
```

如图 4-6 所示的反范式设计,不仅查询 SQL 非常简单,而且查询速度也会大幅度提高。但是,当修改默认的配送地址时,需要同时修改"用户表"和"配送地址表"相关数据,给数据的维护增加了负担。

2. 增加附加列

上面讲到了冗余列的反范式设计,冗余列指在表中已经存在的列,又添加到了其他表中(如"默认配送地址"列)。

下面来学习附加列的反范式设计。如图 4-7 所示,在当当书城的表设计中,在"订单表"中有一列是"订单金额"。这一列的数值,等于"订单明细"中的同一订单下的所有明细的"成交价格"×"购买数量",因此"订单金额"完全可以通过计算来获得。但是查询订单信

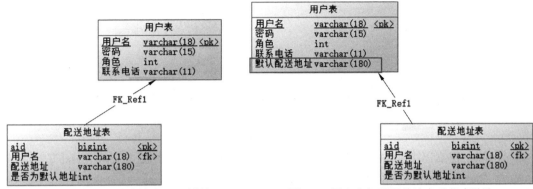

图 4-5　用户表与配送地址表 3NF 设计　　　　图 4-6　用户表与配送地址表反范式设计

息时，如果每次都要重复计算金额，会大大增加额外的运算负担。因此，使用反范式设计，在"订单表"中增加一列"订单金额"，提前把每张订单的总金额计算出来并存储，这样会大大提高订单信息的查询速度。

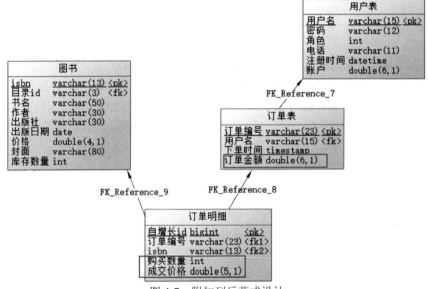

图 4-7　附加列反范式设计

由于"订单金额"列并不是冗余列存储，而是计算列数据，因此称其为附加列反范式模式。

3. 横向切割表

当一个表中的数据非常庞大时，如有几十亿条记录，SQL 查询的速度可能会变得非常慢。这时就可以考虑把一张大表的数据进行横向切割、分区存储。

示例 1：建立三个 Oracle 表空间，分别为 ts1、ts2、ts3，每个表空间对应不同的物理存储文件，按照数据的时间范围进行分区存储。

```
create table range_active(
```

```
            o_id number(7) not null,
            o_date date,
            t_amount number
    )
    partition by range (o_date)(
            partition o_a_p1 values less than (to_date('2008-06-01','yyyy-mm-dd'))
            tablespace ts1,
            partition o_a_p2 values less than(to_date('2009-06-01','yyyy-mm-dd'))
            tablespace ts2,
            partition o_a_p3 values less than (maxvalue) tablespace ts3);
    );
```

示例 2：建立三个 Oracle 表空间，分别为 ts1、ts2、ts3，每个表空间对应不同的物理存储文件，按照数据的地域范围进行分区存储。

```
create table sales_info(
        name varchar2(20),
        dept varchar2(20),
        location varchar2(50)
)
partition by list(location) (
    partition local_n values ('北京') tablespace ts1,
    partition local_s values ('广州') tablespace ts2,
    partition local_e values ('上海') tablespace ts3
);
```

横向切割表后，数据按照 partition 进行分区存储。由于 partition 对应表空间 tablespace，每个 tablespace 又对应不同物理存储文件*.dbf，因此这种存储模式在高并发的业务系统中，会大幅减少文件的 I/O 压力，减少 B 树索引的层级，从而提高 SQL 的查询性能。

使用阿里的 myCat 中间件，可以对 Oracle、MySQL、SQL-Server 等关系数据库的分库分表进行统一管理。

4. 纵向切割表

如果一个表中的数据量很大，列也很多，某些列常用（活性列），而另外一些列很少使用（惰性列），则可以采用纵向切割表的反范式模式进行设计。

纵向切割表时，一般把主键和活性列放在一个表中，然后把主键和惰性列放到另一个表中，两个表通过主键做一对一关联。

如图 4-8 所示，政府需要建立一个人才库，登记人员信息。由于人员数量庞大，人员信息的列又非常多，因此把"人员表"进行纵向切割就非常有必要。"人员表"与"人员信息扩展表"使用主键"身份证号"进行一对一关联。活性列一般会放在主表中，惰性列会放在扩展表中。

大表被垂直切割后，可以使得每行记录的数据量变小，因此一个数据块（Block）就能存放更多行的数据，在 SQL 查询时就会减少 I/O 次数（每次查询时读取的块变少），从而大幅提高 SQL 查询的性能。

4.1.3　BASE 与 ACID 原则

关系数据库的核心围绕事务操作展开，事务必须遵守 ACID 原则。

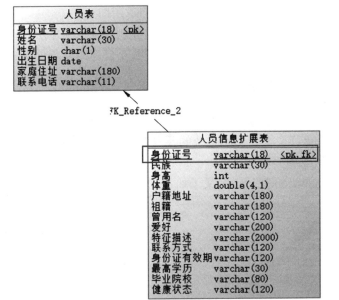

图 4-8 人员信息表设计

事务（Transaction）：从 Transaction 的字面理解，就是交易和业务处理的意思。客户端访问服务器的每次操作，都可以看成一次交易，如一次用户登录、用户退出、用户付款等。

事务的 ACID 特性如下。

- 原子性（Atomicity）：指事务操作必须全部成功或全部失败，不能存在部分成功或部分失败的情况。如当当书城的一次付款操作，会涉及用户的账户扣款、减少图书库存、生成订单、生成订单明细等多个操作步骤，这些操作应该全部成功或全部失败，不能出现扣款成功而订单没有生成的错误现象。
- 一致性（Consistency）：指的是事务涉及的业务逻辑完整性。如 A 和 B 账户都有余额 100 元，从 A 向 B 转款 50 元，不管出现什么情况（甚至是断网、断电、服务器崩盘等），A 和 B 账户的总额应始终为 200 元，如 A 为 50，B 为 150；A 为 100，B 也是 100。不允许出现总额不为 200 元的情况（如 A 为 50，B 为 100）。
- 隔离性（Isolation）：一个事务的执行，不能被其他事务干扰。在并发环境下，事务与事务之间理论上应该是完全隔离的。但是完全隔离的事务（如使用悲观锁策略），会严重影响系统的并发性能，因此在实践中会设置事务的隔离级别，牺牲部分安全性，用于换取更高的系统并发性能。
- 持久性（Durability）：持久性也称永久性（Permanence），指一个事务一旦提交，它对资源的修改就应该是永久性的。

在 NoSQL 环境下，无须进行事务操作，因此也不需要考虑 ACID 特性。BASE 是 NoSQL 环境的核心概念。BASE 是指：基本可用（Basic Availability）、软状态（Soft-state）和最终一致（Eventual consistency）。

- 基本可用：NoSQL 数据库在绝大多数时间可用即可。
- 软状态：数据存储不必写一致，所有数据复制片也无须在所有时间都保持一致。
- 最终一致：存储的数据复制片，在稍后的某个延迟时间点保持一致即可。

4.1.4 事务隔离级别

在理想的事务模型中，事务与事务之间应该是完全隔离的。使用悲观锁可以实现事务之间的完全隔离，但是这样会严重影响系统的并发性能。如何权衡系统的并发性能与交易安全性，需要根据具体的业务需求来决定。

在 JDBC 的 Connection 接口中定义了如下几个事务隔离级别（如图 4-9 所示）。

static int	TRANSACTION_READ_COMMITTED 一个常量表示防止脏读,可能会发生不可重复读和幻读。
static int	TRANSACTION_READ_UNCOMMITTED 一个常量表示可能会发生脏读、不可重复读和幻读。
static int	TRANSACTION_REPEATABLE_READ 一个常量表示防止了脏读和不可重复读,可以发生幻读。
static int	TRANSACTION_SERIALIZABLE 一个常量表示防止脏读、不可重复读和幻读。

图 4-9 事务隔离级别

这些隔离级别由高到低的顺序为：TRANSACTION_SERIALIZABLE>TRANSACTION_REPEATABLE_READ > TRANSACTION_READ_COMMITTED > TRANSACTION_READ_UNCOMMITTED。

理解事务的隔离级别，需要先理解更新丢失（lost update）、脏读、不可重复读、幻读几个并发时容易出现的问题。

（1）更新丢失：如图 4-10 所示（左图），A 和 B 为两个操作，如果没有事务控制，假设 A 和 B 共享一个相同的公司账户，账户余额为 100 元。A 读取账户的结果是 100 元，B 读取的结果也是 100 元；B 随后取款 50 元，A 存款 50 元；A 存款结束后，预期查询的结果是 150 元（100+50），但是 A 惊奇地看到，他存款后的账户余额仍然是 100 元（100-50+50）。因为 A 和 B 是并发操作，B 的取款行为 A 并不清楚，对于 A 来说就是更新丢失了（存入的 50 元

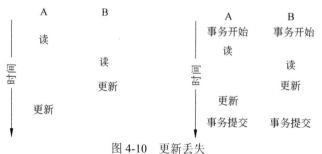

图 4-10 更新丢失

找不到了）。

如图 4-10 所示（右图），A 和 B 的操作增加了事务控制，A 和 B 读到的结果仍然都是 100 元，B 随后取款 50 元，A 存款 50 元。即使是隔离级别最低的 TRANSACTION_READ_UNCOMMITTED，也会对 update 操作增加排他锁，因此 A 的存款行为，只有等 B 事务提交之后才能存款成功，否则会一直阻塞等待。A 在存钱的阻塞等待过程中，明确知道了 B 事务的存在，因此不存在更新丢失现象。

（2）脏读：使用排他锁虽然解决了更新丢失问题，但是对于并发事务的读并没有任何控制，因此 A 事务可以读取到 B 事务没有提交的数据，这称为脏读。如图 4-10 所示，B 取款 50 元后，在没有提交事务时，A 进行了账户查询，这时 A 会发现原来账户为 100 元，现在为 50 元。A 事务读取到了 B 事务尚未提交的数据。

TRANSACTION_READ_COMMITTED 隔离级别解决了脏读问题。MySQL 解决脏读的办法是使用 MVCC（Multi-Version Concurrency Control）机制。MVCC 是"多版本并发控制"的简称，MySQL 会把每次的数据更新信息存储在 undo log 日志中。日志数据格式中增加了事务 ID 字段（如图 4-11 所示）。MySQL 中的所有 select 查询默认都是快照读（根据自己的事务 ID，读取日志中的历史数据）。select…for update 和 select…lock in share mode 被称为当前读，当前读会读取到被其他事务修改的当前数据。

name	age	DB_ROW_ID（隐式主键）	DB_TRX_ID（事务ID）	DB_ROLL_PTR（回滚指针）
Jerry	24	1	1	0x12446545

图 4-11 MVCC 数据存储

TRANSACTION_READ_COMMITTED 隔离级别虽然解决了脏读问题。但是仍然会出现不可重复读、幻读等并发问题。

（3）不可重复读：如图 4-12 所示，事务 A 读取公司账户为 100 元，在事务 A 未提交存款操作前再次读取公司账户，在事务 A 两次读取公司账户的间隙，事务 B 进行了存款或取款操作（不管是否提交），如果事务 A 的两次查询不受事务 B 的影响，就被称为可以重复读，否则就被称为不可重复读。

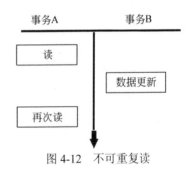

图 4-12 不可重复读

MySQL 的默认隔离级别是 TRANSACTION_REPEATABLE_READ，它通过 MVCC 机制解决了不可重复读问题。Oracle 的默认隔离级别是 TRANSACTION_READ_COMMITTED，它只能解决脏读问题。

（4）幻读：在同一个事务中，执行两次相同的查询，但是查询结果集不一样（在两次查询之间，其他事务做了插入或删除操作），这种现象被称为幻读。

不可重复读考虑的是已有数据的更新问题，对于新增或删除的记录产生的错误读现象被称为幻读。

TRANSACTION_SERIALIZABLE 的隔离级别最高，它解决了脏读、幻读、不可重复读等所有问题，但是这个隔离级别的性能最差。在开发实践中，很少使用 TRANSACTION_SERIALIZABLE 这个隔离级别。

TRANSACTION_SERIALIZABLE 解决幻读的策略不是简单的锁表策略，对于新增和删除的记录行，可以使用间隙锁解决，这样会比锁表的性能更高。

4.1.5 CAP 原则

关系数据库和 NoSQL 数据库的集群设计都需要遵守 CAP 原则。

CAP 原则指的是在一个分布式系统中的一致性（Consistency）、可用性（Availability）、分区容忍性（Partition Tolerance），这三个要素最多只能同时满足两项，不能三者兼得。

一致性（C）：在分布式系统中的所有节点数据应该保持一致。注意这里的一致性与关系数据库 ACID 中的一致性概念不同。此处的一致性是指：客户端向分布式集群发出读取数据的请求，任何节点的响应都应该返回相同的、最近的、成功写入的数据。一致性有很多模型，对于 CAP 中的一致性，指的是线性一致性和顺序一致性，这是一种要求严格的一致性形式。注意：主从结构的集群（Cluster）通常会牺牲强一致性以换取性能的提高，只有少数特别重要的业务数据，才会要求强一致性；弱一致性即可满足多数业务场景的需求。

可用性（A）：保证客户端向集群发送的每个请求（读或写），在合理的时间范围内，都应该可以收到服务器的响应。这里强调的是每一次请求，集群中的节点必须能够响应。为了保证高可用性，就必须确保当某个节点宕机后，马上有其他机器接替宕机节点的位置。

分区容忍性（P）：容忍分区节点之间的网络不可达，即当集群由于网络问题而导致某个节点的数据丢失或崩溃时，不应该影响整个集群的数据正常运转（可以通过多节点分区数据备份来恢复不可达的数据）。在分布式集群中，不同的节点应该处于不同的网段或机架中，P 是分布式系统的首选。

如图 4-13 所示，一个分布式集群系统只能选择 CA、CP、AP 中的一种。

图 4-13　CAP 原则

4.1.6 内存一致性

在 CAP 理论和 ACID 原则中都提到了一致性问题，但是它们的含义不同。按照传统冯·诺依曼体系结构的计算模型来看，读操作应当返回最近的写操作所写入的结果，但是这里"最近"的含义是比较模糊的，因此必须将概念严格化。常用的内存一致性模型如下。

- 线性一致性（Linearizability）：程序在执行的历史中，存在可线性化点 P 的执行模型，这意味着一个操作将在程序的调用和返回之间的某个点 P 起作用。这里"起作用"的意思是被系统中并发运行的所有其他线程所感知。线性一致性最重要的性质就是其局部性（Local Property）与可组合性（Compositional），即多个线性一致的单对象历史的组合也是线性一致的。线性一致性的非阻塞性指 P 对完整功能（Total Function）的调用永远不会阻塞。
- 原子一致性（Atomic Consistency）：读操作未能立即读到此前最近一次写操作的结果，但多读几次还是获得了正确结果。所有对数据的修改操作都是原子的，不会产生竞态冲突。
- 顺序一致性（Sequential Consistency）：并发程序在多处理器上的任何一次执行结果都相同，就像所有处理器的操作按照某个顺序执行，各个微处理器的操作按照其程序指定的顺序进行。换句话说，所有的处理器以相同的顺序看到所有的修改。读操作未必能及时得到此前其他处理器对同一数据的写更新，但是各处理器读到的该数据的不同值的顺序是一致的。
- 缓存一致性（Cache Coherency）：又译为缓存连贯性，是指保留在高速缓存中的共享资源保持数据一致性的机制。在一个系统中，当许多不同的设备共享一个共同存储器资源时，若在高速缓存中的数据不一致，就会产生问题。这个问题在有多个 CPU 的多处理器系统中特别容易出现。缓存一致性可以分为三个层级：在进行每个写入运算时都立刻采取措施保证数据一致性；每个独立的运算，假如它造成数据值的改变，所有进程都可以看到一致的改变结果；在每次运算之后，不同的进程可能会看到不同的值。
- 处理器一致性（Processor Consistency）或 PRAM 一致性（Pipeline RAM Consistency）：在一个处理器上完成的所有写操作，将会被以它实际发生的顺序通知给所有其他的处理器；但是在不同处理器上完成的写操作也许会被其他处理器以不同于实际执行的顺序所看到。这反映了网络中不同节点的延迟可能是不相同的。对于双处理器，处理器一致性与顺序一致性是等价的。

4.2 PowerDesigner 与物理模型

关系数据库设计工具推荐使用 Sybase 公司的 PowerDesigner，PowerDesigner 最初由 Xiao-Yun Wang（王晓昀）在 SDP Technologies 公司开发完成。PowerDesigner 是 Sybase 的企

业建模和设计解决方案，采用模型驱动方法，将业务与 IT 结合起来，可帮助部署有效的企业体系架构，并为研发生命周期管理提供强大的分析与设计技术。PowerDesigner 独具匠心地将多种标准数据建模技术（UML、业务流程建模以及市场领先的数据建模）集成一体，并与 .NET、WorkSpace、PowerBuilder、Java、Eclipse 等主流开发平台集成起来，从而为传统的软件开发周期管理提供业务分析和规范的数据库设计解决方案。此外，它支持 60 多种关系数据库管理系统（RDBMS）版本。PowerDesigner 运行在 Microsoft Windows 平台上，并提供了 Eclipse 插件。

4.2.1　PowerDesigner 功能介绍

2010 年，Sybase 被国际企业应用巨头 SAP 收购，目前产品被正式更名为 SAP Sybase PowerDesigner。SAP Sybase PowerDesigner 在国际著名大公司的推动下，功能越来越强大，现已成为全球众多企业的标准建模工具。

如图 4-14 所示，PowerDesigner 提供了多种模型，分别为业务处理模型（Business Process Model）、面向对象模型（Object Oriented Model，OO 模型）、XML 模型（XML Model）、物理数据模型（Physical Data Model）、数据移动模型（Data Movement Model）、逻辑数据模型（Logical Data Model）、概念数据模型（Conceptual Data Model）、需求模型（Requirement Model）、企业架构模型（Enterprise Architecture Model）等。

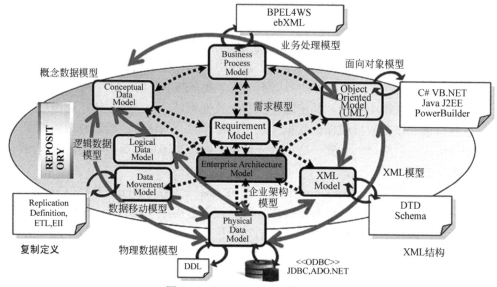

图 4-14　PowerDesigner 模型架构

在 PowerDesigner 模型架构中，以"业务处理模型"→"需求模型"→"企业架构模型"→"物理数据模型"为主线依次展开。"概念数据模型"在需求阶段产生，它为"业务处理模型"和"需求模型"提供辅助；"OO 模型"在逻辑设计阶段产生，是模块设计的重要输出物；"物理数据模型"是持久层设计的重要产物，在本章将会重点讲解。

4.2.2 PowerDesigner 概念数据建模

基于信息工程（IE）、Barker 或 IDEF1X 符号的概念数据模型不仅提供了数据库初期建模，还独立呈现了数据概念与核心业务之间的关系。基于业务所需的抽象水平，从普通的业务视图到信息架构方法，以概念数据模型为基础，可以反复衍生出一个或多个逻辑数据模型、物理数据模型。参见本书 1.4 节"软件需求概念模型建模"，概念数据模型是需求阶段的产物。

图 4-15 所示为 Sybase 官方提供的概念数据模型示意图。模型转换时，实体可以转换为逻辑数据模型中的类（Class），也可以转换为物理数据模型中的表（Table）。实体属性可以转换为逻辑数据模型中的类属性，也可以转换为表中的字段。实体之间存在一对一、一对多、多对多等关系，转换为逻辑数据模型后，通过类与类的组合、聚合关系，表达实体关系；逻辑数据模型转换为物理数据模型后，表之间也存在一对一、一对多等关系，但是多对多的关系在物理数据模型中建议使用两个多对一的关系替代。

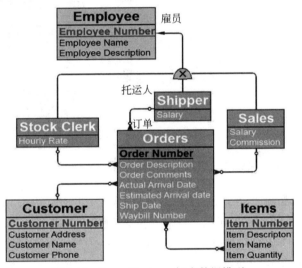

图 4-15 PowerDesigner 概念数据模型

如图 4-15 所示，Customer（顾客）与 Orders（订单）为一对多关系，即一个顾客有多个订单；Orders 与 Items（订单项）为多对多关系；Stock Clerk（仓库管理员）与 Orders 是一对多关系；Sales（销售员）与订单也是一对多关系。

4.2.3 PowerDesigner 逻辑数据建模

在逻辑设计阶段，OO 建模是对开发影响最为关键的环节。OO 数据模型中主要体现类（Class）、接口（Interface）、类属性、类之间的关系（继承、组合、聚合）、接口实现（类实现接口）、接口继承等内容。

Sybase PowerDesigner 逻辑数据模型可以独立开发或从概念数据模型转换为逻辑数据模

型；逻辑数据模型也可以转换成一个或多个物理数据模型。

如图 4-16 所示，Employee、Customer、Orders、Items、Order Items 都是类（Class）。PowerDesigner 的逻辑数据模型与 3.1 节的 Rational Rose 逻辑视图相比，还是 Rational Rose 的逻辑视图表现力更强，所以逻辑建模推荐使用 Rational Rose 的逻辑视图。

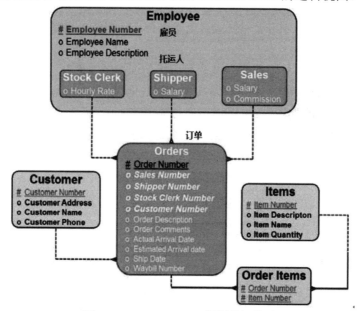

图 4-16　PowerDesigner 逻辑数据模型

4.2.4　PowerDesigner 物理数据建模

Sybase PowerDesigner 物理数据模型是持久层表设计应用最流行的建模方式。在物理数据模型中，主要体现的是表、表字段、表之间的关系。

如图 4-17 所示，ITEMS 表与 ORDER_ITEMS 表为一对多关系；EMPLOYEE 表与 ORDERS 表为一对多关系；ORDERS 表有 4 个外键，3 个指向父表 EMPLOYEE，1 个指向父表 CUSTOMER。

如图 4-18 所示，启动 PowerDesigner，选择菜单 File→New，打开"新建物理数据模型"对话框。在 Model type 中选择 Physical Data Model，输入模型名称（Model Name），选择要建模的关系数据库（DBMS），在图 4-18 中选择了 MySQL 5.0 数据库。

PowerDesigner 支持 MySQL、Oracle、SQL-Server、Sybase、DB2 等几十种关系数据库。不同的关系数据库的字段类型不同，生成的 DDL SQL 语句不同，因此必须在创建物理数据模型时选择合适的目标关系数据库。

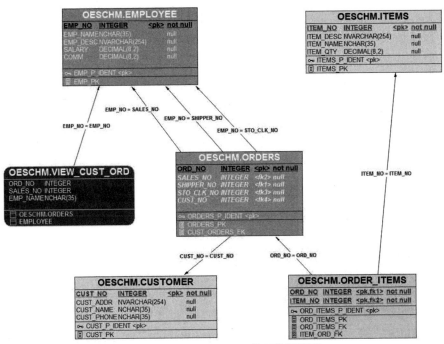

图 4-17　PowerDesigner 物理数据模型

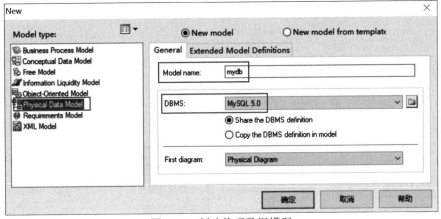

图 4-18　新建物理数据模型

4.3　案例：ERP 系统员工与用户表设计

4.3.1　项目功能需求

大公司员工数量庞大，少则几万人，多则几十万甚至上百万人，如中国石油、中国石化、中国工商银行、一汽大众等，这些大公司一般都会有完整的企业资源计划系统，简称 ERP（Enterprise Resource Planning）。在 ERP 中有专门的人力资源子系统，每个员工都有统一的编号，员工入职后，在公司的所有业务行为都会详细地记录在 ERP 系统中。

ERP 系统员工与用户是完全不同的两个概念，系统要求如下。

（1）员工用于业务操作，用户用于系统登录时的身份校验。

（2）每个员工有一个唯一的用户名。

（3）新增员工时，自动创建与员工对应的用户。用户名默认使用员工编号，用户密码默认使用身份证后六位。

（4）用户登录后，如果密码未变化，提示修改。

（5）用户名必须唯一，但是用户名可以修改。

（6）员工离职后，删除与之对应的用户，但是员工的业务数据不能受影响。

（7）员工离职后可以再次入职，单独给员工开通用户即可（员工数据已存在）。

（8）用户的权限随着职务和身份的变化，可以随时修改。

4.3.2 物理表设计

图 4-19 所示是 ERP 系统的员工与用户表的设计参考（项目实践中的员工属性信息很多，用户也有复杂的权限设置）。为了满足项目需求，员工表与用户表采用一对一关系，在用户表中员工编号既是主键（Primary Key）又是外键（Foreign Key），用户名使用候选键（Alter Key）约束用户名的唯一性。

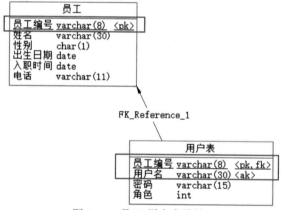

图 4-19 员工-用户表设计

员工-用户表的 SQL 代码参考如下（MySQL）。

```
create database staff;
use staff;
create table TStaff
(
    sno                 varchar(8) not null,
    name                varchar(30) not null,
    sex                 char(1),
    birthday            date,
    joinDate            date,
    tel                 varchar(11),
```

```
        primary key(sno)
);
insert into tstaff values('s001','张三','m','2000-10-1','2010-2-3','13345556677');
insert into tstaff values('s002','李四','f','2000-10-1','2010-2-3','13345556677');
create table TUser
(
        sno                 varchar(8) not null,
        uname               varchar(30) not null,
        pwd                 varchar(15),
        role                int,
        primary key(sno),
        unique key AK_Key_2(uname)
);
alter table TUser add constraint FK_Reference_1 foreign key(sno)
            references TStaff(sno) on delete restrict on update restrict;
insert into tuser values('s001','tom','123456',2);
insert into tuser values('s002','jack','123456',3);
commit;
```

4.4 案例：业务系统权限表设计

不同的业务系统，按照系统规模和复杂度，会采用不同的权限管理模式，本节推荐几个常用的权限设计供参考。

4.4.1 简单业务系统的权限表设计

对于简单的业务系统，只需要设置几个角色即可，如游客、注册用户、VIP 用户、管理员等，不同的角色对应不同的权限，表设计如图 4-20 所示。

用户登录系统后，提取用户信息（包含角色）放到 session 对象中。

```
User user = userBiz.login(uname, pwd);
request.getSession().setAttribute("user", user);
```

图 4-20 简单业务系统用户表设计

用户访问资源时，需要对每次的 HTTP 请求都进行身份权限校验，可以使用过滤器实现用户的权限校验。

```
/***注册用户权限校验*/
public class AuthFileterUser implements Filter{
        public void doFilter(ServletRequest req, ServletResponse res, FilterChain
                    chain) throws IOException, ServletException {
                HttpServletRequest request = (HttpServletRequest)req;
                User user = (User)request.getSession().getAttribute("user");
                if(user != null){
                        chain.doFilter(request, res);
                }else{
                        request.setAttribute("msg", "你无权访问当前页面，请登录");
                        request.getRequestDispatcher("/WEB-INF/views/main/
                                    login.jsp").forward(request, res);
                }
```

```java
        }
    }
/***管理员权限校验*/
public class AuthFilterAdmin implements Filter{
    public void doFilter(ServletRequest req, ServletResponse res,
            FilterChain chain) throws IOException, ServletException {
        HttpServletRequest request = (HttpServletRequest)req;
        User user = (User)request.getSession().getAttribute("user");
        if(user != null){
            if(user.getRole() == IRole.ADMIN){
                chain.doFilter(request, res);
            }else{
                request.setAttribute("msg","你的访问权限不足,请重新登录");
                request.getRequestDispatcher("/WEB-INF/views/main/
                            login.jsp").forward(request, res);
            }
        }else{
            request.setAttribute("msg", "你无权访问当前页面,请登录");
            request.getRequestDispatcher("/WEB-INF/views/main/
                        login.jsp").forward(request, res);
        }
    }
}
```

4.4.2 中型业务系统的权限表设计

对于一个中型业务系统,如果用户和角色数量很多,希望能够灵活定制用户的系统访问权限,可以参考如图 4-21 所示的表设计。

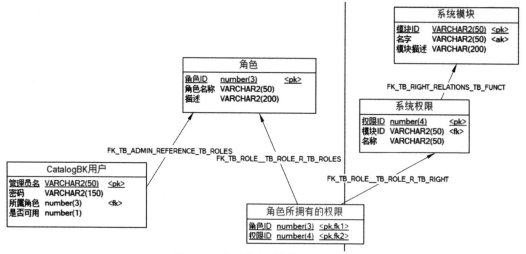

图 4-21 中型业务系统权限表设计

把业务系统的功能模块进行划分,数据写入"系统模块"表中;每个业务模块又可以设置多个权限点,这些可控制的权限点数据写入"系统权限"表中;角色是拥有多个权限点的系统用户身份,可以给业务系统自由定义多个角色(每个角色拥有的权限点不同);每个用户必须拥有一个角色,创建用户时需要选择角色信息;同一个角色下可以有多名用户。

表设计对应的 SQL 语句如下（Oracle 库）。

```sql
create table TB_Function_Model  (
       FunctionID           VARCHAR2(50)            not null,
       Name                 VARCHAR2(50),
       Describe             VARCHAR(200),
       constraint PK_TB_FUNCTION_MODEL primary key(FunctionID),
       constraint AK_KEY_2_TB_FUNCT unique(Name)
);
create table TB_Rights  (
       RightID              number(4)               not null,
       FunctionID           VARCHAR2(50),
       Name                 VARCHAR2(50),
       constraint PK_TB_RIGHTS primary key(RightID)
);
alter table TB_Rights
       add constraint FK_TB_RIGHT_RELATIONS_TB_FUNCT foreign key (FunctionID)
       references TB_Function_Model(FunctionID);
create table TB_Roles  (
       RoleID               number(3)               not null,
       Name                 VARCHAR2(50),
       Describe             VARCHAR2(200),
       constraint PK_TB_ROLES primary key(RoleID)
);
create table TB_Admin  (
       uname                VARCHAR2(50)            not null,
       pwd                  VARCHAR2(150),
       RoleID               number(3),
       enabled              number(1),
       constraint PK_TB_ADMIN primary key(uname)
);
alter table TB_Admin
       add constraint FK_TB_ADMIN_REFERENCE_TB_ROLES foreign key(RoleID)
       references TB_Roles(RoleID);
create table TB_Role_Rights  (
       RoleID               number(3)               not null,
       RightID              number(4)               not null,
       constraint PK_TB_ROLE_RIGHTS primary key(RoleID, RightID)
);
alter table TB_Role_Rights
       add constraint FK_TB_ROLE__TB_ROLE_R_TB_ROLES foreign key(RoleID)
       references TB_Roles(RoleID);
alter table TB_Role_Rights
       add constraint FK_TB_ROLE__TB_ROLE_R_TB_RIGHT foreign key(RightID)
       references TB_Rights(RightID);
```

如图 4-21 所示的权限表设计，可以灵活应用于很多业务系统，根据实际需要，在上述表设计的基础上，添加想要的权限控制数据即可。

下面是一个业务系统的权限控制实例，供参考。

```sql
--功能模块定义
    insert into TB_Function_Model(Name,FunctionID) values ('用户管理', 'SysUserManage');
    insert into TB_Function_Model(Name,FunctionID) values ('节目更新浏览', 'CatalogResUpdate');
    insert into TB_Function_Model(Name,FunctionID) values ('栏目设置', 'DisplayColumnSet');
```

```sql
    insert into TB_Function_Model(Name,FunctionID) values ('节目属性设置',
'SetMoviesAttrs');
    insert into TB_Function_Model(Name,FunctionID) values ('catalog 页面生成',
'CreateCatalogPages');
    insert into TB_Function_Model(Name,FunctionID) values ('页面预览',
'PagesPreview');
    insert into TB_Function_Model(Name,FunctionID) values ('页面编辑','PagesEdit');
    insert into TB_Function_Model(Name,FunctionID) values ('页面审核',
'PagesAudit');
    insert into TB_Function_Model(Name,FunctionID) values ('数据同步',
'DataSynchro');
--权限点定义
    insert into TB_Rights(RightID,Name,FunctionID) values (1,'添加用户',
'SysUserManage');
    insert into TB_Rights(RightID,Name,FunctionID) values (2,'用户列表',
'SysUserManage');
    insert into TB_Rights(RightID,Name,FunctionID) values (3,'删除用户',
'SysUserManage');
    insert into TB_Rights(RightID,Name,FunctionID) values (10,'catalog 数据更新',
'CatalogResUpdate');
    insert into TB_Rights(RightID,Name,FunctionID) values (11,'catalog 节目总览',
'CatalogResUpdate');
    insert into TB_Rights(RightID,Name,FunctionID) values (20,'栏目设置',
DisplayColumnSet');
    insert into TB_Rights(RightID,Name,FunctionID) values (21,'设置节目属性',
'SetMoviesAttrs');
    insert into TB_Rights(RightID,Name,FunctionID) values (30,'模板设置',
'CreateCatalogPages');
    insert into TB_Rights(RightID,Name,FunctionID) values (31,'页面生成',
'CreateCatalogPages');
    insert into TB_Rights(RightID,Name,FunctionID) values (40,'页面预览',
'PagesPreview');
    insert into TB_Rights(RightID,Name,FunctionID) values (50,'页面生成批次',
'PagesEdit');
    insert into TB_Rights(RightID,Name,FunctionID) values (51,'页面编辑',
'PagesEdit');
    insert into TB_Rights(RightID,Name,FunctionID) values (52,'提交审核申请',
'PagesEdit');
    insert into TB_Rights(RightID,Name,FunctionID) values (60,'页面审核',
'PagesAudit');
    insert into TB_Rights(RightID,Name,FunctionID) values (70,'数据同步',
'DataSynchro');
    insert into TB_Rights(RightID,Name,FunctionID) values (71,'查看页面更新信息',
'DataSynchro');
--系统角色定义
    insert into TB_Roles(RoleID,Name,Describe) values (1,'系统管理员','拥有最高权限');
    insert into TB_Roles(RoleID,Name,Describe) values (2,'IPG 数据员','节目数据源
更新');
    insert into TB_Roles(RoleID,Name,Describe) values (3,'IPG 编辑','修改部分页面
信息');
    insert into TB_Roles(RoleID,Name,Describe) values (4,'IPG 主编','审核并批准是
否可以上线');
    insert into TB_Roles(RoleID,Name,Describe) values (5,'IPG 部署员','部署页面到
```

前台');
    insert into TB_Roles(RoleID,Name,Describe) values (6,'超级业务员','所有的业务功能+用户浏览');
--角色所拥有的权限
    insert into TB_Role_Rights(RoleID,RightID) values(1,1);
    insert into TB_Role_Rights(RoleID,RightID) values(1,2);
    insert into TB_Role_Rights(RoleID,RightID) values(1,3);
    insert into TB_Role_Rights(RoleID,RightID) values(2,10);
    insert into TB_Role_Rights(RoleID,RightID) values(2,11);
    insert into TB_Role_Rights(RoleID,RightID) values(2,20);
    insert into TB_Role_Rights(RoleID,RightID) values(2,21);
    insert into TB_Role_Rights(RoleID,RightID) values(2,30);
    insert into TB_Role_Rights(RoleID,RightID) values(2,31);
    insert into TB_Role_Rights(RoleID,RightID) values(2,40);
    insert into TB_Role_Rights(RoleID,RightID) values(3,50);
    insert into TB_Role_Rights(RoleID,RightID) values(3,51);
    insert into TB_Role_Rights(RoleID,RightID) values(3,52);
    insert into TB_Role_Rights(RoleID,RightID) values(3,40);
    insert into TB_Role_Rights(RoleID,RightID) values(3,11);
    insert into TB_Role_Rights(RoleID,RightID) values(4,60);
    insert into TB_Role_Rights(RoleID,RightID) values(4,40);
    insert into TB_Role_Rights(RoleID,RightID) values(4,11);
    insert into TB_Role_Rights(RoleID,RightID) values(5,70);
    insert into TB_Role_Rights(RoleID,RightID) values(6,10);
    insert into TB_Role_Rights(RoleID,RightID) values(6,11);
    insert into TB_Role_Rights(RoleID,RightID) values(6,20);
    insert into TB_Role_Rights(RoleID,RightID) values(6,21);
    insert into TB_Role_Rights(RoleID,RightID) values(6,30);
    insert into TB_Role_Rights(RoleID,RightID) values(6,31);
    insert into TB_Role_Rights(RoleID,RightID) values(6,40);
    insert into TB_Role_Rights(RoleID,RightID) values(6,50);
    insert into TB_Role_Rights(RoleID,RightID) values(6,51);
    insert into TB_Role_Rights(RoleID,RightID) values(6,52);
    insert into TB_Role_Rights(RoleID,RightID) values(6,60);
    insert into TB_Role_Rights(RoleID,RightID) values(6,70);
    insert into TB_Role_Rights(RoleID,RightID) values(6,71);
    insert into TB_Role_Rights(RoleID,RightID) values(6,2);
--系统管理员(amdin,123456)
    insert into TB_ADMIN values('admin',
                '2251022057731868917119086224872421513662',1,1);
    --管理员可以增加其他用户，每个用户拥有唯一的角色
```

下面代码是权限校验方式。

```
/**
 * 用户登录成功后，提取该用户对应的所有权限点
 */
public class LoginUser {
    private String uname;
    private String pwd;
    private int roleID;
    private String roleName;
    private Map<Long,RightDTO> allRights;
}
LoginUser user = biz.login(uname, pwd);
request.getSession().setAttribute("user", user);
request.getSession().setAttribute("rights", user.getAllRights());
/**
```
```

```
* 用户登录的持久层方法实现
*/
public LoginUser login(String uname,String pwd) throws Exception{
    String strSql;
    LoginUser user;
    user = null;
    strSql="select a.uname,a.pwd,a.roleid,b.name roleName,b.describe " +
            " from tb_admin a,tb_roles b where a.roleid = b.roleid" +
            " AND uname ='" + uname + "' AND pwd='" + pwd + "'";
    this.openConnection();
    PreparedStatement ps = this.conn.prepareStatement(strSql);
    ResultSet rs = ps.executeQuery();
    if( rs != null ){
        while (rs.next()) {
            user = new LoginUser();
            user.setUname(uname);
            user.setPwd(pwd);
            user.setRoleID( rs.getInt("roleid"));
            user.setRoleName(rs.getString("roleName"));
        }
        rs.close();
        ps.close();
        if(user != null){
            strSql = " select b.name rightName, b.rightid, c.describe, c.name
                    modelName,c.functionid  rom tb_role_rights a,
                    tb_rights b,tb_function_model c where a.rightid =
                    b.rightid and b.functionid = c.functionid AND a.roleID
                    =" + user.getRoleID();
            ps = this.conn.prepareStatement(strSql);
            rs = ps.executeQuery();
            Map<Long,RightDTO> szRights = new HashMap<Long,RightDTO>();
            while (rs.next()) {
                RightDTO right = new RightDTO();
                right.setRightName(rs.getString("rightName"));
                int rightid = rs.getInt("rightid");
                right.setRightID(rightid);
                right.setModelName(rs.getString("modelName"));
                right.setModelID(rs.getString("functionid"));
                szRights.put(new Long(rightid), right);
            }
            rs.close();
            ps.close();
            user.setAllRights(szRights);          //给用户赋权限
        }
    }
    return user;
}
```

在视图层，使用 JSTL 判断用户的权限，不同的用户显示不同页面。

```
<ul>
    <c:if test="${user.allRights[50] != null}">
        <li><a href="#" target="myiframe" >页面生成批次</a></li>
    </c:if>
    <c:if test="${user.allRights[51] != null}">
        <li><a href="#" target="myiframe" >页面编辑</a></li>
    </c:if>
    <c:if test="${user.allRights[52] != null}">
```

```
            <li><a href="#" target="myiframe" >提交审核申请</a></li>
        </c:if>
        <c:if test="${user.allRights[60] != null}">
            <li><a href="#" target="myiframe" >页面审核</a></li>
        </c:if>
</ul>
```

4.4.3　Spring Security 权限设计

Spring Security 是一个功能强大、高度可定制的授权与访问控制的管理框架，它是基于 Spring 应用的安全管理框架。

Spring Security 具有如下特性。

（1）非常详细，可扩展，同时支持授权与权限校验。

（2）可以有效阻止 session fixation 攻击、clickjacking 挟持攻击、CSRF（Cross Site Request Forgery）欺骗攻击等。

（3）可以集成 Servlet API。

（4）可以与 Spring Web MVC 集成。

1. Hello 入门示例

使用 Spring Security 实现 Hello 案例权限管理的操作步骤如下。

（1）导入 Spring Security 相关包（如图 4-22 所示）。

图 4-22　导入 Spring Security 相关包

（2）配置 Web.xml。

```
<context-param>
    <param-name>contextConfigLocation</param-name>
    <param-value>classpath:spring-*.xml</param-value>
</context-param>
<listener>
    <listener-class>
        org.springframework.Web.context.ContextLoaderListener
    </listener-class>
</listener>
<filter>
    <filter-name>springSecurityFilterChain</filter-name>
    <filter-class>
        org.springframework.Web.filter.DelegatingFilterProxy
    </filter-class>
</filter>
<filter-mapping>
    <filter-name>springSecurityFilterChain</filter-name>
    <url-pattern>/*</url-pattern>
</filter-mapping>
```

（3）配置 spring-security.xml。

这里配置了两个用户，分别为 admin 和 tom，两个用户分别对应不同的角色。角色 ROLE_USER 对应注册用户的权限，所有注册用户访问的资源为 pattern="/main/**"；角色 ROLE_ADMIN 对应管理员权限，访问的资源为 pattern="/back/**"

```
<http auto-config='true'>
    <intercept-url pattern="/main/**" access="ROLE_USER" />
    <intercept-url pattern="/back/**" access="ROLE_ADMIN" />
</http>
<authentication-manager>
    <authentication-provider>
        <user-service>
            <user name="admin" password="123" authorities="ROLE_USER,ROLE_ADMIN" />
            <user name="tom" password="abc" authorities="ROLE_USER" />
        </user-service>
    </authentication-provider>
</authentication-manager>
```

（4）设置受权限控制的资源，如图 4-23 所示。

index.jsp 不受权限保护；main 目录下的资源可以被注册用户访问，back 目录下的资源可以被管理员访问。

（5）普通用户访问 main.jsp 页面。

用户访问 http://localhost:8080/HelloWorld/main/main.jsp 时，会弹出用户登录窗口（如图 4-24 所示），这个窗口是 Spring Security 内置的登录窗口。若输入的用户名、密码正确会转向 main.jsp 页面，否则显示如图 4-25 所示的页面。

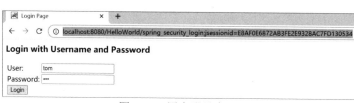

图 4-23　资源设置　　　　　　图 4-24　用户登录窗口

（6）管理员访问后台页面。

用户访问 http://localhost:8080/HelloWorld/back/bookadd.jsp，需要输入管理员的用户名与密码，参见 spring-security.xml 中的用户配置。

2. 用户与角色表设计

当用户数量较多时，把用户和角色信息放入数据库是 Spring Security 的最佳实践选择。图 4-26 所示为用户与用户角色的表设计，一个用户可以同时拥有多个角色。

图 4-22 表设计对应的 SQL 代码和初始化数据如下（MySQL）。

```
create database aa;
use aa;
create table TUser
(
```

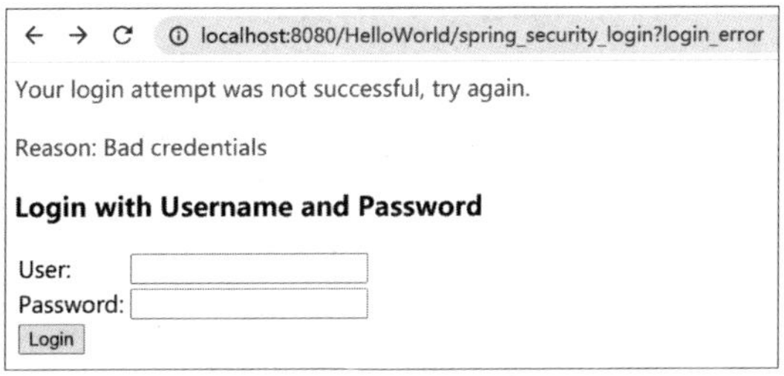

图 4-25　登录失败 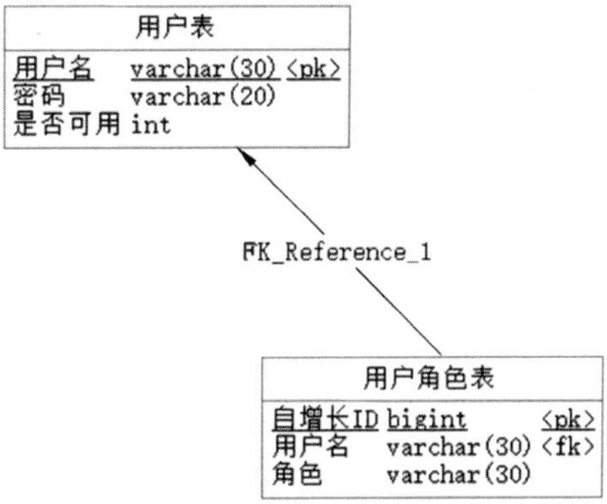　　　　　　　　图 4-26　用户与用户角色表设计

```
        uname                   varchar(30) not null,
        pwd                     varchar(20) not null,
        enabled                 int not null,
        primary key(uname)
);
insert into tuser values('admin','123456',1);
insert into tuser values('tom','123456',1);
insert into tuser values('jack','123456',1);
create table TUserRole
(
        aid                     bigint not null auto_increment,
        uname                   varchar(30) not null,
        role                    varchar(30) not null,
        primary key(aid)
);
alter table TUserRole add constraint FK_Reference_1 foreign key(uname)
        references TUser(uname) on delete restrict on update restrict;
insert into  TUserRole(uname,role) values('admin','ROLE_ADMIN');
insert into  TUserRole(uname,role) values('admin','ROLE_USER');
insert into  TUserRole(uname,role) values('tom','ROLE_ADMIN');
insert into  TUserRole(uname,role) values('jack','ROLE_VIP');
```

Spring Security 连接数据库，管理系统权限的操作步骤如下。

（1）导入相关包（如图 4-22 所示）。

（2）配置 Web.xml 文件（参见 4.4.3 中的配置）。

（3）在 src 下新建 spring-beans.xml，配置数据源。

```
<bean id="dataSource"
        class="org.springframework.jdbc.datasource.DriverManagerDataSource">
        <property name="driverClassName" value="com.mysql.cj.jdbc.Driver"/>
        <property name="url"
            value="jdbc:mysql://localhost:3306/aa?useSSL=false&amp;
                serverTimezone=Asia/Shanghai&amp;allowPublicKeyRetrieval=true"/>
        <property name="username" value="root"/>
        <property name="password" value="123456"/>
</bean>
```

（4）在 src 下新建 spring-security.xml 文件，配置用户权限。

在这个配置中，按照用户角色划分为普通用户（ROLE_USER）、管理员（ROLE_ADMIN）、VIP 用户（ROLE_VIP），分别定义了对应的 url-pattern 为 pattern="/main/**"、pattern="/back/**"

和 pattern="/VIP/**"；同时配置了自定义的用户登录页，替换系统内置的登录页。

```xml
<http auto-config='true' use-expressions="true" access-denied-page= "/error/
               DenyAccess.jsp">
    <intercept-url pattern="/main/**"
          access="hasRole('ROLE_USER') or hasRole('ROLE_VIP')" />
    <intercept-url pattern="/back/**" access="hasRole('ROLE_ADMIN')" />
    <intercept-url pattern="/VIP/**" access="hasRole('ROLE_VIP')" />
    <form-login login-page="/login.jsp" default-target-url="/main/main.jsp"
            authentication-failure-url="/login.jsp?error=1" />
</http>
<authentication-manager>
    <authentication-provider>
        <jdbc-user-service data-source-ref="dataSource"
            users-by-username-query="select uname username, pwd password,
                    enabled from tuser where uname=?"
            authorities-by-username-query="select uname username,role from
                            tuserrole where uname=? "/>
    </authentication-provider>
</authentication-manager>
```

（5）定义系统的资源目录结构与权限对应，如图 4-27 所示。

back 目录下的资源只允许管理员访问，main 目录下的资源允许注册用户与 VIP 用户访问，VIP 目录只允许 VIP 用户访问，login.jsp 和 index.jsp 允许所有用户访问（无须校验权限）。

（6）自定义登录页面如图 4-28 所示。

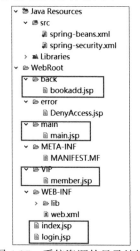

图 4-27　系统资源的目录结构

图 4-28　自定义登录页面

自定义登录页面的代码如下。

```html
<form action="<%=basePath%>j_spring_security_check" method="post">
    <table>
        <tr>
            <td>用户名</td>
            <td><input type="text" name="j_username" /></td>
        </tr>
        <tr>
```

```
            <td>密码</td>
            <td><input type="password" name='j_password' /></td>
        </tr>
        <tr>
            <td colspan="2" align="center">
                <input type="submit" value="提交"></td>
        </tr>
        <c:if test="${param.error != null}">
            <tr>
                <td colspan="2" align="center">
                    <span style="color: red; font-size: 12">
                        登录失败,请重新登录 </span></td>
            </tr>
        </c:if>
    </table>
</form>
```

【本节完整代码参见本书配套资源】

4.4.4 大型业务系统的权限设计

对于大型业务系统,首先要明确部门—员工—用户之间的关系,如图 4-29 所示,员工属于部门,部门通过部门编号的自关联实现递归设计,实现部门的树状结构;员工与用户之间是一对一的关系;员工所属部门可以灵活修改,即允许员工调换部门。

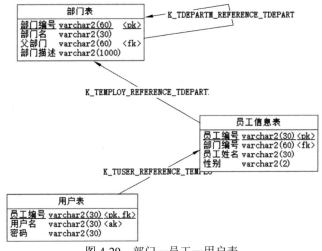

图 4-29　部门—员工—用户表

大型系统的功能模块会有很多,为了实现层级管理,按照模块编号自关联的方式实现树状结构管理。每个业务模块下包含多个权限控制点(如图 4-30 所示)。

角色是多个权限点的集合,同一个权限可以赋值给多个角色,因此角色表与权限表是多对多关系,如图 4-31 所示。

在 4.4.2 节的中型业务系统中,为了实现给用户赋权,采用给用户直接赋角色的方式实现。在本节的大型业务系统中,用户赋权采用同时给用户赋角色和赋权限方式实现,即一个用户可以同时拥有多个角色 + 多个权限点。

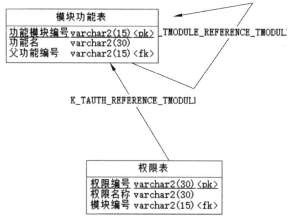

图 4-30 业务模块与权限关系表

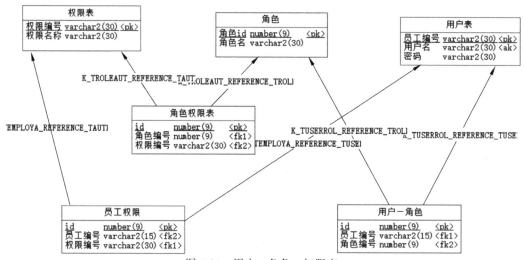

图 4-31 用户—角色—权限表

结合图 4-29～图 4-31 组成一套完整的用户赋权体系，它可以独立于业务系统存在。不同的业务系统，只需要灵活定制相应的业务权限数据即可。

图 4-29～图 4-31 的表结构的 SQL 语句如下（Oracle）。

```
create table TModule (
   mid                varchar2(15)        not null,
   mname              varchar2(30),
   parentModuleno     varchar2(15),
   constraint PK_TMODULE primary key(mid)
);
alter table TModule
   add constraint FK_TMODULE_REFERENCE_TMODULE foreign key(parentModuleno)
      references TModule(mid);
create table TAuth (
   aid                varchar2(30)        not null,
   authName           varchar2(30),
   moduleid           varchar2(15),
```

```sql
   constraint PK_TAUTH primary key(aid)
);
create table TRole (
   id                 number(9)              not null,
   name               varchar2(30),
   constraint PK_TROLE primary key(id)
);
create table TRoleAuth (
   id                 number(9)              not null,
   rno                number(9)              not null,
   ano                varchar2(30),
   constraint PK_TROLEAUTH primary key(id)
);
alter table TRoleAuth
   add constraint FK_TROLEAUT_REFERENCE_TAUTH foreign key(ano)
      references TAuth(aid);
alter table TRoleAuth
   add constraint FK_TROLEAUT_REFERENCE_TROLE foreign key(rno)
      references TRole(id);
create table TDepartment (
   deptno             varchar2(60)           not null,
   deptname           varchar2(30),
   parentDept         varchar2(60),
   deptdesc           varchar2(1000),
   constraint PK_TDEPARTMENT primary key(deptno)
);
alter table TDepartment
   add constraint FK_TDEPARTM_REFERENCE_TDEPARTM foreign key (parentDept)
      references TDepartment(deptno);
create table TEmploy (
   eno                varchar2(30)           not null,
   deptno             varchar2(20),
   ename              varchar2(30),
   sex                varchar2(2),
   constraint PK_TEMPLOY primary key(eno)
);
alter table TEmploy
   add constraint FK_TEMPLOY_REFERENCE_TDEPARTM foreign key(deptno)
      references TDepartment(deptno);
create table TUser (
   eno                varchar2(15)           not null,
   uname              varchar2(30),
   pwd                varchar2(30),
   constraint PK_TUSER primary key(eno),
   constraint AK_KEY_2_TUSER unique(uname)
);
alter table TUser
   add constraint FK_TUSER_REFERENCE_TEMPLOY foreign key(eno)
      references TEmploy(eno);
create table TEmployAuth (
   id                 number(9)              not null,
   eno                varchar2(15),
   authno             varchar2(30),
   constraint PK_TEMPLOYAUTH primary key(id)
);
alter table TEmployAuth
   add constraint FK_TEMPLOYA_REFERENCE_TAUTH foreign key(authno)
      references TAuth(aid);
```

```
alter table TEmployAuth
   add constraint FK_TEMPLOYA_REFERENCE_TUSER foreign key(eno)
      references TUser(eno);
create table TUserRole  (
   id                   number(9)                    not null,
   eno                  varchar2(15)                 not null,
   rid                  number(9),
   constraint PK_TUSERROLE primary key(id)
);
alter table TUserRole
   add constraint FK_TUSERROL_REFERENCE_TUSER foreign key(eno)
      references TUser(eno);
alter table TUserRole
   add constraint FK_TUSERROL_REFERENCE_TROLE foreign key(rid)
      references TRole(id);
```

4.5 案例：学校设备管理系统表设计

4.5.1 项目功能需求

每个学校都有设备处，学校每年都需要购买、更新一批设备。学校的常用设备有桌子、椅子、计算机、投影仪等。每个学校都有很多班级，学校购买的设备会分配到各个班级教室中。每种设备都有购买价格，每种设备都有折旧率（如设置计算机每年折旧 10%）。

需求 1：可以按班级进行统计，指定班级的设备数量。

需求 2：按班级统计，在当前时间指定班级的设备价格总和（考虑折旧）。

需求 3：统计学校每年设备的采购信息。

4.5.2 物理表设计

学校设备管理系统按照小型业务系统设计，表结构如图 4-32 所示（未考虑设备购买和

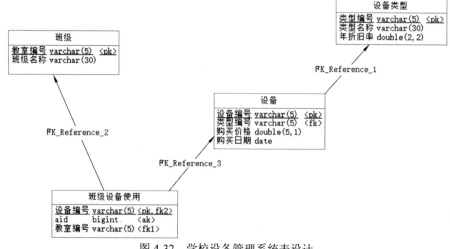

图 4-32　学校设备管理系统表设计

使用时的申请、审批流程管理)。其中设备类型表与设备表是一对多关系,年折旧率为设备类型的属性。每台设备按照编号进行管理(适合大件设备的管理模式),设备的关键属性是购买价格和购买日期,用于成本统计和折旧计算。

设备与班级的关系比较特别,一个班级中可以有很多设备,但是同一件设备只能用于一个班级教室(以后可以移出班级,用于其他班级)。因此,在班级设备使用中,设备编号既是主键,又是设备的外键,这种设计确保了在班级设备使用中,同一件设备只能出现一次;同时班级设备使用中的教室编号作为班级的外键,体现了一个班级中有很多设备的特点;在班级设备使用中使用自增长的 aid 作为主键,这样主键索引查询的速度会比较快。

图 4-32 的表结构的 SQL 代码如下。

```sql
create table TDeviceType
(
    tno             varchar(5) not null,
    tname           varchar(30) not null,
    discount        double(2,2),
    primary key(tno)
);
create table TDevice
(
    dno             varchar(5) not null,
    tno             varchar(5),
    price           double(5,1) not null,
    buydate         date not null,
    primary key(dno)
);
alter table TDevice add constraint FK_Reference_1 foreign key(tno)
    references TDeviceType(tno) on delete restrict on update restrict;
create table TClass
(
    cno             varchar(5) not null,
    cname           varchar(30) not null,
    primary key(cno)
);
create table TClassDevice
(
    dno             varchar(5) not null,
    aid             bigint not null auto_increment,
    cno             varchar(5),
    primary key(dno),
    key AK_Key_2(aid)
);
alter table TClassDevice add constraint FK_Reference_2 foreign key(cno)
    references TClass (cno) on delete restrict on update restrict;
alter table TClassDevice add constraint FK_Reference_3 foreign key(dno)
    references TDevice (dno) on delete restrict on update restrict;
```

4.5.3 项目核心代码参考

计算指定班级当前所有设备价格的核心代码如下。

(1) 持久层提取指定班级下的所有设备信息。

```
public List<DeviceDTO> getClassDevice(String cno) throws Exception {
```

```java
        List<DeviceDTO> list;
        String sql = "select *from tclassdevice cd,tclass c,tdevice d,TDeviceType t"
            + "where cd.cno=c.cno and d.dno=cd.dno and d.tno=t.tno and  c.cno=?";
        this.openConnection();
        PreparedStatement ps = this.conn.prepareStatement(sql);
        ps.setString(1,cno);
        ResultSet rs = ps.executeQuery();
        list = new ArrayList<DeviceDTO>();
        while(rs.next()) {
            DeviceDTO d = new DeviceDTO();
            d.setAid(rs.getInt("aid"));
            d.setBuydate(rs.getDate("buydate"));
            d.setCname(rs.getString("cname"));
            d.setCno(rs.getString("cno"));
            d.setDno(rs.getString("dno"));
            d.setPrice(rs.getDouble("price"));
            d.setTno(rs.getString("tno"));
            d.setTname(rs.getString("tname"));
            d.setDiscount(rs.getDouble("discount"));
            list.add(d);
        }
        rs.close();
        ps.close();
        return list;
}
```

（2）DeviceDTO 用于跨层传递数据。

```java
public class DeviceDTO {
    private String dno;
    private String  tno;
    private double  price;
    private Date   buydate;
    private String cno;
    private String cname;
    private int aid;
    private String tname;
    private double discount;
}
```

（3）UI 层按照折旧，计算每个设备的当前价格。

```java
private static double getDeviceNowPrice(DeviceDTO d) {
    long span = System.currentTimeMillis() - d.getBuydate().getTime();
    long days = 1 + span/(3600*1000*24);
    System.out.println(d.getDno() + "已使用天数：" + days);
    double nowPrice = d.getPrice() * (1- d.getDiscount()/365*days);
    System.out.println(d.getDno() + "原价:" + d.getPrice() + ",现价" + nowPrice);
    return nowPrice;
}
```

（4）统计班级所有设备的当前价格总和。

```java
public static void main(String[] args) {
    DeviceBiz biz = new DeviceBiz();
        try {
            List<DeviceDTO> list = biz.getClassDevice("c03");
            SimpleDateFormat sd = new SimpleDateFormat("yyyy-MM-dd");
            double allMoney = 0;
            for(DeviceDTO d : list) {
```

```
                System.out.println(d.getAid() + "," + d.getCname() + ","
                    + d.getDno() + "," + d.getPrice() +"," + d.getTname());
                System.out.println( "购买日期: " + sd.format(d.getBuydate())
                    + ",折旧率: " + d.getDiscount());
                double nowPrice = getDeviceNowPrice(d);
                allMoney += nowPrice;
            }
            System.out.println("当前班级中所有设备的价格总和: " + allMoney);
        } catch (Exception e) {
            e.printStackTrace();
        }
    }
}
```

4.6 案例：企业会议室预订系统表设计

4.6.1 项目功能需求

大型企业的办公资源非常紧张，如何高效地利用会议室资源非常重要，尤其是在北上广深等超一线城市，大公司的会议室资源更加紧张。如何能够让员工方便地预订会议室，便捷直观地查询会议室的预订情况，充分利用会议室资源，是本项目需要解决的核心问题。

本项目结合实际需求，只提供当日和次日的会议室预订。而且会议室的预订时间范围是早 8:00 到晚 18:00，其他时间段会议室资源并不紧张，无须预订。图 4-33 所示是企业会议室预订系统的主页，公司有哪些会议室、每间会议室的哪个时间段已经被预订，会用甘特图的样式形象展示，便于预订人员快速找到空闲的会议室。有颜色填充的部分是已经被预订的会议室情况，白色部分的时间段为可预定时间段。

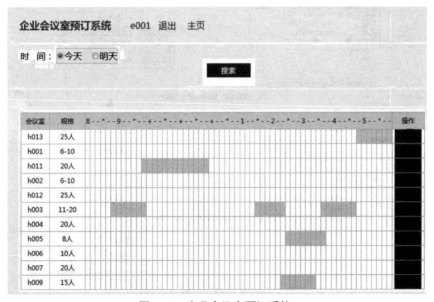

图 4-33 企业会议室预订系统

4.6.2 物理表设计

图 4-34 与图 4-35 为企业会议室预订系统的表设计，在图 4-34 中体现了部门、员工和用户之间的关系，在图 4-35 中体现了员工预订会议室的过程。

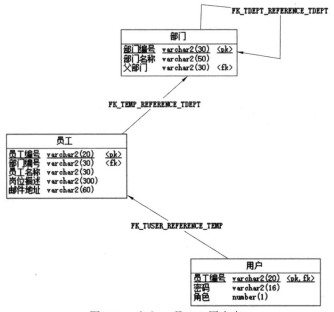

图 4-34　部门—员工—用户表

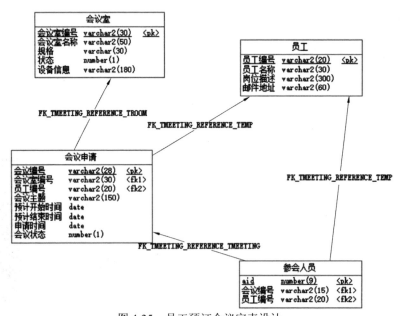

图 4-35　员工预订会议室表设计

会议申请表是本项目的核心，每次会议申请都需要指定会议室（外键）、指定预订人员

（外键）、会议主题、预计开始时间、预计结束时间、申请时间、会议状态（1 为正常、0 为已取消）等；每次会议都有多名参会人员，因此会议申请表与参会人员表是一对多的关系，会议室预订成功后，系统会自动发送邮件给所有参会人员。

会议室预订系统的 SQL 代码如下（Oracle）。

```sql
create table TDept  (
   deptno                 varchar2(30)            not null,
   deptname               varchar2(50)            not null,
   parentdept             varchar2(30),
   constraint PK_TDEPT primary key(deptno)
);
alter table TDept
   add constraint FK_TDEPT_REFERENCE_TDEPT foreign key(parentdept)
      references TDept(deptno);
create table TEmp  (
   empno                  varchar2(20)            not null,
   deptno                 varchar2(30),
   empname                varchar2(30)            not null,
   job                    varchar2(300),
   email                  varchar2(60),
   constraint PK_TEMP primary key(empno)
);
alter table TEmp
   add constraint FK_TEMP_REFERENCE_TDEPT foreign key(deptno)
      references TDept(deptno);
create table TUser  (
   empno                  varchar2(20)            not null,
   pwd                    varchar2(16),
   role                   number(1),
   constraint PK_TUSER primary key(empno)
);
alter table TUser
   add constraint FK_TUSER_REFERENCE_TEMP foreign key(empno)
      references TEmp(empno);
create table TRoom  (
   roomno                 varchar2(30)            not null,
   rname                  varchar2(50)            not null,
   rsize                  varchar(30),
   rstate                 number(1),
   device                 varchar2(180),
   constraint PK_TROOM primary key(roomno)
);
create table TMeeting  (
   mno                    varchar2(28)            not null,
   roomno                 varchar2(30),
   empno                  varchar2(20),
   topic                  varchar2(150),
   beginTime              date,
   endTime                date,
   applyTime              date,
   mstate                 number(1),
   constraint PK_TMEETING primary key(mno)
);
alter table TMeeting
   add constraint FK_TMEETING_REFERENCE_TROOM foreign key(roomno)
      references TRoom(roomno);
alter table TMeeting
```

```
        add constraint FK_TMEETING_REFERENCE_TEMP foreign key(empno)
            references TEmp(empno);
create table TMeetingPerson  (
    aid                 number(9)                  not null,
    mno                 varchar2(15),
    empno               varchar2(20),
    constraint PK_TMEETINGPERSON primary key(aid)
);
alter table TMeetingPerson
    add constraint FK_TMEETING_REFERENCE_TMEETING foreign key(mno)
        references TMeeting(mno);
alter table TMeetingPerson
    add constraint FK_TMEETING_REFERENCE_TEMP foreign key(empno)
        references TEmp(empno);
```

4.6.3 项目核心代码参考

（1）查询所有会议室在指定时间段内的预订信息用于主页显示，在此时间段内没有任何预订的会议室也要显示出来。

```
public Map<String,RoomMeetingDTO> sereachMeetingRoom(Date begin,Date end) throws Exception{
    Map<String,RoomMeetingDTO> allRM = getAllRoomMeetingDTO();
    Set<String> keys = allRM.keySet();
    for(String key : keys){
        allRM.get(key).setBegintime(begin);
        allRM.get(key).setEndtime(end);
    }
    String sql = "select * from troom r left join tmeeting m on r.roomno="
                    m.roomno "+ " where r.rstate=1 and m.mstate=1 and
                    m.begintime >= ? and m.endtime<=?";
    this.openConnection();
    PreparedStatement ps = this.conn.prepareStatement(sql);
    ps.setDate(1, new Java.sql.Date(begin.getTime()));
    ps.setDate(2, new Java.sql.Date(end.getTime()));
    ResultSet rs = ps.executeQuery();
    while(rs.next()){
        String mno = rs.getString("mno");
        if(mno != null){
            //存在mno,表示存在会议,把这个会议加入对应的RoomMeetingDTO中
            TMeeting m = new TMeeting();
            m.setMno(mno);
            m.setApplytime(rs.getTimestamp("applytime"));
            m.setBegintime(rs.getTimestamp("begintime"));
            m.setEmpno(rs.getString("empno"));
            m.setEndtime(rs.getTimestamp("endtime"));
            m.setRoomno(rs.getString("roomno"));
            m.setTopic(rs.getString("topic"));
            String roomno = rs.getString("roomno");
            RoomMeetingDTO mto = allRM.get(roomno);
            mto.getMts().add(m);
        }
    }
    rs.close();
    ps.close();
    return allRM;
}
```

（2）添加会议时，必须要检查所选定的会议室是否与其他会议存在时间冲突。

```java
public void addMeeting(TMeeting meeting) throws TimeConflictException, Exception{
    MeetingDao meetingdao = new MeetingDao();
    try {
        Date start = DayUtil.getStartTime(meeting.getBegintime());
        Date end = DayUtil.tomorrow(start);
        RoomMeetingDTO rm = sereachMeetingRoom(start,end,meeting.getRoomno());
        List<TMeeting> mts = rm.mts;
        boolean isCrossed = false;
        if(mts.size() > 0){
            //有会议
            for(TMeeting mt : mts){
                isCrossed = DayUtil.isCrossTimeSpan(meeting.getBegintime(),
                    meeting.getEndtime(), mt.getBegintime(),
                    mt.getEndtime());
                if(isCrossed){
                    //与任何一段会议有交叉，都马上跳出
                    throw new TimeConflictException("会议时间冲突");
                }
            }
        }
        //无冲突的预订信息，写入数据库
        meetingdao.addMeetingmsg(meeting);
    } catch (Exception e) {
        throw e;
    }finally{
        meetingdao.closeConnection();
    }
}
```

（3）判断会议时间是否有交叉冲突的算法如下。

```java
public static boolean isCrossTimeSpan(Date begin, Date end,Date startSpan,
                                    Date endSpan) throws Exception{
    boolean bRet;
    if(begin.getTime()>= end.getTime()){
        throw new Exception("begin>end 入参错误");
    }
    if(startSpan.getTime()>= endSpan.getTime()){
        throw new Exception("startSpan>endSpan 入参错误");
    }
    if(end.getTime()>startSpan.getTime() && end.getTime()<endSpan.getTime()){
        //end 介于时间段之中
        bRet = true;
    }else if(begin.getTime() > startSpan.getTime() && begin.getTime() < endSpan.getTime()){
        //begin 介于时间段之中
        bRet = true;
    }else if(begin.getTime() < startSpan.getTime() && end.getTime() > endSpan.getTime()){
        bRet = true;
    }else{
        bRet = false;
    }
    if(bRet){
        System.out.println("---时间段交叉--");
        SimpleDateFormat sd = new SimpleDateFormat("yyyy-MM-dd HH:mm:ss");
```

```
            System.out.println("begin" + sd.format(begin));
            System.out.println("end" + sd.format(end));
            System.out.println("startSpan" + sd.format(startSpan));
            System.out.println("endSpan" + sd.format(endSpan));
        }
        return bRet;
    }
```

4.7 案例：网上订餐系统表设计

4.7.1 项目功能需求

现在网上订外卖已经成为非常普通的消费形式。但是由于美团、饿了吗等平台的佣金较高，饭馆怨声载道。如果你的饭馆在校园周边或写字楼周边，那么完全可以自己搭建一个独立的网上订餐系统，这样每年可以节省大量的佣金。当然，开发一套订餐系统，用合理的价格卖给饭馆商家，也是一种不错的商业模式。

图 4-36 所示是一个自主搭建的独立的网上订餐系统的主页（仅供参考）。

图 4-36 网上订餐系统

4.7.2 物理表设计

作为一个小型的网上订餐系统，表结构简洁明了即可，如图 4-37 所示。菜品分类表可以把菜品分为主食、热菜、凉菜、饮品等；一个菜品分类下有多种菜品，每个菜品都有价格和菜名；每个菜品都至少需要一张封面图（图片可以放在图片服务器，库中记录图片下载位置或把小图片直接放入数据库的 blob 字段中）。

用户登录后，把选好的菜品加入购物车中，然后进行付款结算。付款成功后，需要从用户表的账户字段进行扣款，同时生成订单记录与订单明细（需要使用事务控制付款业务）；一条订单会包含多条订单明细。

订单表中有一个订单状态字段，可使用的值有：1. 客户已下单，未确认；2. 已确认；3. 已拒绝；4. 订单已取消；5. 配送中；6. 已送达。订单状态在当前项目中非常重要，通过状态机可以控制整个系统的业务流转方向。

图 4-37 所示表结构的 SQL 代码如下（Oracle）。

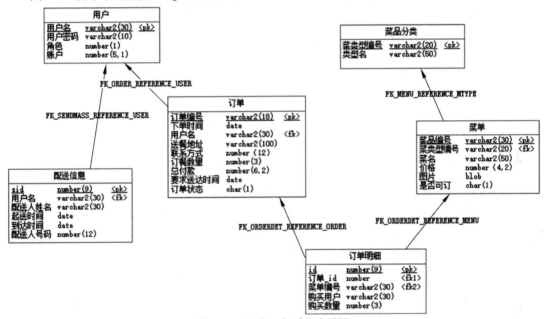

图 4-37　网上订餐系统表设计

```
create table mtype
(
    mtid              varchar2(20)            not null,
    mtname            varchar2(50),
    constraint PK_MTYPE primary key(mtid)
);
create table menu
(
    id                varchar2(30) not null,
    mtid              varchar2(20),
    mname             varchar2(50),
    price             number(4,1),
    pic               blob,
    isValide          char(1),
    constraint PK_MENU primary key(id)
);
alter table menu
    add constraint FK_MENU_REFERENCE_MTYPE foreign key(mtid)
    references mtype(mtid) on update restrict on delete restrict;
```

```sql
create table user
(
        uname                   varchar2(30)                    not null,
        pwd                     varchar2(10)                    not null,
        role                    number(1)                       not null,
        account                 number(5,1)                     not null,
        constraint PK_USER primary key(uname)
);
create table sendmassge
(
        sid                     number(9)not null,
        uname                   varchar2(30),
        spid                    varchar2(30),
        begintime               date,
        endtime                 date,
        phone                   number(12),
        constraint PK_SENDMASSGE primary key(sid)
);
alter table sendmassge
        add constraint FK_SENDMASS_REFERENCE_USER foreign key(uname)
        references user (uname) on update restrict on delete restrict;
create table order
(
        dno                     varchar2(18)not null,
        buyTime                 date,
        uname                   varchar2(30),
        uaddress                varchar2(100),
        telphone                number(12),
        acount                  number(3),
        buyprice                number(6,2),
        aimTime                 date,
        state                   char(1),
        constraint PK_ORDER primary key(dno)
);
alter table order
        add constraint FK_ORDER_REFERENCE_USER foreign key(uname)
        references user (uname) on update restrict on delete restrict;
create table orderdetail
(
        id                      number(9)not null,
        ord_id                  number,
        mid                     varchar2(30),
        bname                   varchar2(30),
        count                   number(3),
        constraint PK_ORDERDETAIL primary key(id)
);
alter table orderdetail
        add constraint FK_ORDERDET_REFERENCE_ORDER foreign key(ord_id)
        references order (dno) on update restrict on delete restrict;
alter table orderdetail
        add constraint FK_ORDERDET_REFERENCE_MENU foreign key(mid)
        references menu (id) on update restrict on delete restrict;
```

4.8 案例：当当书城系统表设计

4.8.1 项目功能需求

电子商务网站是最为常见的 Java EE 站点形式，图 4-38 和图 4-39 所示是当当书城的网站样式。书城主页的主要功能是图书分类浏览和推荐图书的显示。

图 4-38　当当书城主页

当当书城的用户分为 4 种角色，分别为游客、注册用户、VIP 用户、管理员，不同的角色在系统中的权限不同。

- 游客：可以浏览书城主页和图书详情页。
- 注册用户：商品加入购物车、商品结算、我的订单等。
- VIP 用户：浏览 VIP 用户专区、享受折上折优惠等。
- 管理员：图书上架、订单查询、用户管理、图书下架等。

4.8.2 物理表设计

作为一个中小型电子商务网站，当当书城的表设计如图 4-40 所示（大型电子商务网站都是分布式架构，远比当前系统的设计要复杂）。

图 4-39 当当书城商品结算页

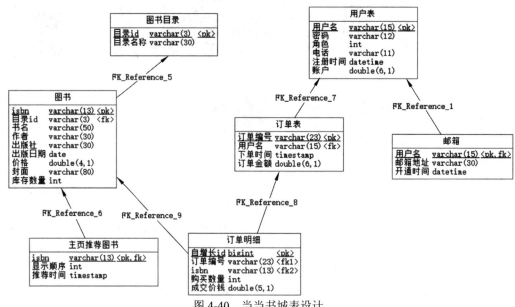

图 4-40 当当书城表设计

图书目录表与图书表是一对多关系,图书表的主键是图书的 ISBN(13 位)。因为图书属于小件商品,不会对每一件商品进行编号,因此一个 ISBN 就代表同一种书。如用户购买《Java Web 应用开发技术》(ISBN:978-7-302-55530-8)这本书,付款后,相应 ISBN 的图书库存要减少。

对于小型电子商务网站,在用户表中设置账户字段,允许用户进行充值、扣款等操作,用户付款成功后,直接从用户的账户中扣款。

用户付款需要使用事务控制,一次付款涉及四个表的操作,分别为:从用户表的账户进行扣款(账户余额不足时交易失败)、生成订单表(订单编号在并发环境不能冲突)、生成订单明细表(一次付款可以有多种图书,每种图书为一条订单明细)、减库存(从与订单明细表对应的图书表记录中扣减库存)。

在图书表中标明了每本图书的价格,但是在实际成交时,可能存在各种优惠活动。如图书7折、10元购书券、满100送50等,所有折扣活动,最终会对应到每本图书的实际成交价格,实际成交价格记录在订单明细表中。用户可以根据订单明细项进行退换货,退款金额按照订单明细表中的实际成交价格计算。

每笔订单的付款总额、付款用户、付款时间等信息记录在订单表中。

图书表与主页推荐图书表为一对一关系,即可以从所有图书中挑选部分图书作为主页推荐,同时可以设置每本推荐图书的显示顺序。推荐图书在主页的显示位置对图书营销影响很大,因此灵活定制主页推荐图书的信息,是本项目的重要功能之一。

当当书城表结构对应的 SQL 代码如下(MySQL)。

```
create database bk;
use bk;
create table tuser
(
    uname               varchar(15) not null,
    pwd                 varchar(12) not null,
    role                int,
    tel                 varchar(11),
    regtime             datetime,
    account             double(6,1),
    primary key(uname)
);
insert into tuser values('admin','123456',1,null,null,1000);
insert into tuser values('tom','123456',2,'13323456789',null,1000);
create table TCategory
(
    cid                 varchar(3) not null,
    cname               varchar(30) not null,
    primary key(cid)
);
insert into TCategory values('c01','古典文学');
insert into TCategory values('c02','小说');
insert into TCategory values('c03','计算机');
insert into TCategory values('c04','历史');
create table TBook
(
    isbn                varchar(13) not null,
    cid                 varchar(3) not null,
    bname               varchar(50),
    author              varchar(30),
    press               varchar(30),
    pdate               date,
    price               double(4,1),
    pic                 varchar(50),
    primary key(isbn)
);
```

```sql
alter table TBook add constraint FK_Reference_5 foreign key (cid)
    references TCategory(cid);
insert into TBook
    values('isbn123456781','c01','红楼梦','曹雪芹','外文出版社','2021-4-1',35.8,
'/bkpic/s001.jpg');
insert into TBook
    values('isbn123456782','c01','水浒','施耐庵','外文出版社','2021-4-8',20.5,
'/bkpic/s002.jpg');
insert into TBook
    values('isbn123456783','c02','三国','罗贯中','外文出版社','2021-4-5',25.2,
'/bkpic/s003.jpg');
insert into TBook
    values('isbn123456784','c02','西游记','吴承恩','清华大学出版社','2018-5-6',
40.5,'/bkpic/s004.jpg');
create table TBookMain
(
    isbn            varchar(13) not null,
    dno             int not null,
    rtime           timestamp,
    primary key(isbn)
);
alter table TBookMain add constraint FK_Reference_6 foreign key (isbn)
    references TBook(isbn);
insert into TBookMain values('isbn123456781',1,'2021-4-1 18:00');
insert into TBookMain values('isbn123456782',2,'2021-4-2 19:00');
insert into TBookMain values('isbn123456783',3,'2021-4-3 18:20');
insert into TBookMain values('isbn123456784',4,'2021-5-8 19:20');
create table TOrder
(
    orderNo         varchar(23) not null,
    uname           varchar(15) not null,
    paytime         timestamp not null,
    allMoney        double(6,1) not null,
    primary key(orderNo)
);
alter table TOrder add constraint FK_Reference_7 foreign key(uname)
    references tuser(uname);
create table TOrderInfo
(
    aid             bigint not null auto_increment,
    orderNo         varchar(23) not null,
    isbn            varchar(13) not null,
    num             int not null,
    rprice          double(5,1) not null,
    primary key(aid)
);
alter table TOrderInfo add constraint FK_Reference_8 foreign key (orderNo)
    references TOrder(orderNo);
alter table TOrderInfo add constraint FK_Reference_9 foreign key (isbn)
    references TBook(isbn);
```

4.8.3 项目核心代码参考

当当书城的主页推荐、用户付款、图书上传为项目最重要的三个功能。下面使用 SSM 框架整合的代码演示核心代码实现。

1. 当当书城的主页推荐

（1）持久层使用 mybatis 读取所有主页推荐图书。

```java
public interface IBookMapper {
      public List<MBook> getAllMainBook() throws Exception;
}
<select id="getAllMainBook" resultType="MBook">
    select b.isbn,b.bname,b.price,b.pic,m.dno,m.rtime
             from tbook b,TBookMain m where b.isbn=m.isbn order by m.dno desc
</select>
```

（2）逻辑层调用注入的 bookDao 对象。

```java
@Service
public class BookBiz implements ServletContextAware{
      @Autowired
      private BookDao bookDao;
      public List<MBook> getAllMainBook() throws Exception {
           return bookDao.getAllMainBook();
      }
}
```

（3）视图层使用 JSTL 显示推荐的主页图书。

```jsp
<ul class="newBook">
    <c:forEach var="bk" items="${books}">
    <li class="rBorder bBorder">
              <a href="<%=basePath%>bookInfo.do?isbn=${bk.isbn}" class= "bkImgA">
              <img src="<%=imgServer%>${bk.pic}" class="bkImg"/>
          </a>
          <div class="bkName">
              <a href="">${bk.bname}</a>
          </div>
          <span class="bkPrice">${bk.price}</span>
    </li>
    </c:forEach>
</ul>
```

2. 用户付款功能实现

用户付款是整个电子商务系统的最核心的业务逻辑，既要考虑付款时的账户安全性，又要考虑事务完整性，还要考虑并发对付款操作的影响及付款时的系统性能影响等。

（1）使用 Spring 框架的声明性事务管理用户付款。

```java
@Service
public class UserBiz {
      @Autowired
      private UserDao userDao;
      @Autowired
      private BookDao bookDao;
      @Autowired
      private BookBiz bkBiz;
      @Transactional(rollbackFor = Throwable.class)
      public String payMoney(String uname,double allMoney,Map<String, Integer>
                          car) throws Exception {
            //1. 生成订单编号
            String orderNo = OrderUtil.createNewOrderNo();
            //2. 账户扣款
            userDao.pay(uname, allMoney);
```

```java
            //3.向订单表写入数据
            Order order = new Order();
            order.setOrderNo(orderNo);
            order.setAllMoney(allMoney);
            order.setPayTime(new Date());
            order.setUname(uname);
            userDao.createOrder(order);
            //4.写入订单明细表
            for(Map.Entry<String,Integer> entry : car.entrySet()) {
                OrderInfo info = new OrderInfo();
                info.setIsbn(entry.getKey());
                info.setNum(entry.getValue());
                info.setOrderNo(orderNo);
                Book bk = bkBiz.getBookInfo(entry.getKey());
                info.setRprice(bk.getPrice());      //暂时没设置优惠策略
                userDao.createOrderDetail(info);
                //5.减库存
                bookDao.minusBookNum(entry.getKey(), entry.getValue());
            }
            return orderNo;
        }
```

（2）订单编号既要有意义，还要保证并发环境下不能发生冲突。此处使用的订单格式：D20190312-12345，前面是付款时的当前日期，后面是保证唯一的序号。为了避免订单号冲突，此处使用的是 AtomicLong 的原子加一机制（在分布式环境下需要使用 Redis）。

```java
public class OrderUtil {
    private static AtomicLong al;       //并发环境，保持唯一性
    static{
        //若服务器瘫痪，重启会导致订单号冲突，所以若重启，要配置最大的序号作为初始值
        //al = new AtomicLong(oi.getOrderAinitialValue()+1);//实际运营数据
        al = new AtomicLong(new Date().getTime());   //为了开发方便，模拟数据
    }
    /**
     * 生成一个新的订单编号
     */
    public static String createNewOrderNo(){
        Calendar rightNow = Calendar.getInstance();
        int year = rightNow.get(Calendar.YEAR);
        int month = rightNow.get(Calendar.MONTH) + 1;
        String sMonth,sDay;
        if(month<10){
            sMonth = "0" + Integer.toString(month);
        }else{
            sMonth = Integer.toString(month);
        }
        int day = rightNow.get(Calendar.DAY_OF_MONTH);
        if(day<10){
            sDay = "0" + Integer.toString(day);
        }else{
            sDay = Integer.toString(day);
        }
        long xh = al.getAndIncrement();         //高并发情况下，流水号也不会冲突
        String dno = "D" + year + sMonth + sDay + "-" + xh;
        return dno;
    }
}
```

}

3. 图书上传功能实现

接收图片字节流有多种方案,如 smart upload、commons fileupload、part 等,考虑 Spring 框架对历史版本的兼容性,此处使用 Spring 整合 commons fileupload 方案实现。

(1) 导入 commons-fileupload.jar 和 commons-io.jar。

(2) 设置表单的 enctype 属性值为 multipart/form-data。

```html
<form action="<%=basePath%>back/addBook.do" method="post"
        enctype="multipart/form-data"  id="myform">
    ...
    <tr>
        <td>封面上传</td>
        <td><input type="file" name="fpic" /></td>
    </tr>
    ...
</form>
```

(3) 在控制器中接收图书信息和字节流。

```java
@RequestMapping("/back")
@Controller
public class BookAddAction {
    ......
    @PostMapping("/addBook")
    public String addBook(Book book,@RequestParam MultipartFile fpic, Model
                    model) throws Exception {
        if (!fpic.isEmpty()) {
            String fname = "/bkpic/" + fpic.getOriginalFilename();
            book.setPic(fname);
            File file = new File("c:/img" + fname);
            fpic.transferTo(file);
        }
        bookBiz.addBook(book);
        model.addAttribute("msg", book.getBname() +" 录入成功");
        List<Category> caList = bookBiz.getAllCategory();
        model.addAttribute("caList", caList);
        return "/back/bookAdd.jsp";
    }
}
```

【本节完整代码参见本书配套资源】

4.9　案例:户外旅游网系统表设计

本项目为搭建一个户外旅游网系统,主要功能有景点推荐(如图 4-41 所示)、AA 结伴游(如图 4-42 所示)、旅游记忆与攻略(如图 4-43 所示)等几个板块。

4.9.1　项目功能需求

图 4-41 所示为景点推荐板块,按照省、市区域进行精品景点推荐。省、市选择可以采用两级联动方式,默认显示该省下的所有景点信息,也可以按照市进行二次筛选景点。

图 4-41 景点推荐

图 4-42 所示为 AA 结伴游板块，就是系统注册用户可以发起 AA 结伴游活动，其他用户感兴趣就可以跟帖参与。AA 结伴游是完全自助旅游的一种活动，平台不收取任何组织费用。

图 4-42 AA 结伴游

图 4-43 所示是旅游记忆与攻略板块。旅游记忆就是某次活动后难忘情景的游记，而旅游攻略是户外穿越活动的详细记载，给后来者提供经验参考。

图 4-43 旅游记忆与攻略

4.9.2 物理表设计

图 4-44 所示为省市两级联动查找景点的表设计。一个省下有多个市（县），一个市下有多个景点。每个景点需要一张封面图片介绍，另外每个景点都有详情描述。景点的详情描述中也会有多张图片，这个如何存储呢？

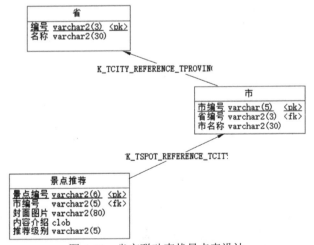

图 4-44 省市联动查找景点表设计

在景点推荐表中，内容介绍使用 clob 字段，这是一个可以存储长文本的字段，如博文、影片详情、景点介绍等字段都可以使用 clob 字段存储。景点推荐中的图片使用 URL 文本信息，如<img src="http://10.0.8.22/img/a07.jpg">，图片实际存储在图片服务器中，图片显示时通过浏览器二次 HTTP 请求抓取并显示景点推荐中的图片内容。

图 4-44 表设计的 SQL 代码如下（Oracle）。

```
create table TProvince  (
    pno         varchar2(3)         not null,
    pname       varchar2(30)        not null,
    constraint PK_TPROVINCE primary key(pno)
);
create table TCity  (
    cno         varchar(5)          not null,
    pno         varchar2(3)         not null,
    cname       varchar2(30)        not null,
    constraint PK_TCITY primary key (cno)
);
alter table TCity
    add constraint FK_TCITY_REFERENCE_TPROVINC foreign key(pno)
    references TProvince(pno);
create table TSpot  (
    sno         varchar2(6)         not null,
    cno         varchar2(5)         not null,
    pic         varchar2(80)        not null,
    info        clob,
    star        varchar2(5),
    constraint PK_TSPOT primary key(sno)
);
alter table TSpot
    add constraint FK_TSPOT_REFERENCE_TCITY foreign key(cno)
    references TCity(cno);
```

图 4-45 所示为 AA 结伴游的表设计，一个用户可以组织多次结伴游活动，因此用户表与结伴游表为一对多关系，结伴游表中的用户名为外键。结伴游活动信息内容很多，还会包含多张图片显示，因此使用 clob 字段。

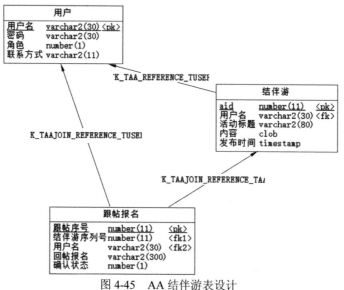

图 4-45　AA 结伴游表设计

一次结伴游活动，包含多条跟帖报名信息，因此结伴游表与跟帖报名表为一对多关系（外键为结伴游序列号）。跟帖报名表还有一个外键，表示一个用户可以参与多个活动（外键为用户名），而且只有注册用户才能进行跟帖报名。

图 4-45 所示表设计的 SQL 代码如下（Oracle）。

```
create table TUser (
    uname         varchar2(30)     not null,
    pwd           varchar2(30)     not null,
    role          number(1)        not null,
    tel           varchar2(11),
    constraint PK_TUSER primary key(uname)
);
create table TAA (
    aid           number(11)       not null,
    uname         varchar2(30)     not null,
    title         varchar2(80)     not null,
    info          clob             not null,
    ptime         timestamp,
    constraint PK_TAA primary key(aid)
);
alter table TAA
    add constraint FK_TAA_REFERENCE_TUSER foreign key(uname)
    references TUser (uname);
create table TAAJoin (
    ano           number(11)       not null,
    aid           number(11)       not null,
    uname         varchar2(30)     not null,
    reply         varchar2(300)    not null,
    confirm       number(1),
    constraint PK_TAAJOIN primary key(ano)
);
alter table TAAJoin
    add constraint FK_TAAJOIN_REFERENCE_TAA foreign key(aid)
    references TAA (aid);
alter table TAAJoin
    add constraint FK_TAAJOIN_REFERENCE_TUSER foreign key(uname)
    references TUser(uname);
```

图 4-46 所示为旅游记忆板块的表设计。一个用户可以发布多篇旅游记忆的博文；从旅游记忆的博文中可以挑选出一些用于置顶的精华帖；旅游记忆表与精华帖表的关系为一对一。

图 4-46 所示表设计的 SQL 代码如下（Oracle）。

```
create table TUser (
    uname         varchar2(30)     not null,
    pwd           varchar2(30)     not null,
    role          number(1)        not null,
    tel           varchar2(11),
    constraint PK_TUSER primary key(uname)
);
create table TBlog (
    aid           number(11)       not null,
    uname         varchar2(30)     not null,
    title         varchar2(80)     not null,
    info          clob             not null,
    ptime         timestamp,
    readnum       number(9),
    constraint PK_TBLOG primary key(aid)
);
```

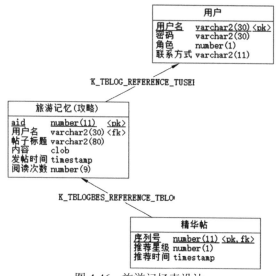

图 4-46 旅游记忆表设计

```
alter table TBlog
    add constraint FK_TBLOG_REFERENCE_TUSER foreign key(uname)
    references TUser (uname);
create table TBlogBest  (
    aid             number(11)          not null,
    star            number(1)           not null,
    rtime           timestamp           not null,
    constraint PK_TBLOGBEST primary key(aid)
);
alter table TBlogBest
    add constraint FK_TBLOGBES_REFERENCE_TBLOG foreign key(aid)
    references TBlog(aid);
```

4.9.3　项目核心代码参考

在户外旅游网中省、市两级联动，提取景点数据的部分核心代码如下。

（1）在视图层 trvel.jsp 中，省、市下拉框两级联动，提取选定区域的景点数据。

```
<tr>
    <td width="50"> 省级：</td>
    <td>
        <select name="shengSelect" onchange="getShiList()" id="shengID" >
            <c:forEach var="provinces" items="${shengList}">
                <option value="${provinces.pno}">
                    ${provinces.pname}
                </option>
            </c:forEach>
        </select>
    </td>
    <td width="50"> 市级：</td>
    <td>
        <select name="shiSelect" id="shiID"  >
            <option value="allCity">所有</option>
            <c:forEach var="city" items="${cityList }">
```

```
                <option value="${city.cno }">
                    ${city.cname}
                </option>
            </c:forEach>
        </select>
    </td>
    <td><input type="button" onclick="tijiao()" value="浏览"></td>
</tr>
```

(2) trvel.jsp 中的 JS 脚本 AJAX 操作。

```
window.addEventListener("load",function(){
    $("#shengID").change();
})
function getShiList() {
    if($("#shengID").val() != ""){
        $.getJSON("GetShiSvl",{sheng:$("#shengID").val()}, function
callback(data) {
            $("#shiID").empty();
            $("<option value=allCity>所有</option>").appendTo("#shiID");
            $(data).each(function(i){
                $("<option value=" + data[i].cno + ">" + data[i].cname
                    +"</option>").appendTo("#shiID");;
            });
        });
    }else{
        $("#shiID").empty();
        $("<option>--请选择--</option>").appendTo("#shiID");
    }
}
function tijiao() {
    if($("#shiID").val()== "allCity"){
        window.location.href="<%=basePath%>/SpotSvl?pno="+$("#shengID").val();
    }else{
        window.location.href="<%=basePath%>/SpotSvl?cno="+$("#shiID").val();
    }
}
```

(3) 控制器 TravelServlet。

```
@WebServlet("/TravelServlet")
public class TravelServlet extends HttpServlet {
    protected void service(HttpServletRequest request,
        HttpServletResponseresponse)throws ServletException, IOException {
        TestBiz tBiz=new TestBiz();
        TravelBiz biz = new TravelBiz();
        List<Province> provinces=tBiz.getAllProvince();
        List<Travel> spots = biz.getProvinceSpots(provinces.get(0).getPno());
        request.setAttribute("shengList", provinces);
        request.setAttribute("travelList", spots);
        request.getRequestDispatcher("/main/travel.jsp").forward(request,
response);
    }
}
```

(4) 逻辑类 TravelBiz 中的业务方法。

```
/** 根据省的编号,获取省下所有市的景点列表*/
public List<Travel> getProvinceSpots(String pno) throws Exception{
    TravelDao dao=new TravelDao();
```

```java
        try {
            return dao.getProvinceSpots(pno);
        }finally {
            dao.closeConnection();
        }
    }
    /** 根据市的编号,获得该市下的景点列表*/
    public List<Travel> getCitySpots(String cno) throws Exception {
        TravelDao dao = new TravelDao();
        try {
            return dao.getCitySpots(cno);
        } finally {
            dao.closeConnection();
        }
    }
    /** 根据景点编号,提取景点信息*/
    public Travel getSpotInfo(String pno)throws Exception{
        TravelDao dao=new TravelDao();
        try {
            return dao.getSpotInfo(pno);
        }finally {
            dao.closeConnection();
        }
    }
```

4.10 案例：新闻系统表设计

4.10.1 项目功能需求

新闻系统的功能描述和模块设计参见 3.2 节。

4.10.2 物理表设计

新闻系统的表设计如图 4-47 所示。新闻系统分前台站点（News）和后台新闻发布管理（NewsBack）两个独立的 Web 服务器，两个 Web 服务器共享同一套数据库，这种设计模式与绝大多数的 Java EE 项目部署不同。

管理员表用于登录后台新闻发布系统，根据模板生成新闻页和前台主页。

新闻分类表与新闻表为一对多关系，一个新闻分类下有多条新闻。新闻信息按照分类，由后台人员录入数据库中，然后根据模板生成新闻页，再把新闻页发布到前台站点。

用户表为新闻网站的前台注册用户，用户登录后，可以对浏览的新闻发表评论。

热点新闻表与新闻表为一对一关系，即从新闻中提取热点新闻，在模板的热点新闻区显示热点新闻。

由于用户的数据从 Redis 中提取，因此录入新闻数据时，需要同时向 Redis 中写入新闻数据。在 Redis 中，新闻数据按照表结构存储。

图 4-47 所示新闻系统表的 SQL 代码如下（Oracle）。

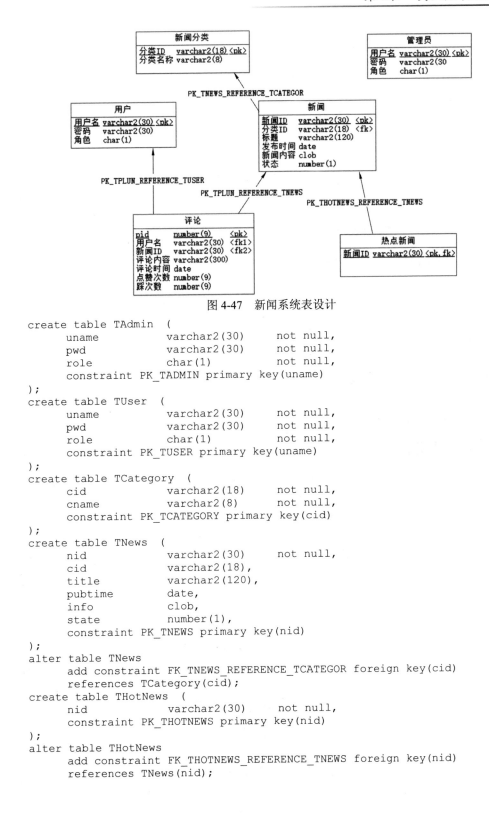

图 4-47　新闻系统表设计

```
create table TAdmin  (
    uname          varchar2(30)       not null,
    pwd            varchar2(30)       not null,
    role           char(1)            not null,
    constraint PK_TADMIN primary key(uname)
);
create table TUser  (
    uname          varchar2(30)       not null,
    pwd            varchar2(30)       not null,
    role           char(1)            not null,
    constraint PK_TUSER primary key(uname)
);
create table TCategory  (
    cid            varchar2(18)       not null,
    cname          varchar2(8)        not null,
    constraint PK_TCATEGORY primary key(cid)
);
create table TNews  (
    nid            varchar2(30)       not null,
    cid            varchar2(18),
    title          varchar2(120),
    pubtime        date,
    info           clob,
    state          number(1),
    constraint PK_TNEWS primary key(nid)
);
alter table TNews
    add constraint FK_TNEWS_REFERENCE_TCATEGOR foreign key(cid)
    references TCategory(cid);
create table THotNews  (
    nid            varchar2(30)       not null,
    constraint PK_THOTNEWS primary key(nid)
);
alter table THotNews
    add constraint FK_THOTNEWS_REFERENCE_TNEWS foreign key(nid)
    references TNews(nid);
```

```
create table TPlun  (
    pid              number(9)              not null,
    uname            varchar2(30),
    nid              varchar2(30),
    pinfo            varchar2(300)          not null,
    ptime            date,
    zan              number(9)              default 0,
    cai              number(9)              default 0,
    constraint PK_TPLUN primary key(pid)
);
alter table TPlun
    add constraint FK_TPLUN_REFERENCE_TUSER foreign key(uname)
    references TUser(uname);
alter table TPlun
    add constraint FK_TPLUN_REFERENCE_TNEWS foreign key(nid)
    references TNews (nid);
```

4.10.3 项目核心代码参考

参见 3.2 节。

4.11 案例：物流管理系统表设计

4.11.1 项目功能需求

项目功能需求与模块设计部分，参见 3.3 节。

4.11.2 物理表设计

图 4-48 所示为车辆管理、车辆与班次、线路与班次之间的表关系。

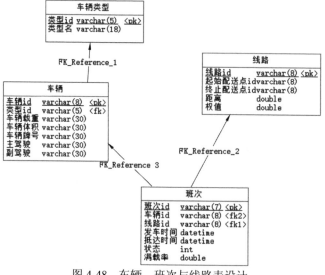

图 4-48 车辆、班次与线路表设计

如图 4-49 所示，以配送点为中心，显示了配送点与线路、配送点与途经班次、配送点与交接单、配送点与中转信息、配送点与基本线路的表关系。

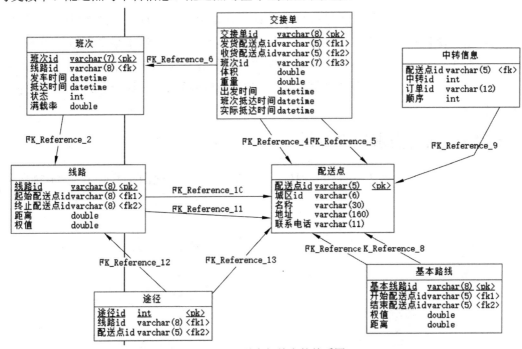

图 4-49　配送点相关表的关系图

图 4-50 所示为与订单相关的表的关系图。

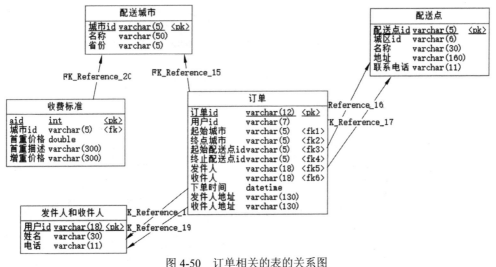

图 4-50　订单相关的表的关系图

【本节的表设计参见本书配套资源】

4.12 案例：学生在线考试系统表设计

学校每个学期都要组织学生进行期中考试、期末考试等各种形式的考试。传统的考试形式都是纸质试卷，这给老师出卷、学生考试、老师阅卷都带来很多麻烦。如果采用网上考试形式，则会带来很多好处：从题库中自动组卷给老师出卷带来便利；学生在线考试节省了大量的纸张；客观题计算机可以实现自动阅卷功能，这给老师节省了大量的阅卷工作量。

4.12.1 项目需求用例分析

本项目用户有老师、学生、系统管理员，不同角色的基本用例图如图 4-51～图 4-53 所示。

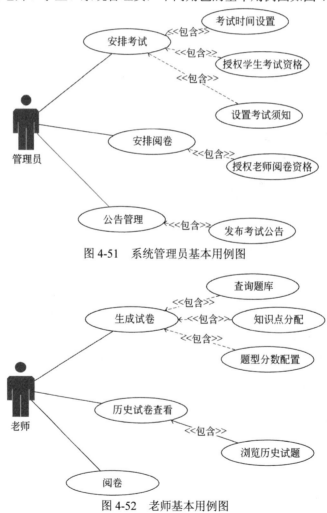

图 4-51 系统管理员基本用例图

图 4-52 老师基本用例图

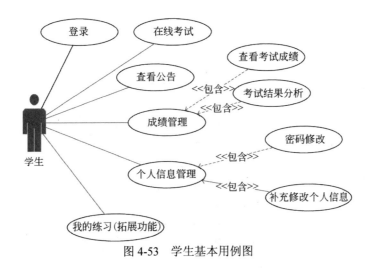

图 4-53 学生基本用例图

4.12.2 项目需求流程分解

图 4-54 为不同角色参与学生考试的业务流程总图,图 4-55~图 4-58 为主要业务流程图分解。

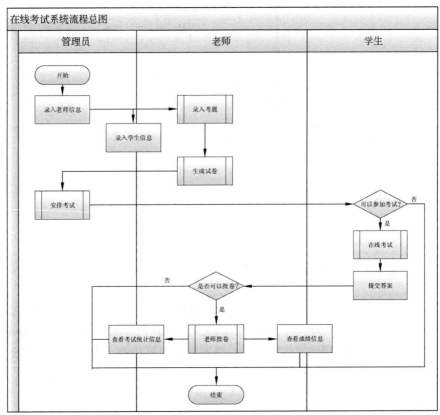

图 4-54 在线考试系统流程总图

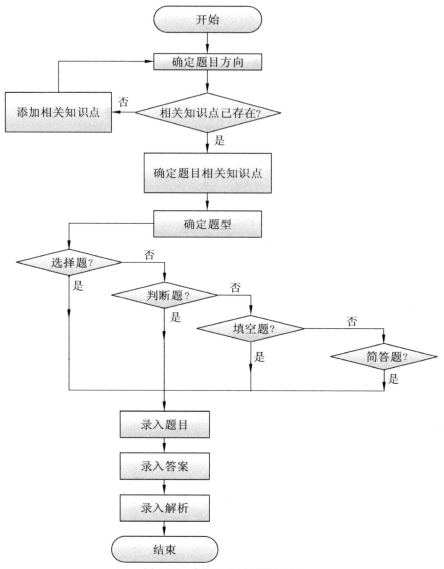

图 4-55　老师录入试题流程图

4.12.3　项目总体设计

如图 4-59 所示，为了加强学生客户端考试时的安全控制，如计时提醒、安全登录校验、摄像头跟踪、试卷强制提交等功能，采用"Swing 客户端+内置浏览器"模式，Swing 客户端访问 Web Service 实现用户登录、计时管理、摄像头跟踪等功能；浏览器访问 Web 服务器实现试卷展示、答题、试卷提交等功能。

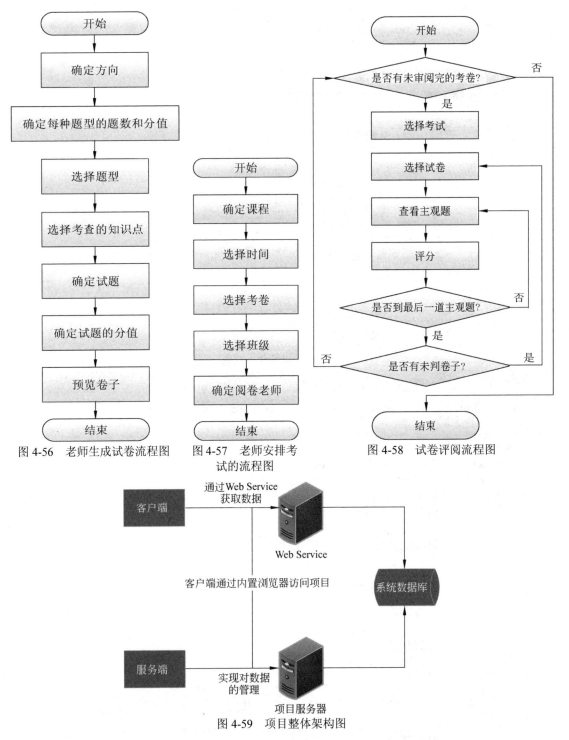

图 4-56 老师生成试卷流程图

图 4-57 老师安排考试的流程图

图 4-58 试卷评阅流程图

图 4-59 项目整体架构图

图 4-60～图 4-66 为考试系统主要业务功能的界面设计。

图 4-60　老师录入试题

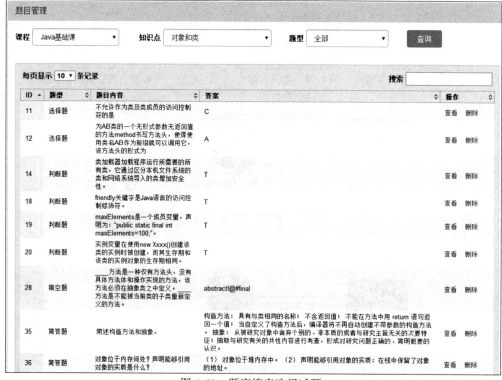

图 4-61　题库搜索选择试题

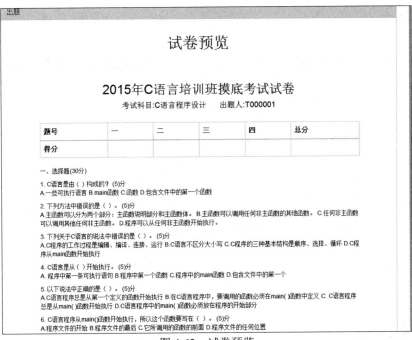

图 4-62　试卷预览

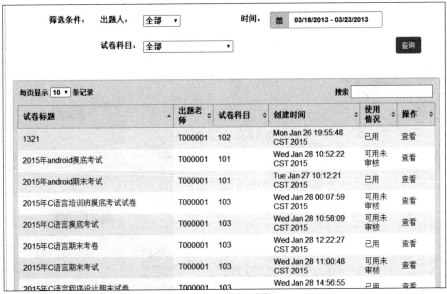

图 4-63　选择试卷

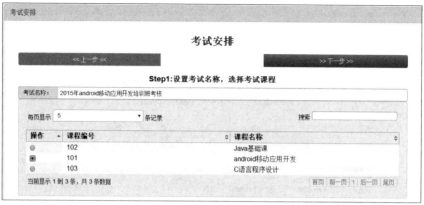

图 4-64　组织考试

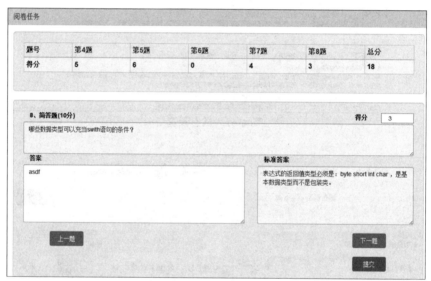

图 4-65　主观题阅卷

图 4-66　成绩查询

4.12.4 项目物理表设计

图 4-67 所示为考试系统的用户表设计,学生、教师、班主任等都是用户的不同角色,用户表用于登录和权限控制;一个班级下有多名学生;班级、学生信息、教师信息表用于人员管理。

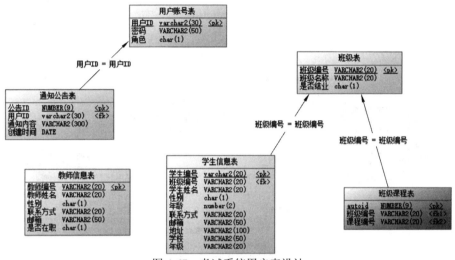

图 4-67 考试系统用户表设计

图 4-68 为题库表设计。题型中包括填空题、单选题、多选题、判断题、简答题等;主观题需要人工阅卷,客观题可以由计算机自动阅卷;题干内容中可以显示图片,图片为 URL 链接;选择题一般由一个题干、多个选项组成(选项数量不定),因此题库表与选择

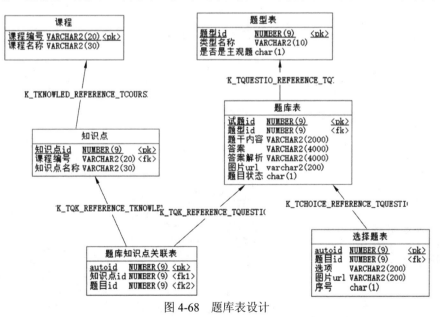

图 4-68 题库表设计

题表为一对多关系；填空题为主观题，只需要在题干内容部分显示需要填空的下画线即可，答案解析中需要填写正确的填空内容；判断题与简答题也都是在题库表中直接录入。

图 4-69 为试卷管理表设计。一个课程下包含多套试卷，因此课程表与试卷信息表是一对多的关系；一套试卷由多个题项组成，同一个题项可以应用于多套试卷，因此题库表与试卷信息表是多对多关系。

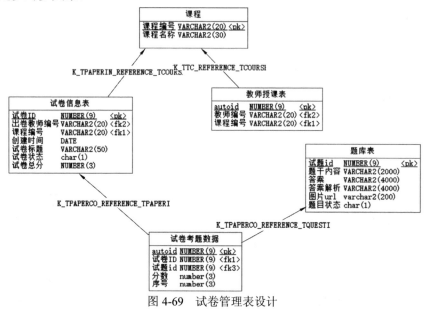

图 4-69　试卷管理表设计

如图 4-70 所示，同一套试卷可以组织多次考试，因此试卷信息表与组织考试表之间是

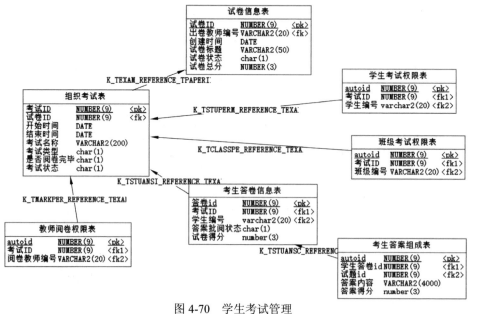

图 4-70　学生考试管理

一对多的关系；学生能否参加考试，需要相应的权限校验；学生在答卷过程中，每完成一道题，都要使用 AJAX 提交到数据库中，这样即使网络或机器出现故障，重新进入考场后原来的答题信息也不会丢失；考生答卷信息表是学生参加考试的试卷得分情况，具体每一道题回答情况的数据都记录在考生答案组成表中。

4.13 案例：影院管理系统表设计

4.13.1 项目需求与设计

项目需求与设计参见 2.12 节"电影院综合票务管理平台架构设计"部分。本节针对影院管理系统（Theater Management System，TMS）进行表设计。

TMS 的主要功能有影院的影厅与座位设置、影片排场次、设置票价、卖票等。

图 4-71 所示为影厅座位设置页面。每个影厅的布局不一样，管理员先设置影厅的行列情况，如 20 行 15 列；然后通过点选，设置没有座位的位置；管理员设置好影厅后，可以根据影厅情况排片、卖票，普通用户登录 TMS 前台购票时，看到的是如图 4-72 所示的样式。

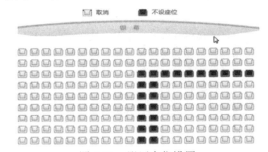
图 4-71　影厅座位设置

图 4-72　用户购票时影厅样式

图 4-73 所示为管理员设置场次页面，按照排片计划，选择影厅、设置开始时间和结束

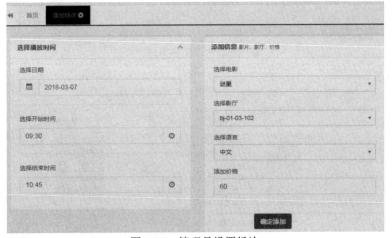
图 4-73　管理员设置场次

时间、设置票价,即可产生售票信息。

图 4-74～图 4-77 所示为用户登录 TMS 前台后,浏览影片信息,然后选择场次进行购票的页面。

图 4-74　前台影片展示

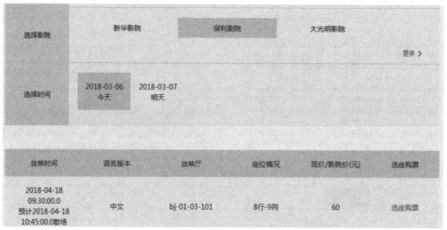

图 4-75　选择影厅

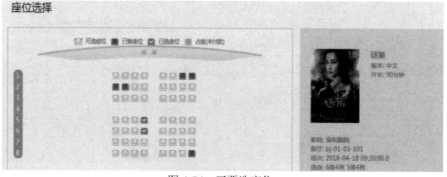

图 4-76　买票选座位

第4章 持久层物理表设计   223

图 4-77 锁定座位待支付

4.13.2 物理表设计

图 4-78 为影院的影厅座位设置的表设计，一个影院下有多个影厅，一个影厅下有多个座位，卖票信息都是源于影厅和座位的设置。影厅座位设置如图 4-71 所示。

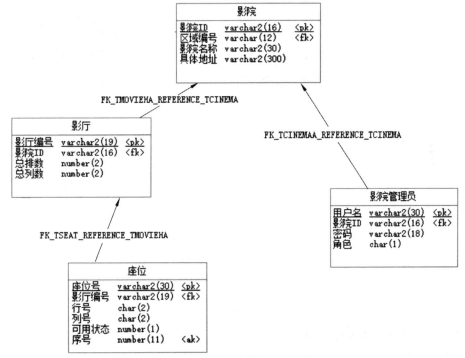

图 4-78 影厅座位设置的表设计

图 4-79 为影片场次安排的表设计。管理员设置场次的操作如图 4-73 所示。

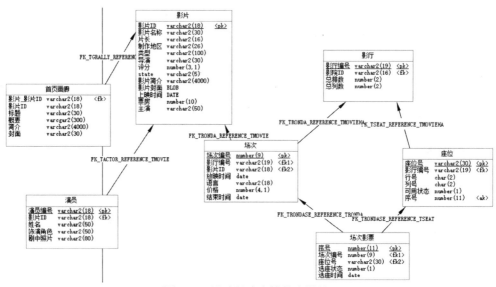

图 4-79 影片场次安排的表设计

图 4-80 为用户购票的表设计。用户购票操作如图 4-76 和图 4-77 所示。

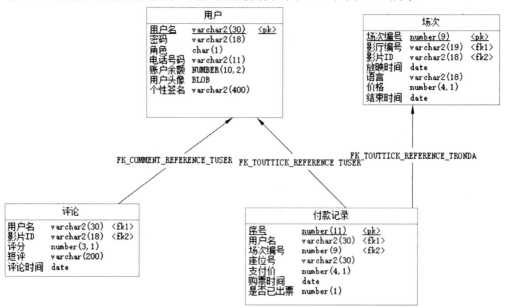

图 4-80 用户购票的表设计

4.13.3 项目核心代码

如图 4-81 所示,在并发购票环境中,若用户 A 和用户 B 同时选中了空闲的第一排的列 2 和列 3 座位,两个人中只能有一人抢座成功,另外一个人会被提示座位已被别人抢占,需要重新选座。

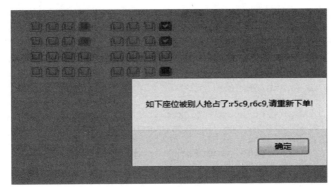

图 4-81 座位被别人抢占

座位冲突部分相关操作的核心代码如下。

（1）控制器 RondaAction 中的选座操作。

```
@Controller
@RequestMapping("/auth/ronda")
public class RondaAction {
    @RequestMapping("/selectSeat")
    public void SelectSeat(int aid, HttpSession session,HttpServletResponse
                response) throws Exception {
        RondaBiz rondaBiz = (RondaBiz) SpringFactory.getContext().getBean
("rondaBiz");
        RondaInfo rondaInfo = rondaBiz.getRondaInfo(aid);
        List<RondaSeatInfo> rsList = rondaBiz.getRondaSeatList(aid);
        JSONArray json = JSONArray.fromObject(rsList);
        JSONObject objData = new JSONObject();
        objData.put("states", json);
        objData.put("aid", aid);
        objData.put("mid", rondaInfo.getMid());
        objData.put("movie_name", rondaInfo.getMname());
        objData.put("movie_time", rondaInfo.getLength());
        objData.put("cinema", rondaInfo.getCname());
        objData.put("price_sale",rondaInfo.getPrice());
        objData.put("movie_optime", rondaInfo.getBegintime());
        objData.put("movie_language", rondaInfo.getLanguage());
        objData.put("hno", rondaInfo.getHno());
        objData.put("screens_name",rondaInfo.getHno());
        objData.put("row", rondaInfo.getAllrow());
        objData.put("col", rondaInfo.getAllcol());
        TUser tuser = (TUser) session.getAttribute("user");
        if(tuser != null){
            objData.put("user_tel", tuser.getTel());
        }
        response.setCharacterEncoding("utf-8");
        response.getWriter().print(objData.toString());
        System.out.println("*************" + objData.toString());
    }
}
```

（2）逻辑类 RondaBiz 中的订票操作。

```
@Service("rondaBiz")
public class RondaBiz {
    @Autowired
```

```java
        private RondaDao rondaDao;
        /**
         * 更新指定场次下座位的状态为已选定（3）
         * 注意：在并发环境下，你选定的座位可能被人提前下单，所以当前提交可能失败
         * @param rid 场次号
         * @param seatSZ 选定的座位序号
         */
        public List<String> orderTicket(int rid,String[] seatSZ) throws Exception{
            List<String> seatList = rondaDao.checkInflictSeat(rid, seatSZ);
            if(seatList != null && seatList.size()==0){
                rondaDao.orderTicket(rid, seatSZ);
            }
            return seatList;
        }
}
```

（3）持久层 RondaDao 中 checkInflictSeat() 进行座位冲突检查。

```java
@Repository("rondaDao")
public class RondaDao {
        @Autowired
        private RondaMapper rondaMapper;
        /**
         * 输入的座位，如果库中状态不为1，则为占座冲突
         * @param rid 场次
         * @param seatSZ 选定的座位
         * @return 冲突座位编号
         */
        public List<String> checkInflictSeat(@Param("rid")int rid,
                          @Param("seatSZ")String[] seatSZ) throws Exception{
            return rondaMapper.checkInflictSeat(rid, seatSZ);
        }
}
```

（4）在 mybatis 中实现座位冲突检查。

```xml
<select id="checkInflictSeat" resultType="String">
      select seatno from (select rownum rn,tb.* from
            (select * from trondaseat where rid=#{rid} order by rsid)tb) where rn in
      <foreach item="seat" index="index" collection="seatSZ" open="(" separator=", " close=")">
            #{seat}
      </foreach>
      and state in (2,3)
</select>
```

4.14 案例：分布式连锁酒店管理系统表设计

由于连锁酒店城市分布广泛，价格较为低廉，服务标准统一，所以已经逐渐成为人们旅行出差住宿的首选。酒店分布在不同的地域，管理难度较大，因此采用一套统一的信息管理系统进行所有酒店的管理就显得非常重要。

本项目的主要功能如下所述（可以自由扩展）。

总店业务功能如下。

(1) 用户可以在总店网站注册,在网站搜索房源(省、市、区县)、选择目的地,然后下单订房(需要考虑与分店订房信息同步的策略)。
(2) 未注册的用户可以搜索酒店,但是不能下单。
(3) 作为连锁酒店,所有分店的房源类型应保持一致,并可以增加。
(4) 对于注册用户,可以送积分和优惠券。
(5) 用户可以对已经入住过的分店,写评价。每条入住记录只能写一条评价。
(6) 总店的后台部分,可以查看各个分店的入住信息和销售额。
(7) 总店后台可以生成分店销售和入住率的统计图表。
(8) 对加盟酒店进行加盟费和管理费管理。
(9) 分店的数量可以增加或减少。
连锁分店业务功能如下。
(1) 录入分店的房源信息(参考:分店的房源信息可以批量手动同步,与总店的房源数据保持一致)。
(2) 房间设备和用品的录入与维护。
(3) 电话预订:分店系统不在外网,用户不能直接在网上对分店房源进行预订。但是可以通过电话,直接在分店下单(房间预订数据,应与总店保持一致)。
(4) 入住登记(参考实现:用户预订过房间的,需要把预订单转成入住登记单,生成入住登记单时应同时更新总店数据。没有预订的,如有房源,可以直接生成入住登记单)。
(5) 允许客人在入住期间,调换房间,考虑用户一人登记多个房间,并一起结算的情况。
(6) 离店结算。
参考实现:格林豪泰、7 天、速 8 等连锁酒店的公网站点。

4.14.1　项目需求与设计

图 4-82 所示为分布式酒店系统的总体架构图。在酒店系统的总店,分别部署 Web Server 集群和 Web Service。公网用户直接访问总店的 Web Server 进行酒店预订、订单查询等操作;每家分店有自己的 Web 服务器和数据库,分店可以独立地进行房间预订,也可以接收总店的预订单;分店与总店的数据同步使用 Web Service 进行。

如图 4-83 所示,用户登录酒店的公网站点,可以输入入住城市、入住日期、离店日期,搜索酒店,图 4-84 所示为酒店搜索结果,会列表显示酒店名称与位置、房型信息、价格,还有房间状态、是否有早餐等。

如图 4-85 所示,注册用户可以在总店外网查询历史订单、未入住订单,取消未入住订单等。

图 4-86 所示为总店后台管理员添加分店的操作。

图 4-87 所示为分店管理员对分店房间信息进行维护的操作。

图 4-88 所示为分店预订单管理页面,分店可以看到在总店前台预订的分店订单信息;用户也可以直接打电话给分店前台,生成预订单。

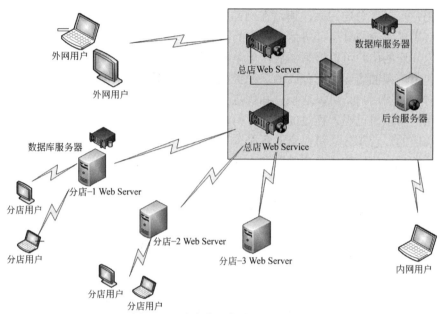

图 4-82　分布式酒店系统总体架构

图 4-83　搜索酒店

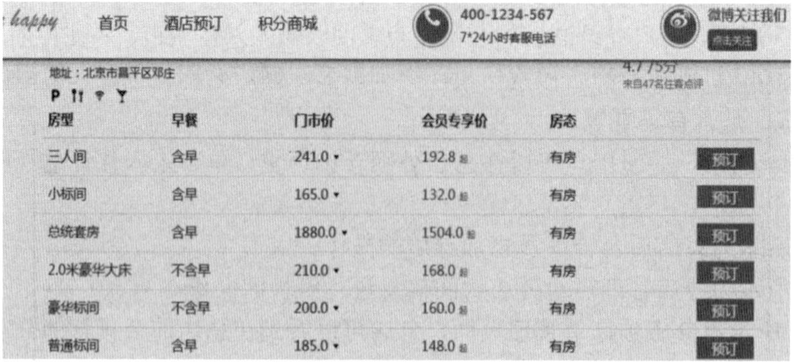

图 4-84　酒店搜索结果

图 4-85 我的订单

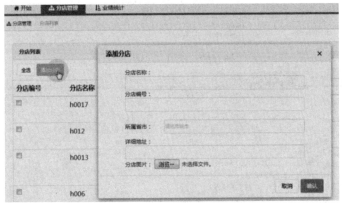

图 4-86 总店后台添加分店

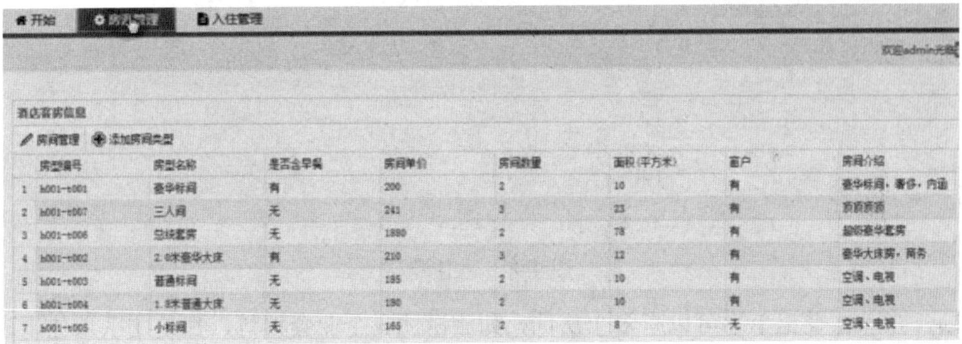

图 4-87 分店房间管理

图 4-88 分店预订单管理

图 4-89 所示为入住登记单管理。预订单可以直接转成入住登记单，用户也可以在酒店前台，直接生成入住登记单（如图 4-90 所示）。

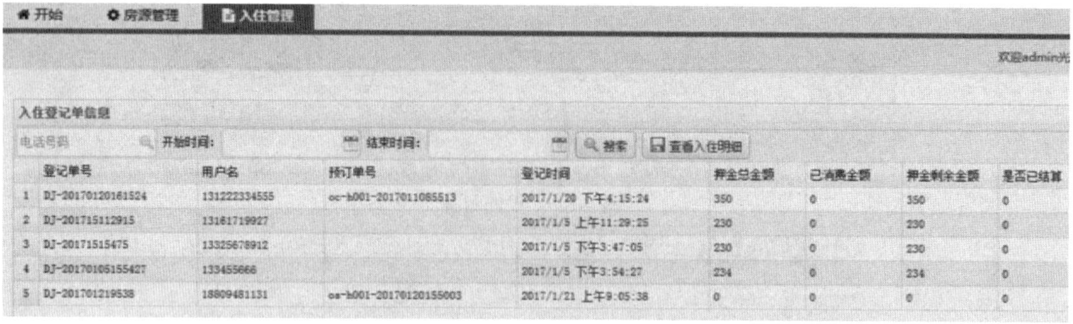

图 4-89　入住登记单管理

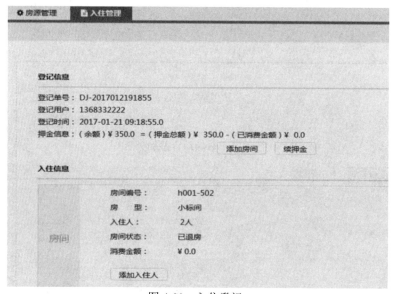

图 4-90　入住登记

同一张入住登记单下可以有多个房间，如旅游团、企业会议等，都是团队入住，这些统一在一张入住登记单下结算即可（如图 4-91 所示）。每个房间都可以独立入住、独立消费、独立登记入住人信息，房间退房时无须结算，由登记单统一结算。

4.14.2　物理表设计

1. 总店物理表设计

如图 4-92 所示，一个城市下有多家酒店，城市与酒店是一对多的关系。一个酒店有多张宣传图片，酒店与宣传图片的也是一对多的关系。

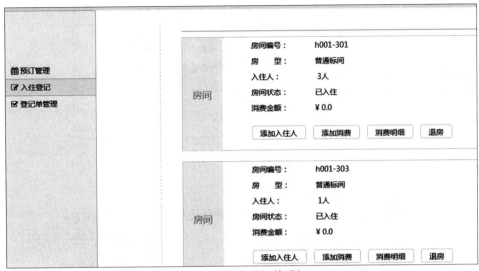

图 4-91 入住登记单明细

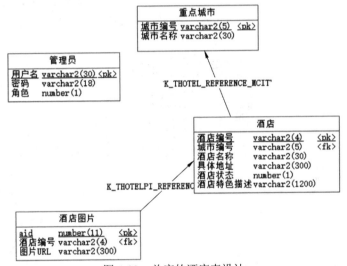

图 4-92 总店的酒店表设计

如图 4-93 所示，一个酒店下有多间客房，所有酒店的房型信息统一管理，因此酒店与房型是多对多的关系。注意：用户订房时，由于同一间客房每天都可以产生预订信息，因此用户预订的其实是每天客房数据。根据实际需求，一般最长可以预订一个月后的客房，因此每天客房数据可以由定时器，在每天凌晨的时候生成一个月后的每天客房数据。自动生成的客房数据，房间状态为空闲，只有生成了空闲的每天客房数据，才能允许用户预订。

如图 4-94 所示，用户登录总店的公网站点后，通过搜索找到空闲酒店（如图 4-83 和图 4-84 所示），提交预订请求后，生成预订单和订单明细。在订单明细中，对同一房间的每日预订，都会产生一条记录。

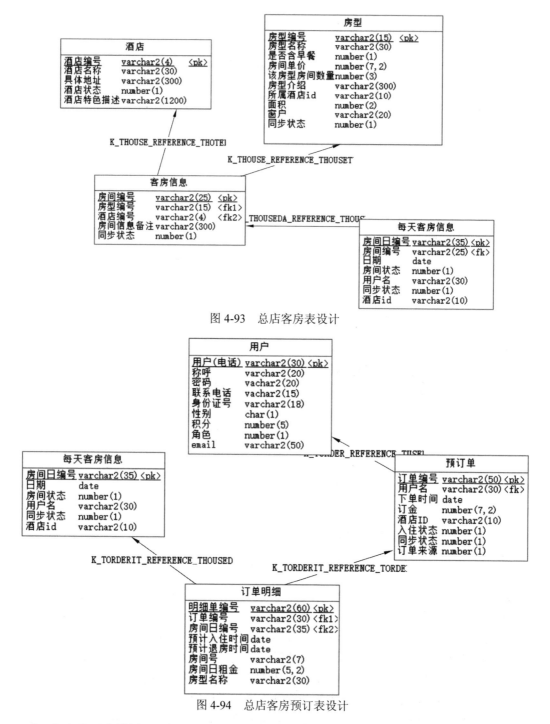

图 4-93　总店客房表设计

图 4-94　总店客房预订表设计

2. 分店物理表设计

如图 4-95 所示，每个分店都存储本店的客房信息。当分店新增客房或客房维修时，客房变化数据通过 Web Service 自动同步到总店中（如图 4-93 所示）。

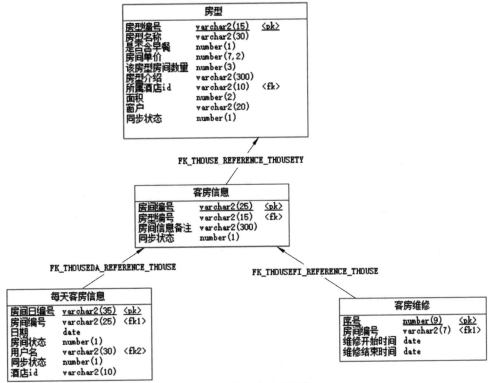

图 4-95　分店客房表设计

总店与分店的客房结构相同，总店存储所有分店的客房数据，而分店只存储本店的客房数据。注意：分店中无须酒店表，每个酒店的编号通过配置文件设置。

如图 4-95 和图 4-96 所示，分店的客房预订数据存储与总店的存储结构相同。客户入住酒店，需要进行入住登记。入住登记单可以源于预订单（包含本店预订数据和总部同步过来的预订数据），也允许用户未预订，直接在酒店前台入住登记。

如图 4-97 所示，客户入住酒店后，生成入住登记单。一张入住登记单包含多条入住明细，每条入住明细对应一个房间。每个房间包含多名入住人员，每个房间有独立的消费清单，每个房间可以独立地退房。如果用户想换房，先要办理退房手续，然后再重新生成一条入住明细。用户离店结算，一条入住登记单对应一条结算记录。

4.14.3　项目核心代码

图 4-82 所示为项目总体架构图，总店和分店都有数据库，既可以从总店的公网预订客房，也可以从分店直接预订客房。这种设计的好处是分店业务不会受限于总店服务器，也不会受限于网络。如果采用集中部署模式，即所有数据都存储于总部的服务器，一旦总店服务器出现问题或网络出现问题，就会对所有分店的业务产生严重影响。

234 Java系统分析与架构设计

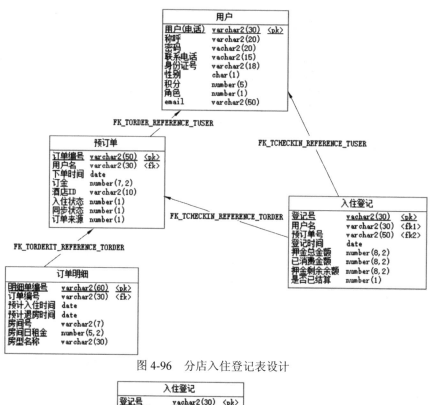

图 4-96 分店入住登记表设计

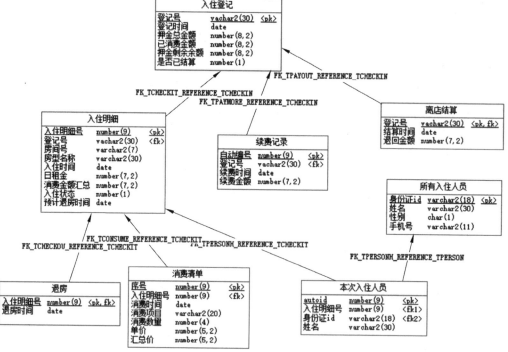

图 4-97 客房消费与结算

当前总体架构设计当然也存在缺陷，假设分店外网出现问题，这时总店和分店都可以独立地接受预订请求，这样就可能会出现预订冲突问题。当前所有的预订只具体到房源类型，不会指定房间编号，但是房源紧张时，网络异常造成预订冲突的现象仍然不可避免。

网络或服务器异常解决后，分店与总店必须要及时进行数据同步，把同步数据时出现的冲突数据记录到图 4-98 中的房间冲突数据表中，然后通过人工干预方式解决冲突。

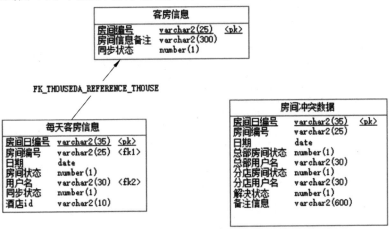

图 4-98　房间预订冲突表设计

（1）ISynchronizedData 为数据同步接口。

```
public interface ISynchronizedData {
    /**
     * 双向同步总店和分店所有需要同步的数据
     * 1. 同步上传所有未同步的房型数据
     * 2. 同步上传所有未同步的房间数据
     * 3. 同步下载总店的订单和每日房间数据
     * 4. 同步上传分店的每日房间变化数据
     */
    public void synchronizedAllData() throws Exception;
    /**
     * 手动解决分店冲突表中的冲突数据后，把表中的 resolveState 置为 1
     */
    public void synchroConflictState(String droomno) throws Exception;
}
```

（2）SynchronizedDataImpl 是 ISynchronizedData 的实现类。

```
@Service("synchroBiz")
@Transactional(readOnly = true)
public class SynchronizedDataImpl implements ISynchronizedData{
    @Autowired
    private ISynchronizedDataDao synchroDao;
}
```

（3）分店与总店进行数据同步。

```
public void synchronizedAllData() throws Exception{
    IOrder iorder=(IOrder)SpringFactoryCXF.getContext().getBean("orderClient");
    IHouse ihouse = (IHouse)SpringFactoryCXF.getContext().getBean("houseClient");
    //同步上传所有未同步的房型数据
```

```java
            List<HouseType> hts = synchroDao.getAllUploadThouseType();
            if(hts != null && hts.size()>0){
                ihouse.uploadHouseType(hts);
                    synchroDao.updateAllHouseTypeState();;
            }
            //同步上传所有未同步的房间数据
            List<House> hList = synchroDao.getAllUploadHouse();
            if(hList != null && hList.size()>0){
                ihouse.uploadHouse(hList);
                synchroDao.updateAllHouseState();
            }
            //同步下载总店变化的订单和每日房间数据
            OrdersAndHouseday ordersAndHouseday = iorder.autoDownOrdersAndHouseday
(ConfigFileInfo.getHotelInfo().getHid());
            List<Order> headOrders = ordersAndHouseday.getOrders();
            if(headOrders != null){
                for(Order order : headOrders ){
                    System.out.println("收到总店订单--" + order.getOrderid() + "--"
                            + order.getOrdertime());
                }
                //对于synState=0 的Torder，为新订单，插入本地，同时synState置为1
                //对于synState=2 的Torder，为订单取消，修改本地Torder的checkState=4，
                //synState=1
                synchroDao.updateHeadhotelOrders(headOrders);
}
    List<HouseDay> headHdays = ordersAndHouseday.getHdays();
    if(headHdays != null){
            for(HouseDay hd : headHdays){
                System.out.println("收到总店日房间数据：" + hd.getDroomno() +"--state="
                    +hd.getState()+"--sysnstate="+ hd.getSynState());
            }
/*
*    THouseDay 中的 state=1,synState=0 的数据，本地修改为 1,1
*    THouseDay 中的 state=0,synState=2 的数据，本地修改为 0,1
*    THouseDay 中的 synState=3 的数据，先把数据插入本地冲突表中，然后修改本地
*    synState=1
*/
            synchroDao.updateHeadhotelHouseday(headHdays);
    }
    //每日房间数据同步(抽取成了static方法，便于分店实时同步数据)
            synHousedayData(synchroDao);
            //同步上传分店Torder 中的 synState=0，checkState=1
            // synstate=2,checkState=4 的订单数据
            List<OrderTable> orders = synchroDao.getAllUploadOrder();
            iorder.autoUploadOrder(orders);
            synchroDao.updateUploadOrderState(orders);
}
```

（4）手动解决分店冲突表中的冲突数据后，把表中的 **resolveState** 置为 1。

```java
public void synchroConflictState(String droomno) throws Exception {
        synchroDao.synchroSubhotelConflictState(droomno);
}
```

（5）每日客房数据同步。

```java
public static void synHousedayData(ISynchronizedDataDao synchroDao) throws Exception{
    IOrder iorder = (IOrder)SpringFactoryCXF.getContext().getBean("orderClient");
```

```
//同步上传分店 synstate=0,state!=0 的数据,还有 synstate=2、synstate=3 的客房数据
List<HouseDay>  hdays = synchroDao.getAllUploadHouseday();
if(hdays != null){
    for(HouseDay hd : hdays){
        System.out.println("分店上传数据: " + hd.getDroomno() +"---synstate"
          + hd.getSynState() + "---state=" + hd.getState());
    }
}
//远程上传客房数据
List<HouseDay> hdaysConflict = iorder.autoUploadHouseday(hdays);
if(hdays != null){
    //总店处理后,分店修改所有上传数据的状态为 synstate=1
    synchroDao.updateUploadThouseday(hdays);
}
if(hdaysConflict != null){
    for(HouseDay hd : hdaysConflict){
        System.out.println("收到总店返回的冲突数据: " + hd.getDroomno()
          +"---synstate"+hd.getSynState()+"---state="+hd.getState());
    }
    //收到总店返回的冲突数据,写入冲突表,人工干预解决
    synchroDao.addConflictHouseday(hdaysConflict);
}
}
```

4.15 案例:中国石油物资采购管理信息系统表设计

4.15.1 项目功能需求与设计

中国石油物资采购管理系统(PMS)的项目需求参见 1.1 节。

供应商管理系统主窗口,如图 4-99 所示,不同的用户身份不同,看到的菜单也各不相同。供应商管理部分涉及的角色主要有系统管理员、供应商、专业工作组、评审委员会、物采部、投诉处理监督部门、财务人员等。

图 4-99 供应商管理系统主窗口

如图 4-100 所示,工作组登录 PMS 后,提交供应商准入申请。
如图 4-101 和图 4-102 所示,物采部门人员登录 PMS 进行供应商准入方案审核。

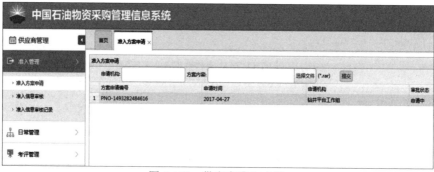

图 4-100 供应商准入申请

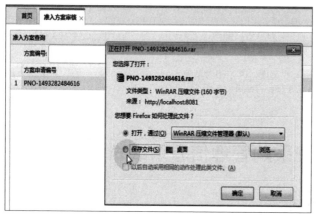

图 4-101 供应商准入方案审核资料下载

图 4-102 供应商准入方案审核意见

供应商准入方案审核通过后,供应商即可登录 PMS,提交准入申请信息,如图 4-103～图 4-105 所示,提交内容很多,需要分三步来提交。

图 4-103 供应商准入申请-1

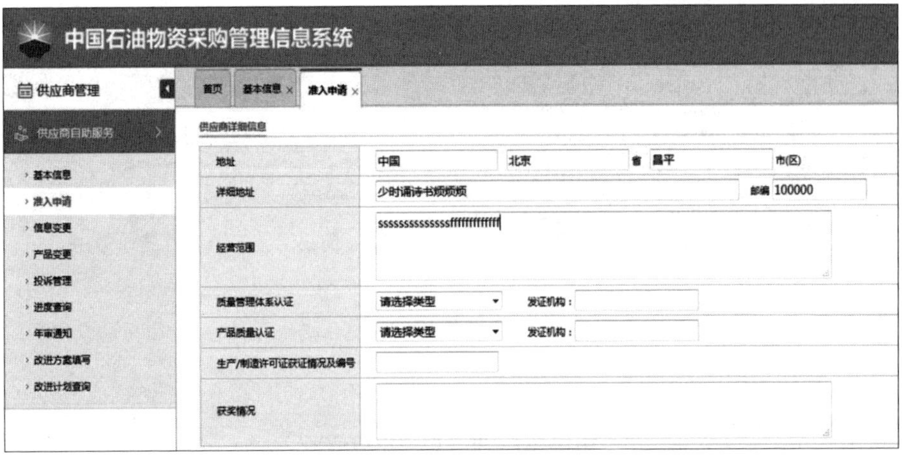

图 4-104　供应商准入申请-2

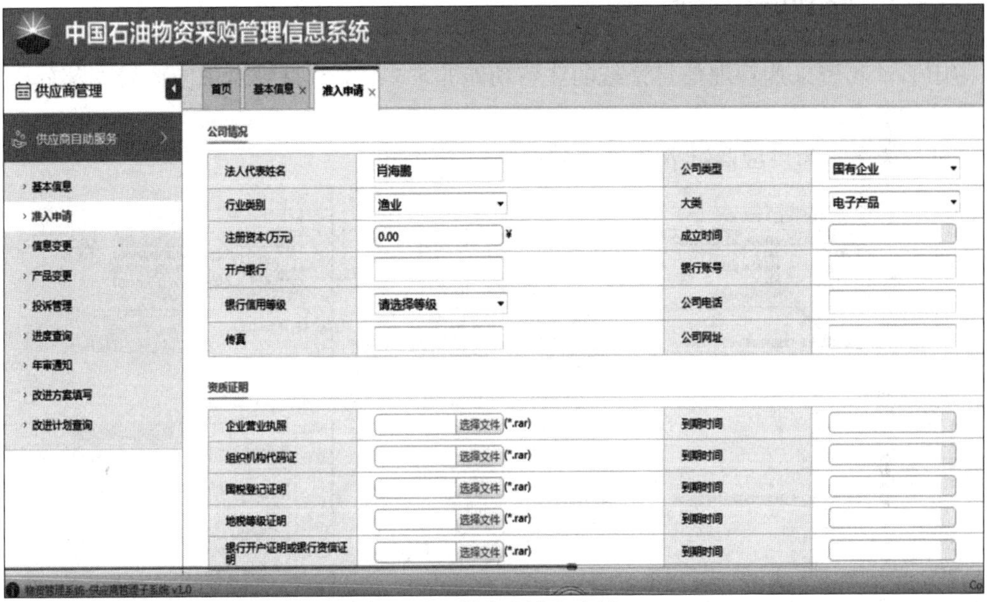

图 4-105　供应商准入申请-3

如图 4-106 所示，供应商提交准入申请后，工作组人员登录 PMS 进行准入审核。

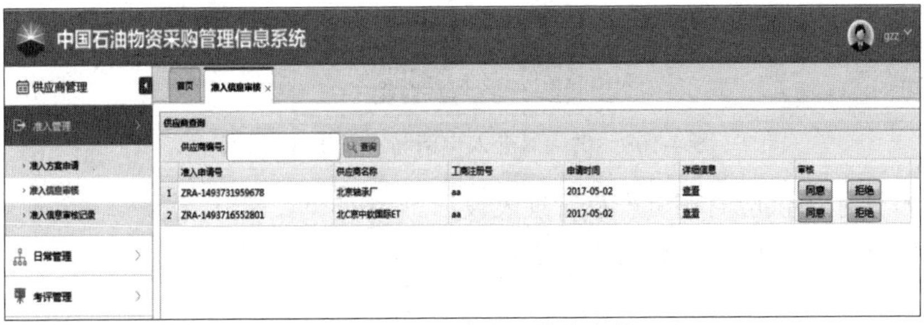

图 4-106　供应商准入信息审核

图 4-107 显示所有供应商准入申请的审核结果。

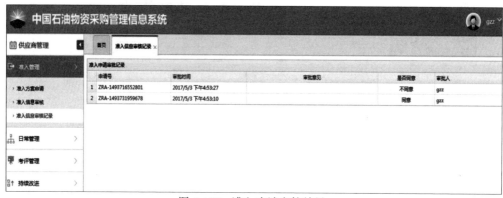

图 4-107 准入申请审核结果

4.15.2 物理表设计

中国石油物资采购管理信息系统的业务功能非常多，本节只针对供应商管理部分进行物理表设计供参考。

图 4-108 所示为供应商准入申请与审批操作表设计。

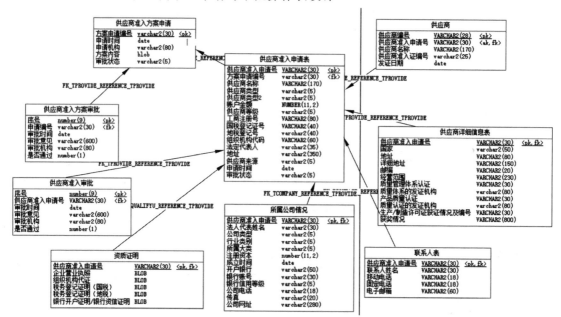

图 4-108 供应商准入申请与审批操作表设计

图 4-109 所示为供应商物资产品管理表设计。

图 4-110 所示为供应商信息变更表设计。

第4章　持久层物理表设计　241

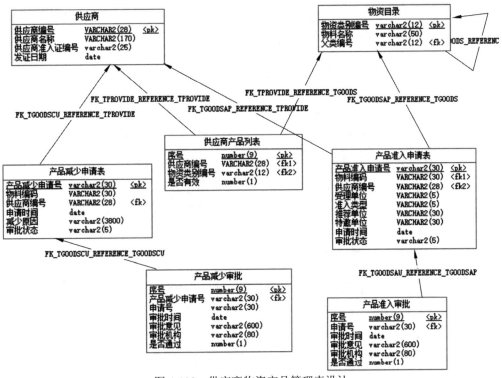

图 4-109　供应商物资产品管理表设计

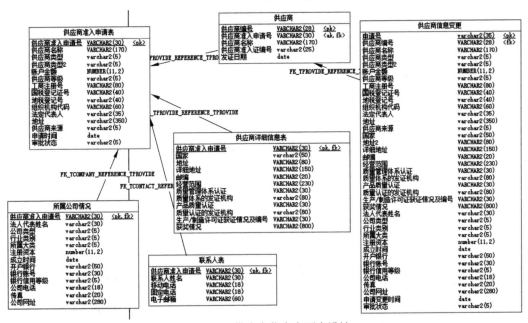

图 4-110　供应商信息变更表设计

图 4-111 所示为供应商投诉管理表设计。

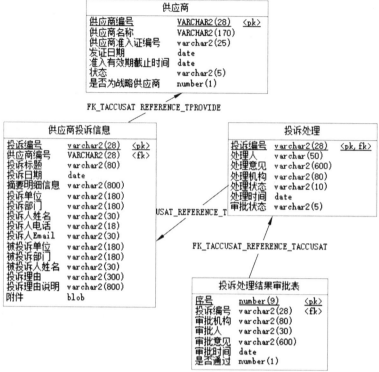

图 4-111　供应商投诉管理表设计

图 4-112 所示为供应商持续改进管理表设计。

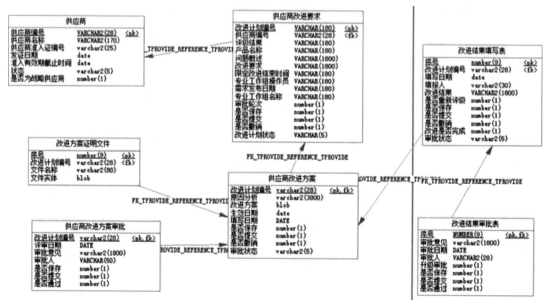

图 4-112　供应商持续改进管理表设计

图 4-113 所示为供应商考评管理表设计。

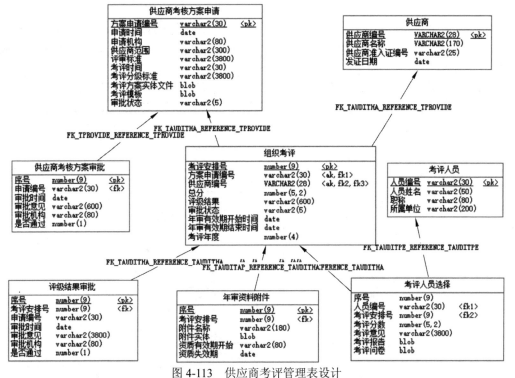

图 4-113 供应商考评管理表设计

图 4-114 所示为供应商年审管理表设计。

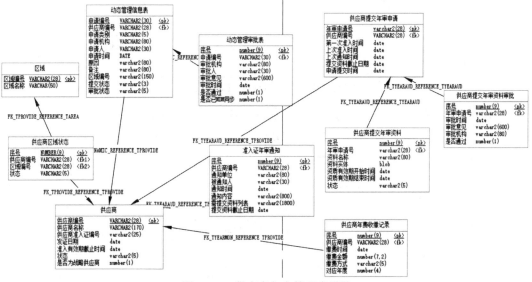

图 4-114 供应商年审管理表设计

4.15.3 项目核心代码

PMS 相关业务需要和 ERP 系统、合同管理系统、公共编码数据平台（MDM）等系统进行频繁交互，与这些系统的集成也是 PMS 的主要建设内容之一。如图 4-115 所示，供应商编码管理会同时涉及 MDM 和 ERP 系统。

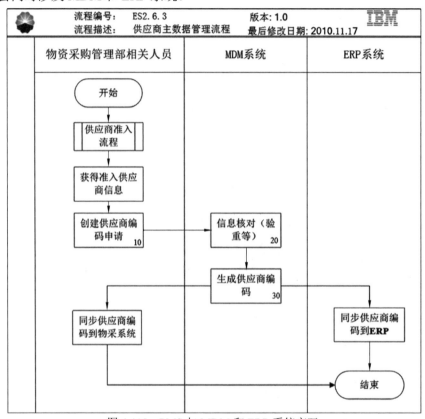

图 4-115　PMS 与 MDM 和 ERP 系统交互

PMS 审核供应商准入申请后，向 MDM 系统发送"生成供应商编码"的申请，供应商编码在 MDM 系统中统一管理。PMS 与 MDM 的交互采用 Web Service 开发架构。

（1）Web 服务接口 IMasterDataManagement 设计。

```
@WebService
public interface IMasterDataManagement {
    /**         * 信息核对（验重等）         */
    @WebMethod
    public String infoCheck()throws Exception;
    /**
     * 获得供应商编码
     * @param supNumber 供应商编号
     * @return 供应商编码
     * @throws Exception
     */
```

```
    @WebMethod
    public String getSupCode(String supNumber)throws Exception;
    /**
     * 发布供应商编码到 PMS
     * @param supNumber
     * @return save code successful
      */
    @WebMethod
    public String saveSupCode(String supNumber)throws Exception;
}
```

（2）Web 服务接口 IProvider 设计。

```
@WebService
public interface IProvider {
    /**
     * 申请供应商编码（MDM 系统需要核准操作，不能立即返回有效编码）
     * @param provider 供应商信息
     */
    @WebMethod
    public void applyProviderCode(ProviderDTO provider) throws Exception;
    /**
     * 读取 MDM 系统所有未同步的供应商编码，然后把同步状态修改为 1
     * @return
     */
    @WebMethod
    public List<ProviderDTO> syncProviderCode() throws Exception;
}
```

（3）PMS 中引入 client-beans.xml 配置文件，声明 Web 服务接口。

```
<beans xmlns="http://www.springframework.org/schema/beans"
    xmlns:xsi="htp://www.w3.org/2001/XMLSchema-instance"
    xlns:jaxws="http://cxf.apache.org/jaxws"
    xsi:schemaLocation="
    http://www.springframework.org/schema/beans
    http://www.springframework.org/schema/beans/spring-beans.xsd
    http://cxf.apache.org/jaxws http://cxf.apache.org/schemas/jaxws.xsd">
    <jaxws:client id="providerClient" serviceClass=
        "com.cnpc.mdm.service.IProvider"
            address="http://localhost:8081/MDMService/ProviderService"/>
    <jaxws:client id="masterClient"
            serviceClass="com.cnpc.mdm.service.IMasterDataManagement"
            address="http://localhost:8081/MDMService/MasterService" />
</beans>
```

（4）封装远程 Web 服务调用。

```
public class MDMClient {
    public static ApplicationContext ctx;
    static{
        ctx = new ClassPathXmlApplicationContext("client-beans.xml");
    }
}
```

（5）PMS 使用 CXF 调用 Web Service 与 MDM 进行交互。

```
@Service("providerInfoBiz")
@Transactional(readOnly = true)
public class ProviderInfoBiz {
    @Autowired
```

```java
    private ProviderInfoDao providerInfoDao;
    /** * 读取MDM系统所有未同步的供应商编码,然后写入TProvider中 */
    @Transactional(rollbackFor=Throwable.class)
    public int syncProviderCode() throws Exception{
        IProvider iprov = (IProvider)MDMClient.ctx.getBean("providerClient");
        List<ProviderDTO> provList = iprov.syncProviderCode();
        for(ProviderDTO pro : provList){
            System.out.println("读取到供应商同步编码: " + pro.getPno());
        }
        providerInfoDao.addProviderCode(provList);
        return provList.size();
    }
    /**
     * 根据供应商的准入申请号,提取对应的供应商信息,提交给MDM系统
     * MDM系统需要审批后,才能分配供应商编码
     */
    public void applyProviderCode(String pano) throws Exception{
        IProvider prov = (IProvider)MDMClient.ctx.getBean("providerClient");
        ProviderDTO providerDTO = providerInfoDao.getProviderInfo(pano);
        if(providerDTO != null){
            System.out.println("向MDM提交供应商编码申请,pano=" + pano);
            prov.applyProviderCode(providerDTO);
        }
    }
}
```

第 5 章 持久层 Redis 数据库设计

Redis（Remote Dictionary Server），即远程字典服务，Redis 是一个 key-value 型的 NoSQL 数据库。

Redis 的官网地址为 redis.io，从 2010 年 3 月 15 日起，Redis 的开发工作由 VMware 主持，Redis 的开发由 Pivotal 赞助。

5.1 Redis 功能介绍

与 Memcached 相比，Redis 支持存储的 value 类型更多，包括 string（字符串）、list（链表）、set（集合）、zset（sorted set 有序集合）和 hash（哈希类型）。这些数据类型都支持 push/pop、add/remove 及取交集、并集和差集或更丰富的操作，而且这些操作都是原子性的。在此基础上，Redis 支持各种不同方式的排序。与 Memcached 一样，为了保证效率，数据都是缓存在内存中。区别是 Redis 会周期性地把更新数据写入磁盘或写入追加的记录文件，并且在此基础上实现了 Master-Slave（主从）同步。

Redis 是一个高性能的 key-value 数据库，在很大程度补偿了 Memcached 这类 key/value 存储的不足，在部分场合可以对关系数据库起到很好的补充作用。Redis 提供了 Java、C/C++、C#、PHP、JavaScript、Perl、Object-C、Python、Ruby、Erlang 等客户端，使用非常方便。

Redis 支持主从同步，数据可以从主服务器向任意数量的从服务器上同步，这使得 Redis 可以执行单层树复制。存盘可以有意无意地对数据进行写操作。由于完全实现了发布/订阅机制，使得从数据库在任何地方同步树时，都可以订阅一个频道并接收主服务器完整的消息发布记录。同步对读取操作的可扩展性和数据冗余很有好处。

Redis 不是比较成熟的 Memcached 或者 MySQL 的替代品，是对于大型互联网应用在架构上很好的补充。现在越来越多的互联网平台纷纷在做基于 Redis 的架构改造，如京东、淘宝、当当、唯品会、美团、新浪微博等。

下面简单公布一下源于新浪微博的 Redis 平台实际应用数据，供参考。

- 每天 5000 亿次读写操作。
- 超过 18TB 内存。

- 500 多个服务器。

5.2 Redis 应用场景

Redis 的应用场景基于 Redis 自身的以下特点。
- Redis 是内存数据库，读写速度非常快，因此 Redis 适合做 Cache（缓存），用于提高数据访问速度，减少关系数据库的压力。
- 关系数据库的 Connection 连接数非常有限（单机在几千以内），而 Redis 的单机并发连接可以达到几十万，因此适合在高并发环境缓解关系数据库的压力。
- Redis 中没有事务（Transaction）控制，因此关键的交易数据读写仍然需要关系数据库，非关键数据的读写可以转到 Redis 中。
- Redis 数据之间没有关联关系，数据结构简单，数据拓展容易，因此 Redis 适合做大集群部署，数据承载量非常庞大。
- Redis 中的数据类型简单，无法做结构化查询（SQL），因此不适合有复杂关系的数据读写。

Redis 的实际应用非常广泛，下面简单列举几个常见的应用场景。
- 与关系数据库配合，做高速缓存。
- 全局计数器（如文章的阅读量、微博点赞数）。
- 利用 zset 类型存储排行榜数据。
- 利用 list 自然排序存储最新 n 个数据（新浪/Twitter 用户消息列表）。
- HTTP Session 数据存储。
- 分布式锁应用，防止超卖。
- 高并发环境全局 ID 获取（如生成唯一的订单编号）。
- 限流（int 类型的 incr 方法，限制访问次数）。
- 利用 hash 结构做购物车存储。
- 消息队列（list 提供了两个阻塞的弹出操作：blpop/brpop）。
- 防止缓存穿透和雪崩故障。

5.3 Redis 下载与安装

Redis 目标安装环境 CentOS7，安装步骤如下。
（1）下载 Redis 安装包。
从 Redis 官网下载 redis-5.0.10.tar.gz，使用 xftp 工具上传到/usr/local 目录下（如图 5-1 所示）。
（2）进入虚拟机 local 目录，解压 Redis 安装包。

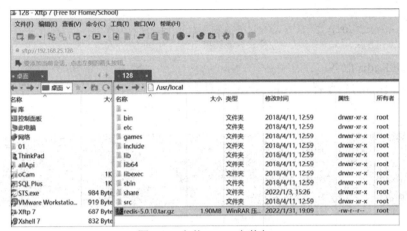

图 5-1　上传 Redis 安装包

```
# cd  /usr/local
# tar  -xzvf  redis-5.0.10.tar.gz       //把压缩包解压
# mv  redis-5.0.10 redis                //修改解压后的目录名
# rm  redis-5.0.10.tar.gz               //删除压缩包
```

（3）安装 GCC 编译环境。

```
# yum install -y gcc-c++
# gcc  -v                               //查看安装后的 GCC 版本
```

（4）使用 GCC 编译 Redis。

```
# cd  /usr/local/redis                  //进入安装目录
# make                                  //编译
# make                                  //再次编译确认
```

（5）安装 Redis。

```
# make install
```

（6）检查 Redis 安装信息。

进入 cd /usr/local/bin 目录，若显示如图 5-2 所示信息，表示 Redis 安装成功。

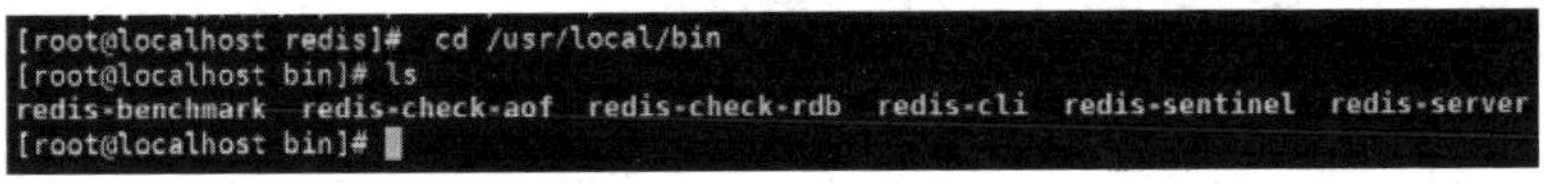

图 5-2　Redis 安装信息

（7）修改 Redis 配置文件。

进入 Redis 的安装目录 cd /usr/local/redis，修改 redis.conf 的配置信息（如图 5-3 所示）。

图 5-3　Redis 配置文件

修改 Redis 启动模式如下。

```
#vim redis.conf
    daemonize yes           //作为后台服务启动
```

```
    protected-mode no
    #bind 127.0.0.1          //允许外部使用IP访问，注释掉该行
    cat redis.conf           //检查修改结果
```

（8）启动 Redis 服务。

直接执行下面的命令行，redis-server 启动时需要访问 redis.conf 配置文件。

```
# /usr/local/bin/redis-server /usr/local/redis/redis.conf
# ps -ef | grep redis     //redis启动后，检查redis进程（如图5-4所示）
```

图 5-4　启动 Redis 服务器

（9）客户端连接 Redis 服务器（如图 5-5 所示）。

```
# redis-cli -p 6379                              //本地连接方式
# redis-cli -h 192.168.25.128  -p 6379           //远程连接方式
# ping                                           //测试回应PING
# keys *
# exit                                           //客户端退出
```

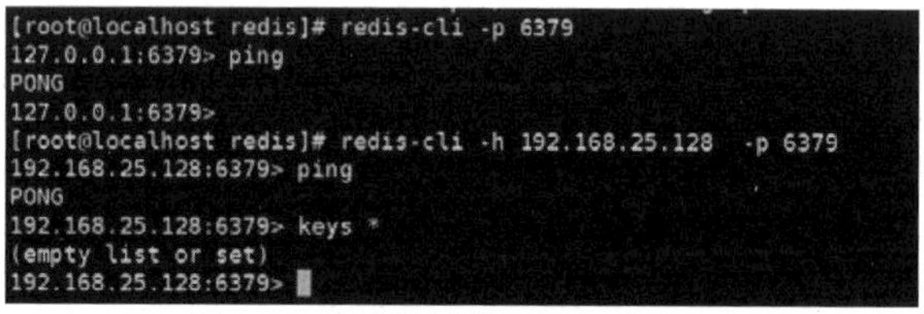

图 5-5　客户端连接 Redis 服务器

（10）使用 Jedis 访问测试。

```
# service firewalld status    //查看防火墙状态
# service firewalld stop      //关闭所有端口的防火墙
```

5.4　案例：当当书城 Redis 实战

当当书城功能需求和物理表设计参见 4.8 节。本节在 4.8 节的基础上，引入 Redis 数据库对当当书城进行性能优化和功能完善。

5.4.1　Jedis 连接 Redis 服务器

Jedis 是连接 Redis 服务器最常用的客户端，在 Java 环境导入包 jedis-2.6.1.jar 和 commons-pool2-2.4.2.jar，即可使用 Jedis 客户端连接 Redis 服务器。

参考代码类 RedisUtil，使用连接池方式访问 Redis，核心代码如下。

```java
public class RedisUtil {
    private static String ADDR = "192.168.25.128";    //Redis服务器IP
    private static int PORT = 6379;                    //Redis的端口号
```

```java
    private static JedisPool jedisPool = null;
    /**          * 初始化Redis连接池           */
    static {
        try {
            JedisPoolConfig config = new JedisPoolConfig();
            config.setMaxTotal(80000);          //可用连接实例的最大数量
            config.setMaxIdle(200);
            config.setMaxWaitMillis(10000);     //单位毫秒,默认值为-1,表示永不超时
            config.setTestOnBorrow(true);       //通过提前测试,确保连接可用
            jedisPool = new JedisPool(config, ADDR, PORT);
        } catch (Exception e) {
            Log.logger.error(e.getMessage(), e);
        }
    }
    /**
     *  获取Jedis实例
     *  @return
     */
    public synchronized static Jedis getJedis() throws Exception {
        Jedis jedis = null;
        if (jedisPool != null) {
            jedis = jedisPool.getResource();
        }
        return jedis;
    }
}
    /**          * 释放Jedis资源            */
    public static void close(final Jedis jedis) {
        if (jedis != null) {
            jedisPool.returnResource(jedis);
        }
    }
}
```

5.4.2 图书缓存和排序

参见4.8节的当当书城主页(如图4-38所示),主页显示的图书都是后台设置的推荐图书(如图4-40所示的表设计)。传统的实现方法是从MySQL数据库中直接提取主页推荐图书,但是当当书城用户量庞大,频繁的主页访问会给MySQL数据库带来巨大的压力。

如果把图书数据缓存到Redis数据库中,主页推荐图书从Redis中提取,就会大大缓解MySQL数据库的压力。操作步骤如下。

(1) 定义监听器,在系统启动时装载所有图书数据。

```java
@WebListener
public class LoadListener implements ServletContextListener {
    private BookBiz bkBiz;
    /**        * 监听器访问Spring容器,加载所有图书       */
    public void contextInitialized(ServletContextEvent sce) {
        ApplicationContext ctx = WebApplicationContextUtils
                .getWebApplicationContext(sce.getServletContext());
        bkBiz = ctx.getBean(BookBiz.class);
        try {
            Jedis jedis = RedisUtil.getJedis();
            loadAllBooks(jedis);
```

```java
                setMainSortBooks(jedis);
                RedisUtil.close(jedis);
                Log.logger.info("数据库连接OK,所有图书已经加载到Redis 中");
                bkBiz.logPath();
            } catch (Exception e) {
                Log.logger.error(e.getMessage(),e);
            }
        }
        /**     * 把所有的图书信息都装载到Redis 数据库中,存储类型为hash     */
        private void loadAllBooks(Jedis jedis) throws Exception{
            List<Book> books = bkBiz.getAllBooks();            //从数据库中读取所有图书
            Map<String, String> map = new HashMap<String, String>();
            for(Book bk : books){
                String bkString=JsonUtils.objectToJson(bk); //每本书生成一个json 串
                map.put(bk.getIsbn(), bkString);
            }
            jedis.hmset("allBookList",map);                    //把所有图书,存于hash 中
        }
        /**
         * 主页推荐图书需要按照显示顺序号进行排序,因此存储类型为zset
         * 注意:zset 中只存储排序号和ISBN,图像详情从hash 中提取
         */
        private void setMainSortBooks(Jedis jedis)throws Exception{
            List<MBook> books = bkBiz.getAllMainBook();
            for(MBook bk : books){
                int dno = bk.getDno();
                jedis.zadd("bkMainZset", dno,bk.getIsbn());
            }
        }
    }
```

(2) 所有图书数据,在 Redis 中按照 hash 结构存储,主键是 ISBN,值是 json 串。从 MySQL 数据库中提取的图书实体对象,需要转换成 json 串。实体与 json 串的互转方案,本书推荐使用 jackson 来实现,这也是 Spring 框架优先推荐的 json 转换方案。

```java
public class JsonUtil {
    private static final ObjectMapper MAPPER = new ObjectMapper();
    public static String objectToJson(Object data) throws Exception{
        String string = MAPPER.writeValueAsString(data);
        return string;
    }
    public static <T> T jsonToObject(String jsonData, Class<T>beanType) throws
        Exception{
        T t = MAPPER.readValue(jsonData, beanType);
        return t;
    }
    public static <T> List<T> jsonToList(String jsonData,Class<T>beanType) throws
        Exception{
        JavaType JavaType = MAPPER.getTypeFactory().constructParametricType
                    (List.class, beanType);
        List<T> list = MAPPER.readValue(jsonData, JavaType);
        return list;
    }
}
```

(3) 持久层使用 Mybatis 从 MySQL 中提取主页图书,装载到 Redis 中。

```xml
<select id="getAllMainBook" resultType="MBook">
```

```
    select b.isbn,b.bname,b.price,b.pic,m.dno,m.rtime
          from tbook b,TBookMain m where b.isbn=m.isbn order by m.dno desc
</select>
```

（4）用户访问书城主页时，从 Redis 中提取主页推荐图书信息。

```
@Controller
public class BookAction {
    @Autowired
    private BookRedis bkRedis;
    @RequestMapping("/main")
    public String getMainBook(Model model) throws Exception {
        List<Book> books = bkRedis.getAllMainBook();  //按顺序提取主页图书
        model.addAttribute("books",books);
        return "/jsp/main.jsp";
    }
}
```

（5）从 zset 中提取所有主页图书的顺序，然后从 hash 中提取图书详情。

```
@Service
public class BookRedis {
    /**   * 从 Redis 中读取所有主页推荐的图书         */
    public List<Book> getAllMainBook() throws Exception{
        List<Book> bkList = new ArrayList<Book>();
        Jedis jedis = RedisUtil.getJedis();
        Set<String> isbns = jedis.zrevrange("bkMainZset", 0, -1);
        for(String isbn : isbns){
            String bkstring = jedis.hget("allBookList", isbn);
            Book bk = JsonUtil.jsonToObject(bkstring, Book.class);
            bkList.add(bk);
        }
        RedisUtil.close(jedis);
        return bkList;
    }
}
```

5.4.3 统计图书访问次数

用户在当当书城，通过搜索或主页推荐找到图书后，单击进入图书详情页（如图 5-6 所示）。图书详情信息从 Redis 中提取，性能远高于访问 MySQL。同时图书的每一次访问，都会被记录下来，这样热点图书排行就很容易被统计出来了（如图 5-7 所示）。

图书访问次数统计的实现步骤如下。

（1）普通用户浏览图书时，统计访问次数。

```
@Controller
public class BookAction {
    @Autowired
    private BookRedis bkRedis;
    @RequestMapping("/bookInfo")
    public String getBookInfo(@RequestParam String isbn,Modelmodel) throws
        Exception{
        Book book = bkRedis.getBookInfo(isbn);   //从 Redis 中读取图书详情
        model.addAttribute("bk", book);
        bkRedis.addBookPageView(isbn);           //统计访问次数
        return "/jsp/BookDetail.jsp";
```

    }
}

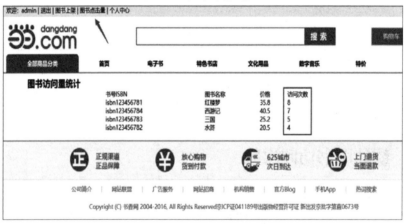

图 5-6　图书详情浏览

图 5-7　图书访问次数统计

（2）BookRedis 逻辑类中的 getBookInfo()从 Redis 中读取图书详情。

```
public Book getBookInfo(String isbn) throws Exception {
    Jedis jedis = RedisUtil.getJedis();
    String bkstring = jedis.hget("allBookList", isbn);
    try {
        return JsonUtil.jsonToObject(bkstring, Book.class);
    } finally {
        RedisUtil.close(jedis);
    }
}
```

（3）BookRedis 逻辑类中的 addBookPageView()方法，表示每次浏览图书时访问次数加 1。

```
public void addBookPageView(String isbn) throws Exception{
    Jedis jedis = RedisUtil.getJedis();
```

```
        jedis.zincrby("bkpv", 1, isbn);          //zset 中存储访问次数,每次给 score 加 1
        RedisUtil.close(jedis);
}
```

(4)管理员登录后,进入页面访问次数统计页。

```
@GetMapping("/back/bkPageView")
public String getBookPageView(Model model) throws Exception{
    List<Book> books = bkRedis.getBookPageView();
    model.addAttribute("bkpv", books);
    return "/back/bookPageView.jsp";
}
```

(5)根据 zset 中的图书访问次数统计,显示排名在前 100 名的热门图书。

```
public List<Book> getBookPageView() throws Exception{
    List<Book> books = new ArrayList<Book>();
    Jedis jedis = RedisUtil.getJedis();
    Set<Tuple> bkpv = jedis.zrevrangeWithScores("bkpv", 0, 100);
    for(Tuple tuple : bkpv){
        String bkJson = jedis.hget("allBookList", tuple.getElement());

        Book book = JsonUtil.jsonToObject(bkJson, Book.class);
        book.setPageview((int)tuple.getScore());
        books.add(book);
    }
    RedisUtil.close(jedis);
    return books;
}
```

(6)视图层显示图书访问排名列表。

```
<table border="0" width=60% align="center">
    <tr>
        <td>书号 ISBN</td>
        <td>图书名称</td>
        <td>价格</td>
        <td>访问次数</td>
    </tr>
    <c:forEach var="bk" items="${bkpv}">
    <tr>
        <td>${bk.isbn}</td>
        <td>${bk.bname}</td>
        <td>${bk.price}</td>
        <td>${bk.pageview}</td>
    </tr>
    </c:forEach>
</table>
```

5.4.4 图书评论

用户浏览器图书时,可以查看评论信息,已登录的用户还可以评论点赞。购买了图书的用户可以发表评论,如图 5-8 所示。

图书评论信息是非关键的业务数据(无须事务控制),因此既可以放在 MySQL 数据库中,也可以放到 Redis 中。

本节讲解基于 Redis 的图书评论代码实现方案,操作步骤如下。

图 5-8　图书评论与评论点赞

（1）从控制器 BookAction 中进入图书评论页。

```
@GetMapping("/pingLun")
public String pingLun(String isbn,Model model) throws Exception{
    List<BookComment> bcList = bkRedis.getBookComments(isbn);
    model.addAttribute("bcList", bcList);
    Book bk = bkRedis.getBookInfo(isbn);
    model.addAttribute("bk", bk);
    return "/jsp/bookComment.jsp";
}
```

（2）从 Redis 中提取已有的当前图书评论信息。在 Redis 中，一本书有多条评论，每本书的所有评论信息使用 list 结构存储，list 的命名规则为"pl-isbn 值"。

```
public List<BookComment> getBookComments(String isbn) throws Exception{
    List<BookComment> comms = new ArrayList<BookComment>();
    Jedis jedis = RedisUtil.getJedis();
    List<String>  bcList =  jedis.lrange("pl-"+isbn, 0, -1);
    for(String bc : bcList){
    BookComment bcJson = JsonUtil.jsonToObject(bc, BookComment.class);
        comms.add(bcJson);
    }
    RedisUtil.close(jedis);
    return comms;
}
```

（3）已购买图书的用户，可以提交评论信息。

```
@PostMapping("/pingLun")
public String pingLun(String bkComm,String isbn,Model model,@SessionAttribute
                User user) throws Exception {
    bkRedis.addBookComment(isbn, user.getUname(), bkComm);
    List<BookComment> bcList = bkRedis.getBookComments(isbn);
    model.addAttribute("bcList", bcList);
    Book bk = bkRedis.getBookInfo(isbn);
    model.addAttribute("bk", bk);
    return "/jsp/bookComment.jsp";
}
```

（4）图书评论数据直接写入 Redis 中。

```
public void addBookComment(String isbn,String uname, String info) throws Exception{
    Jedis jedis = RedisUtil.getJedis();
    BookComment bc = new BookComment();
    bc.setInfo(info);
    SimpleDateFormat sd = new SimpleDateFormat("yyyy-MM-dd HH:mm:ss");
    bc.setPdate(sd.format(new Date()));
    bc.setUname(uname);
    bc.setAid(new Date().getTime());
    bc.setZanNum(0);
    String bcString = JsonUtil.objectToJson(bc);   //每条评论生成一个json串
    jedis.rpush("pl-"+isbn, bcString);              //每本书的评论写入各自的集合中
    RedisUtil.close(jedis);
}
```

5.4.5　图书评论点赞

如图 5-8 所示，用户在图书详情页浏览时，可以进行评论点赞。评论点赞数据也存储在 Redis 数据库中。评论点赞的操作步骤如下。

（1）在 bookComment.jsp 页面中使用 AJAX 提交点赞请求。

```
<c:forEach var="bc" items="${bcList}">
    <tr><td><ul>
        <li>${bc.uname}   ${bc.pdate}   
            <a href="#" onclick="zan('${bk.isbn}',${bc.aid});return false;">
            <img src="<%=basePath%>img/thumb.png" />
            </a> <span id="zan${bc.aid}">${bc.zanNum}</span>
        </li>
        <li>${bc.info}</li>
    </ul></td></tr>
</c:forEach>
function zan(isbn,aid){
    $.ajax({
    type:"POST",
    url: "<%=basePath%>zan.do?isbn=" + isbn + "&aid=" + aid,
    success:function(msg){
            var sid = "#zan"+aid;
            $(sid).html(msg.toString());
        }
    });
}
```

（2）在控制器 BookAction 中处理点赞请求。

```
@ResponseBody
@RequestMapping("/zan")
public int zan(String isbn,long aid)throws Exception {
    int zanNum = bkRedis.zanBookComment(isbn, aid);
    return zanNum;
}
```

（3）Redis 中的点赞逻辑处理。

```
public int zanBookComment(String isbn,long aid) throws Exception{
    int zanNum = 0;
    Jedis jedis = RedisUtil.getJedis();
    List<String> bcList = jedis.lrange("pl-"+isbn, 0, -1);
```

```
        for(int i=0;i<bcList.size();i++){
            String bcJson = bcList.get(i);
            BookComment bc = JsonUtil.jsonToObject(bcJson, BookComment.class);
            if(aid == bc.getAid()){                    //找到对应的评论
                zanNum = bc.getZanNum() + 1;
                bc.setZanNum(zanNum);
                String newJson = JsonUtil.objectToJson(bc);
                jedis.lset("pl-"+isbn,i,newJson);      //用新的json串替换原有内容
                 break;
            }
        }
        RedisUtil.close(jedis);
        return zanNum;
    }
```

【本节完整代码参见本书配套资源】

5.5　Spring 整合 Redis 管理 HTTP Session

Web 服务器集群中的 Session 如何同步是一个非常棘手的问题，有了 Redis 数据库后，把 HTTP Session 统一交给 Redis 管理，既可以解决集群中各个 Web Server 中 Session 的同步问题，还可以缓解 Web Server 的内存压力，又不用担心数据库连接的并发数量。因此，将 Web 服务器集群中的 Session 统一交给 Redis 管理，目前是最佳解决方案。

Spring 整合 Redis 实现 HTTP Session 管理的操作步骤如下。

（1）在 pom.xml 中配置相关包的依赖。

```xml
<dependencies>
    <dependency>
        <groupId>Javax.servlet</groupId>
        <artifactId>Javax.servlet-api</artifactId>
        <version>4.0.1</version>
    </dependency>
    <dependency>
        <groupId>Javax.servlet.jsp</groupId>
        <artifactId>Javax.servlet.jsp-api</artifactId>
        <version>2.3.3</version>
    </dependency>
    <dependency>
        <groupId>Javax.servlet</groupId>
        <artifactId>jstl</artifactId>
        <version>1.2</version>
    </dependency>
    <dependency>
        <groupId>org.springframework</groupId>
        <artifactId>spring-Webmvc</artifactId>
        <version>5.2.13.RELEASE</version>
    </dependency>
    <dependency>
        <groupId>org.springframework.session</groupId>
        <artifactId>spring-session-data-redis</artifactId>
        <version>2.3.3.RELEASE</version>
    </dependency>
    <dependency>
```

```xml
        <groupId>redis.clients</groupId>
        <artifactId>jedis</artifactId>
        <version>3.6.0</version>
    </dependency>
    <dependency>
        <groupId>org.apache.logging.log4j</groupId>
        <artifactId>log4j-slf4j-impl</artifactId>
        <version>2.13.3</version>
    </dependency>
    <dependency>
        <groupId>org.apache.logging.log4j</groupId>
        <artifactId>log4j-core</artifactId>
        <version>2.13.3</version>
    </dependency>
</dependencies>
```

（2）配置 Web.xml，增加过滤器。

```xml
<filter>
    <filter-name>springSessionRepositoryFilter</filter-name>
    <filter-class>
        org.springframework.Web.filter.DelegatingFilterProxy
    </filter-class>
</filter>
<filter-mapping>
    <filter-name>springSessionRepositoryFilter</filter-name>
    <url-pattern>/*</url-pattern>
</filter-mapping>
```

（3）在 Spring 的配置文件中，整合 Redis。

```xml
<!-- session 设置 -->
<bean id="redisHttpSessionConfiguration"
      class="org.springframework.session.data.redis.config.annotation.Web
            .http.RedisHttpSessionConfiguration">
    <property name="maxInactiveIntervalInSeconds" value="900" />
</bean>
<!-- redis 连接池 -->
<bean id="jedisPoolConfig" class="redis.clients.jedis. JedisPoolConfig">
    <property name="maxTotal" value="100" />
    <property name="maxIdle" value="10" />
</bean>
<!-- redis 连接工厂 -->
<bean id="jedisConnectionFactory"
    class="org.springframework.data.redis.connection.jedis.
    JedisConnectionFactory" destroy-method="destroy">
    <property name="hostName" value="192.168.28.142" />
    <property name="port" value="6379" />
    <property name="timeout" value="3000" />
    <property name="usePool" value="true" />
    <property name="poolConfig" ref="jedisPoolConfig" />
</bean>
```

（4）图 5-9 所示为 Redis 中存储 HTTP Session 的 key 和 value 示例，这些数据都是由 spring-session-data-redis 自动写入的，无须干预。

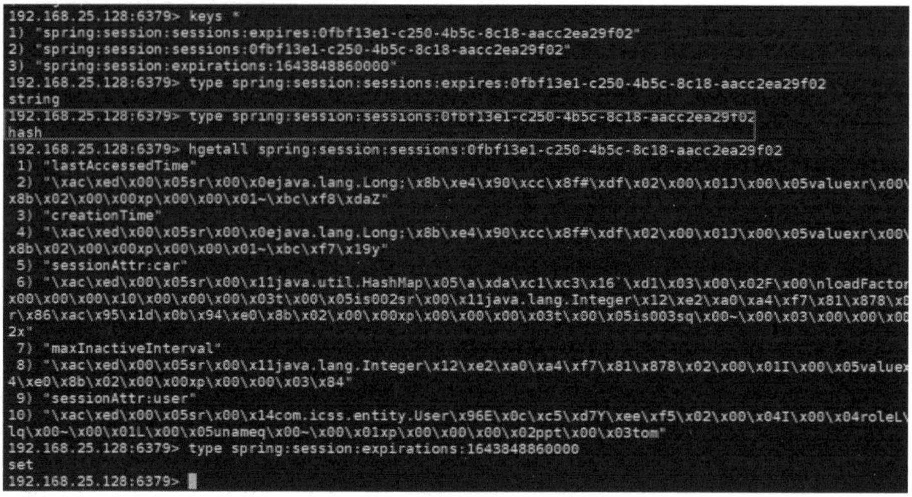

图 5-9 Redis中存储HTTP Session的key和value示例

【本节完整代码参见本书配套资源】

第 6 章 持久层 MongoDB 数据库设计

MongoDB 是一个基于分布式文件存储的数据库，由 C++语言编写，旨在为 Web 应用提供可扩展的高性能数据存储解决方案。

MongoDB 是一个介于关系数据库和非关系数据库之间的数据库。它支持的数据结构非常松散，类似 JSON 的 BSON 格式，因此可以存储比较复杂的数据类型。MongoDB 最大的特点是它支持的查询语言非常强大，其语法有点类似于面向对象的查询语言，几乎可以实现类似关系数据库单表查询的绝大部分功能，而且还支持对数据建立索引。

6.1 集合与文档

MongoDB 是"面向集合"（Collection-Oriented）进行设计的，数据库中的数据被分组存储在不同的数据集合（Collection）中。每个集合在数据库中都有一个唯一的标识名，并且可以包含无限数目的文档（Document）。

集合的概念类似关系数据库（RDBMS）中的表（Table），不同的是它不需要定义任何模式（schema）。向表中写入数据前必须提前定义表结构，而向集合中写入数据前不需要限制集合的结构，这被称为模式自由（schema-free），这意味着对于存储在 MongoDB 数据库中的文件，不需要知道它的任何结构定义。如果需要的话，完全可以把不同结构的文件存储在同一个数据库里。

写入表中的数据被称为记录行，而写入集合中的数据被称为文档。

存储在集合中的文档，被存储为键/值对的形式。键用于唯一标识一个文档，为字符串类型；而值则可以是各种复杂的文件类型（如整形、日期型），这种存储形式被称为 BSON（Binary Serialized Document Format）。

下面详细介绍一下 MongoDB 中的文档与集合的基本概念。

（1）文档。

文档是 MongoDB 中数据的基本单位，类似于关系数据库中的行（但是比行复杂）。多个键及其关联的值有序地放在一起就构成了文档。不同的编程语言对文档的表示方法不同，在 JavaScript 中文档表示为：

```
{"greeting":"hello,world"}
```

这个文档只有一个键"greeting"，对应的值为"hello,world"。多数情况下，文档比这个更复杂，它包含多个键/值对。例如：

`{"greeting":"hello,world","foo": 3}`

文档中的键/值对是有序的，下面的文档与上面的文档是两个完全不同的文档。

`{"foo": 3,"greeting":"hello,world"}`

文档中的值不仅可以是双引号中的字符串，也可以是其他的数据类型，如整型、布尔型、日期型等，还可以是另外一个文档，即文档可以嵌套。文档中的键类型只能是字符串类型。

（2）集合。

集合就是一组文档，类似于关系数据库中的表。集合是无模式的，集合中的文档可以是各式各样的。例如，{"hello,word":"Mike"}和{"foo": 3}，它们的键不同，值的类型也不同，但是它们可以存放在同一个集合中，也就是不同模式的文档可以放在同一个集合中。既然集合中可以存放任何类型的文档，那么为什么还需要使用多个集合？这是因为所有文档都放在同一个集合中，无论对于开发者还是管理员，都很难对集合进行管理，而且这种情形下，对集合的查询等操作效率很低。所以在实际使用中，往往将文档分类存放在不同的集合中，例如，对于网站的日志记录，可以根据日志的级别进行存储，Info 级别日志存放在 Info 集合中，Debug 级别日志存放在 Debug 集合中，这样既方便了管理，也提高了查询性能。但是需要注意的是，这种对文档进行划分来分别存储并不是 MongoDB 的强制要求，用户可以灵活选择。

可以使用"."按照命名空间将集合划分为子集合。例如，对于一个博客系统，可能包括 blog.user 和 blog.article 两个子集合，但这样划分只是让组织结构更清晰一些，blog 集合和 blog.user、blog.article 没有任何关系。虽然子集合没有任何特殊的地方，但是使用子集合组织数据结构会更清晰，这也是 MongoDB 推荐的方法。

6.2 MongoDB 应用场景

MongoDB 的设计目标是高性能、可扩展、易部署、易使用，使用它存储数据非常方便。其主要功能特性如下。

（1）面向集合存储，容易存储对象类型的数据。在 MongoDB 中数据被分组存储在集合中，集合类似 RDBMS 中的表，一个集合中可以存储无限多的文档。

（2）模式自由，采用无模式结构存储。在 MongoDB 集合中存储的数据是无模式的文档，采用无模式存储数据是集合区别于 RDBMS 中的表的一个重要特征。

（3）支持完全索引，可以在任意属性上建立索引，包含内部对象。MongoDB 的索引和 RDBMS 的索引基本一样，可以在指定属性、内部对象上创建索引以提高查询的速度。除此之外，MongoDB 还提供创建基于地理空间的索引的能力。

（4）支持查询。MongoDB 支持丰富的查询操作，MongoDB 几乎支持 SQL 中的大部分查询。

（5）强大的聚合工具。MongoDB 除了提供丰富的查询功能外，还提供强大的聚合工具，如 count、group 等，支持使用 MapReduce 完成复杂的聚合任务。

（6）支持复制和数据恢复。MongoDB 支持主从复制机制，可以实现数据备份、故障恢复、读扩展等功能。而基于副本集的复制机制提供了自动故障恢复的功能，确保了集群数据不会丢失。

（7）使用高效的二进制数据存储，包括大型对象（如视频）。使用二进制格式存储，可以保存任何类型的数据对象。

（8）自动处理分片，以支持云计算层次的扩展。MongoDB 支持集群自动切分数据，对数据进行分片可以使集群存储更多的数据，实现更大的负载，也能保证存储的负载均衡。

（9）支持 Perl、PHP、Java、C#、JavaScript、Ruby、C 和 C++语言的驱动程序，MongoDB 提供了当前所有主流开发语言的数据库驱动包，开发人员使用任何一种主流开发语言都可以轻松编程，实现 MongoDB 数据库的访问。

（10）文件存储格式为 BSON（JSON 的一种扩展）。BSON 是二进制格式的 JSON 的简称，BSON 支持文档和数组的嵌套。

（11）可以通过网络访问。可以通过网络远程访问 MongoDB 数据库。

MongoDB 的主要目标是通过键/值存储方式（提供了高性能和高度伸缩性）和传统的 RDBMS 系统之间架起一座桥梁，它集两者的优势于一身。根据官方网站的描述，MongoDB 适用于以下场景。

- 网站数据：MongoDB 非常适合实时地插入、更新与查询，并具备网站实时数据存储所需的复制及高度伸缩性。
- 缓存：由于性能很高，MongoDB 也适合作为信息基础设施的缓存层。在系统重启之后，由 MongoDB 搭建的持久化缓存层可以避免下层的数据源过载。
- 大尺寸、低价值的数据：使用传统的关系数据库存储一些数据时可能会比较昂贵，在此之前，很多时候程序员往往会选择传统的文件进行存储。
- 高伸缩性的场景：MongoDB 非常适合由数十或数百台服务器组成数据库集群，MongoDB 的路线图中已经包含对 MapReduce 引擎的内置支持。
- 用于对象及 JSON 数据的存储：MongoDB 的 BSON 数据格式非常适合文档化格式的存储及查询。

MongoDB 的使用也会有一些限制，例如，它不适合于以下几种应用场景。

- 高度事务性的系统：例如，银行或会计系统。传统的关系数据库目前还是更适用于需要大量原子性复杂事务的应用程序。
- 传统的商业智能应用：针对特定问题的 BI 数据库会产生高度优化的查询方式。对于此类应用，数据仓库可能是更合适的选择。
- 需要 SQL 的场景。

6.3 MongoDB 下载与安装

MongoDB 目标安装环境为 CentOS7,安装步骤如下。

(1)安装包下载。

从 MongoDB 官网(https://www.MongoDB.com/try/download/community)下载 Linux 环境下的安装包 MongoDB-linux-x86_64-rhel70-4.2.12.tgz。

(2)使用 xftp 上传安装包到/usr/local 目录下,然后解压。

```
tar -xzvf mongodb-linux-x86_64-rhel70-4.2.12.tgz        //解压
rm mongodb-linux-x86_64-rhel70-4.2.12.tgz               //删除压缩包
mv mongodb-linux-x86_64-rhel70-4.2.12 MongoDB           //改名
```

(3)在 MongoDB 目录下,创建 data 和 logs 文件夹。

```
mkdir data
mkdir logs
```

(4)后台启动 MongoDB 服务(默认只允许本机客户端连接)。

```
/usr/local/mongo/bin/mongod  --dbpath=/usr/local/mongo/data
                             --logpath=/usr/local/mongo/logs/my.log --fork
ps -ef | grep mongo          //查看 MongoDB 进程
```

(5)客户端连接服务器(如图 6-1 所示)。

```
# /usr/local/mongo/bin/mongo
```

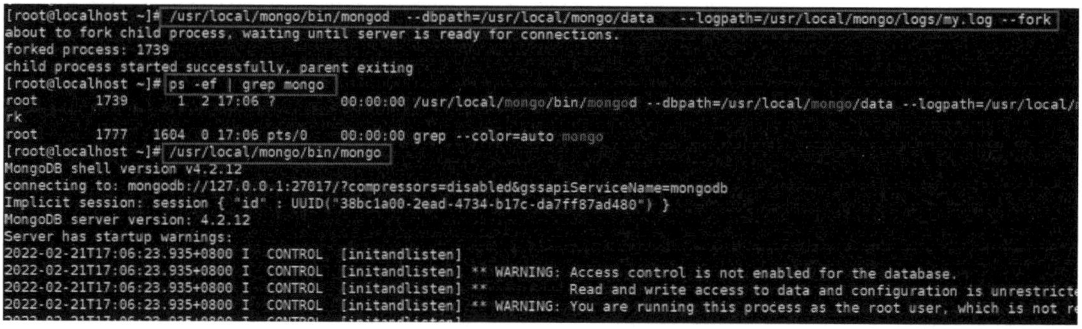

图 6-1 MongoDB 服务启动与连接

(6)重新启动服务器,允许采用远程 IP 方式连接服务器。

```
ps -ef | grep mongo          //查看 MongoDB 进程
kill 进程 id                  //关闭 MongoDB 服务
/usr/local/mongo/bin/mongod  --bind_ip=192.168.233.128
                             --dbpath=/usr/local/mongo/data
                             --logpath=/usr/local/mongo/logs/my.log --fork
/usr/local/mongo/bin/mongo 192.168.233.128:27017   //客户端远程访问
```

MongoDB 的启动参数如表 6-1 所示。

表 6-1 MongoDB 启动参数

参数	描述
--quiet	# 安静输出
--port arg	# 指定服务器端口号，默认端口为 27017
--bind_ip arg	# 绑定服务 IP，若绑定 127.0.0.1，则只能本机访问，不指定则默认为本地所有 IP
--logpath arg	# 指定 MongoDB 日志文件，注意是指定文件不是目录
--logappend	# 使用追加的方式写日志
--pidfilepath arg	# PID File 的完整路径，如果没有设置，则没有 PID 文件
--keyFile arg	# 集群的私钥的完整路径，只对于 Replica Set 架构有效
--unixSocketPrefix arg	# UNIX 域套接字替代目录，默认为 /tmp
--fork	# 以守护进程的方式运行 MongoDB，创建服务器进程
--auth	# 用户权限验证
--cpu	# 定期显示 CPU 的利用率和 iowait
--dbpath arg	# 指定数据库路径
--diaglog arg	# diaglog 选项，0=off，1=W，2=R，3=both，7=W+some reads
--directoryperdb	# 设置每个数据库将被保存在一个单独的目录
--journal	# 启用日志选项，MongoDB 的数据操作将会写入 journal 文件夹的文件里
--journalOptions arg	# 启用日志诊断选项
--ipv6	# 启用 IPv6 选项
--jsonp	# 允许 JSONP 形式通过 HTTP 访问（有安全影响）
--maxConns arg	# 最大同时连接数，默认为 20000
--noauth	# 不启用验证
--nohttpinterface	# 关闭 HTTP 接口，默认关闭 27018 端口访问
--noprealloc	# 禁用数据文件预分配（往往影响性能）
--noscripting	# 禁用脚本引擎
--notablescan	# 不允许表扫描
--nounixsocket	# 禁用 UNIX 套接字监听
--nssize arg (=16)	# 设置新数据库.ns 文件大小（MB）
--objcheck	# 在收到客户数据后，检查其有效性
--profile arg	# 档案参数，0=off，1=slow，2=all
--quota	# 限制每个数据库的文件数，设置默认为 8
--quotaFiles arg	# 每台服务器允许的文件数量
--rest	# 开启简单的 rest API
--repair	# 修复所有数据库 run repair on all dbs
--repairpath arg	# 修复库生成的文件的目录，默认为目录名称 dbpath
--slowms arg (=100)	# 控制台日志允许的延迟时间

续表

参　数	描　述
--smallfiles	# 使用较小的默认文件
--syncdelay arg (=60)	# 数据写入磁盘的时间秒数（0=never，不推荐）
--sysinfo	# 打印一些诊断系统信息
--upgrade	# 如果需要，升级数据库

6.4　系统数据库与用户库

MongoDB 中多个文档组成集合，多个集合组成数据库。一个 MongoDB 实例可以承载多个数据库，每个数据库相对独立，都有自己的权限控制。

在磁盘上，不同的数据库存放在不同的文件中。MongoDB 中存在的系统数据库有：admin，local，config，用户还可以创建属于自己的数据库。

- admin 数据库：一个权限数据库，如果创建用户的时候将该用户添加到 admin 数据库中，那么该用户就自动继承所有数据库的权限。
- local 数据库：这个数据库永远不会被复制，可以用来存储本地单台服务器的任意集合。
- config 数据库：当 MongoDB 使用分片模式时，config 数据库在内部使用，用于保存分片的信息。

客户端连接 MongoDB 数据库后，可以创建属于自己的用户数据库（如图 6-2 所示）。

```
show dbs          //显示 MongoDB 有哪些数据库
use mydb          //use 命令可以打开任意数据库，当前不存在的就马上创建
//向 mydb 中写入数据后，mydb 数据库才会存在（空的库会被自动删除）
db.user.insert({uname:"tom",pwd:"abc123"});
db.dropDatabase()   //删除当前库
```

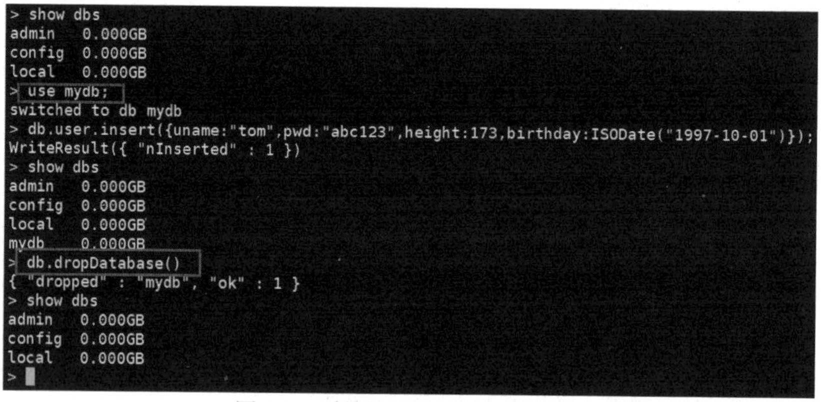

图 6-2　系统数据库与用户数据库

6.5　权限管理

角色是身份的象征，同时也是权限的识别。MongoDB 中内置了如下多种角色。

- read：允许用户读取指定数据库。
- readWrite：允许用户读写指定数据库。
- dbAdmin：允许用户在指定数据库中执行管理函数，如索引创建、删除，查看统计或访问 system.profile。
- userAdmin：允许用户向 system.users 集合写入，可以在指定数据库里创建、删除和管理用户。
- clusterAdmin：只在 admin 数据库中可用，赋予用户所有分片和复制集相关函数的管理权限。
- readAnyDatabase：只在 admin 数据库中可用，赋予用户所有数据库的读权限。
- readWriteAnyDatabase：只在 admin 数据库中可用，赋予用户所有数据库的读写权限。
- userAdminAnyDatabase：只在 admin 数据库中可用，赋予用户所有数据库的 userAdmin 权限。
- dbAdminAnyDatabase：只在 admin 数据库中可用，赋予用户所有数据库的 dbAdmin 权限。
- root：只在 admin 数据库中可用。超级账号，超级权限。

作为普通用户，一般会拥有 read 和 readWrite 角色。而数据库管理员，会拥有 dbAdmin、dbOwner、userAdmin 等角色。集群管理员可以有 clusterAdmin、clusterManager、clusterMonitor、hostManager 等角色。备份管理员可以有 backup、restore 等角色。

创建用户时，需要给用户赋权，就是指定用户有何种角色。当然，可以允许一个用户同时拥有多种角色。注意：用户属于库，给某个数据库创建用户时，必须要先打开该数据库。

示例：在 admin 数据库下，创建系统管理员（如图 6-3 所示）。

```
> use admin;
switched to db admin
> db.system.users.find();
> db.createUser({user:"root",pwd:"123456",
... roles:["clusterAdmin","dbAdminAnyDatabase","userAdminAnyDatabase","readWriteAnyDatabase"]
... });
Successfully added user: {
        "user" : "root",
        "roles" : [
                "clusterAdmin",
                "dbAdminAnyDatabase",
                "userAdminAnyDatabase",
                "readWriteAnyDatabase"
        ]
}
> db.createUser({user:"dba",pwd:"123456",
... roles:["root"]
... });
Successfully added user: { "user" : "dba", "roles" : [ "root" ] }
> db.system.users.find();
{ "_id" : "admin.root", "userId" : UUID("386c1e47-dd80-4855-bcc7-044583a9d504"), "user" : "root", "db" : "admin", "credentials" : { "SCRAM-SHA-1" : { "i
terationCount" : 10000, "salt" : "F3iFyaFR1CMV+s/LaX3Hdw==", "storedKey" : "65Bk37FMx75WsYzQT/GhoT3x/60=", "serverKey" : "SYOqqgnYkjWZj9K0qKTfvWAV8r8="
}, "SCRAM-SHA-256" : { "iterationCount" : 15000, "salt" : "VXoOlryJoYgozL8j55ZWlOj6suSP2j2LM5/OOA==", "storedKey" : "9M72GuODsBpwTS81qLVY/tCgPn9ms9vCHgP
DwxiWxSs=", "serverKey" : "h1h1ngl8dP0UHLWErje4bt5pIwiTCuX3aeF5Df2tUJU=" } }, "roles" : [ { "role" : "clusterAdmin", "db" : "admin" }, { "role" : "dbAdm
inAnyDatabase", "db" : "admin" }, { "role" : "userAdminAnyDatabase", "db" : "admin" }, { "role" : "readWriteAnyDatabase", "db" : "admin" } ] }
{ "_id" : "admin.dba", "userId" : UUID("8b989eae-e9a4-4224-90f1-3edca31ba829"), "user" : "dba", "db" : "admin", "credentials" : { "SCRAM-SHA-1" : { "ite
rationCount" : 10000, "salt" : "K4LzBwN54hOfBEx0sHT9bA==", "storedKey" : "ZPmbC3QH/pp8h1J4sKXU3foV+Ls=", "serverKey" : "GAbbsjwNn6K+6+AHRA7FDiUqW2c=" },
 "SCRAM-SHA-256" : { "iterationCount" : 15000, "salt" : "w0NjGoJ+M2wwQMpPl/qxZ1RrrX8rXuhuCaZJnQ==", "storedKey" : "wGX/Ek/ZnL2N3Ixe60HcbYjl4MM33Ipe/OQK6
oQuFvw=", "serverKey" : "WAZ5OwXTttQcvaxQGrHsh+XCkjkKY1ZMeic+Xx4Expc=" } }, "roles" : [ { "role" : "root", "db" : "admin" } ] }
```

图 6-3　创建系统管理员

```
use admin                              //打开数据库
db.system.users.find()                 //查询当前库中的用户，默认为空
db.createUser({user:"root",pwd:"123456",
roles:["clusterAdmin","dbAdminAnyDatabase",
    "userAdminAnyDatabase", "readWriteAnyDatabase"] })
db.createUser({user:"dba",pwd:"123456", roles:["root"] })
```

示例：在 mydb 库下，创建普通用户（如图 6-4 所示）。

```
use mydb
db.createUser({user:"xiaohp",pwd:"123456",roles:[{role:"readWrite",db:"mydb"}]})
use admin
db.system.users.find()    //在 admin 下查看所有用户
```

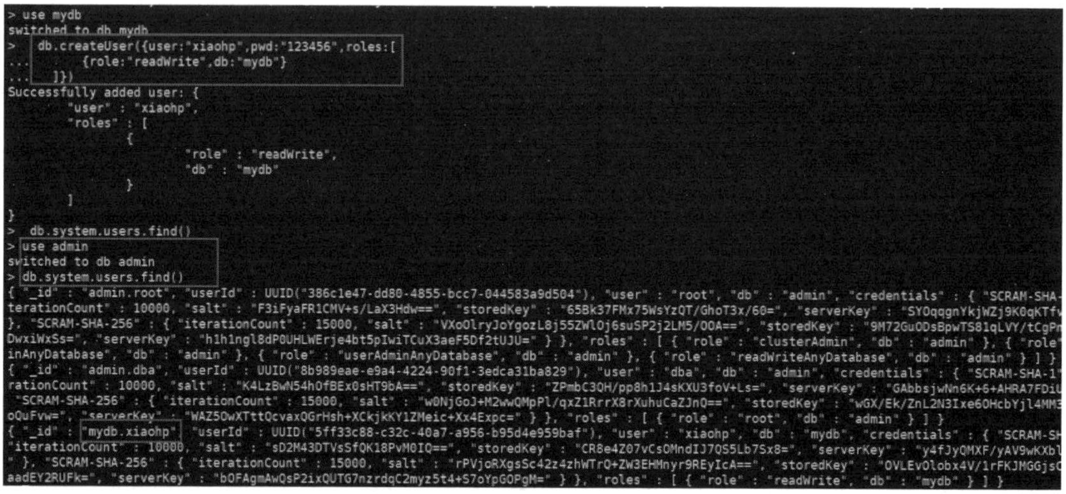

图 6-4 创建普通用户

示例：用户登录与权限控制，操作步骤如下。

（1）重新启动 MongoDB 开启用户权限校验模式：

```
/usr/local/mongo/bin/mongod --bind_ip=192.168.233.128
            --dbpath=/usr/local/MongoDB/data
            --logpath=/usr/local/MongoDB/logs/mogondb.log --fork -auth
```

（2）客户端远程访问 MongoDB。

```
/usr/local/mongo/bin/mongo 192.168.233.128:27017
```

（3）开启授权模式后，打开 admin 数据库，只有使用管理员权限的用户才能查询数据库和用户信息（如图 6-5 所示）。

```
use admin
show dbs
db.system.users.find()
db.auth('root', '123456')    //管理员登录
show dbs
db.system.users.find()
db.serverStatus()
db.serverStatus().connections
```

（4）打开 mydb 数据库，只有授权的普通用户才能操作（如图 6-6 所示）。注意：同一个客户端只能有一个用户登录，所以管理员与普通用户应该使用两个客户端。

图 6-5 管理员登录

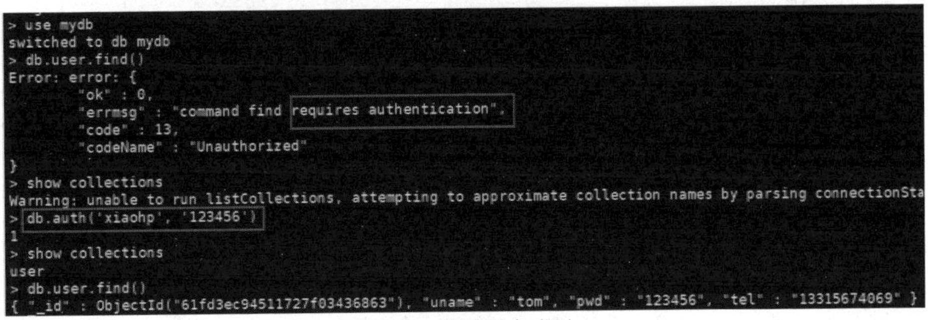

图 6-6 普通用户登录

```
use mydb                              //用户属于库，必须先打开库才能授权登录
show collections                      //显示当前库中的集合
db.user.find()                        //查找 user 集合下的文档数据
db.auth('xiaohp', '123456')           //普通用户登录
db.user.find()
```

6.6 文档的 CRUD 操作

MongoDB 是完全模式自由的，即类型完全不同的文档可以存放在同一个集合中。但是在实际开发中，同一个集合中的数据尽量存放相同类型的文档数据，这样更便于数据检索和数据维护。文档的 CRUD（增删改查）操作示例如下。

（1）新建 user 集合，插入用户数据（文档格式参见 6.1 节）。

```
use mydb    //打开数据库，没有就创建
db.user.insert({uname:"tom",pwd:"123456"})    //写入文档时，自动创建 user 集合
db.user.insert({uname:"jack",pwd:"123456",tel:"13315674069"})
db.user.insert({uname:"rosse",pwd:"abc123",height:173,birthday:ISODate("1997-10-01")})
db.user.insert({uname:"tom2",pwd:"abc234",height:175,birthday:ISODate("1998-09-15")})
db.user.insert({uname:"tom3",pwd:"a576",sex:0,height:165,birthday:ISODate("1998-09-15")})
```

(2)查询新建 user 集合与集合中的数据。

```
show collections        //查询mydb中的所有集合
db.user.find()          //查询user集合中的所有数据
```

(3)使用循环向集合中插入数据。

```
for(i=0;i<3000;i++){
       db.user.insert({uname:"tom" + i,pwd:"123456",height:173})
}
db.user.find().count()    //查看满足查询条件的记录数
```

(4)删除集合中复合条件的文档。

```
db.user.remove({uname:"tom"})    //精确匹配
db.user.remove({uname:/tom/})    //模糊匹配
```

(5)修改文档。

```
db.user.update({uname:"jack"},{$set:{pwd:"123"}})   //修改jack的密码为123
//批量修改满足条件的所有文档
db.user.update({uname:/tom/},{$set:{pwd:"abc"}},{multi:true})
```

(6)条件查询。

```
db.user.find({uname:"tom"})
db.user.find({uname:/tom/})       //模糊查询
db.user.find({uname:/tom/}).count()
```

查询条件中在遇到特殊符号时,需要使用转义符,$lt 表示<,$lte 表示<=,$gt 表示>,$gte 表示>=,$ne 表示!=;$in 表示范围内,$nin 表示不在范围内。

```
db.user.find({height:{$gte:170,$lte:180}})
db.user.find({height:{$gt:170,$lt:180}})
db.user.find({birthday:{$lt:ISODate("1997-11-01")}})
db.user.find().skip(5).limit(10);         //翻页查询
db.user.find({uname:{$regex:"tom"}})      //正则查询
db.user.find({uname:/jack/})              //正则查询的简写
db.user.find({uname:/tom/,birthday:{$lt:ISODate("1997-10-01")}})  //多条件查询
```

(7)删除集合。

```
db.user.drop()
```

6.7 内嵌文档

在关系数据库中,表与表之间存在着一对一、一对多、多对一、多对多等关系。通过表之间的关系,可以进行多表联合的 SQL 查询(外键关联)检索数据。

在 MongoDB 中集合模式是完全自由的,不存在集合与集合之间的关系。当出现如下场景时,如何存储数据呢?

一个用户有多个邮寄地址、一个用户有多个电话、一个用户有多种角色信息、一个用户有一个购物车、一个用户对应一个员工等。

MongoDB 的解决方案是推荐使用内嵌文档来体现文档与文档之间的一对一和一对多的关系。

创建内嵌文档操作示例如下。

```
db.user.insert({uname:"john",pwd:"123456",address:["地址1","地址2","地址3"]})
db.user.insert({uname:"rose",pwd:"123456",staff:[{name : "张三", sex : "女",
height:167, weight:63}] })    //用户与员工为两个对象，是一对一关系
db.user.insert({uname:"jack",pwd:"abc789",height:175,birthday:ISODate
("1998-09-15"),
        address:["地址1","地址2","地址3"],
        phone:[
          {pno:"13177992220",cs:"联通"},
          {pno:"13677992221",cs:"移动"},
          {pno:"15777992222",cs:"电信"}
]})
db.user.insert({uname:"petter",pwd:"abc789",height:175,birthday:ISODate("1998
-09-15"),
        address:["地址1","地址2","地址3"],
        staff:{name:"李四", sex:"男", height:167, weight:63},
        phone:[
          {pno:"13177992220",cs:"联通"},
          {pno:"13677992221",cs:"移动"},
          {pno:"15777992222",cs:"电信"}
]})
```

内嵌文档查询示例如下。

```
db.user.find({phone:{$elemMatch:{cs:"联通"}}})
db.user.find({staff:{$elemMatch:{sex: "女"}}})
```

内嵌文档内容修改示例如下。

```
//修改jack的13177992220的手机号所属公司为联通2
db.user.update({uname:"jack","phone.pno":"13177992220"},{$set:{"phone.$.cs":
"联通2"}})
```

向内嵌文档中插入新数据的示例如下。

```
db.user.update({uname:"jack"},{$push:{phone:{pno:"13512345670",cs:"小灵通"}}})
db.user.update({uname:"jack"},{$push:{phone:{pno:"13512345671",cs:"联通"}}})
db.user.update({uname:"jack"},{$push:{phone:{pno:"13512345672",cs:"移动"}}})
//当满足条件的文档为多个时,通过multi设置全部添加新数据
db.user.find({uname:/jack/})
db.user.update({uname:"jack"},{$push:{phone:{pno:"13512345678",cs:"CDMA"}}},
{multi:true})
```

订单与订单明细内嵌文档操作步骤如下。

（1）创建两条新订单（订单明细为内嵌文档）。

```
db.order.insert({orderNo:"D20210507-1234561",uname:"tom",
            paytime:ISODate("1997-10-01 15:33:26"),allMoney:235.6,
            detail:[
                  {aid:1,isbn:"is001",num:2,price:35.6},
                  {aid:2,isbn:"is002",num:3,price:42.5}
                ]
            })
db.order.insert({orderNo:"D20210507-1234562",uname:"tom",
            paytime:ISODate("1997-10-05 16:20:27"),allMoney:23.8,
            detail:[
                  {aid:180,isbn:"is003",num:1,price:35.6}
```

```
                ]
            })
```

（2）订单检索。

```
db.order.find()
db.order.find({detail:{$elemMatch:{aid:2}}})
```

（3）添加订单明细（如图 6-7 所示）。

```
db.order.update({orderNo:"D20210507-1234561"},
                {$push:{detail:{aid:3,isbn:"is002",num:1,price:39.5}}})
db.order.update({orderNo:"D20210507-1234561"},
                {$push:{detail:{aid:4,isbn:"is001",num:2,price:56.2}}})
```

```
> db.order.find()
{ "_id" : ObjectId("61fde00eefcafce970e0cd25"), "orderNo" : "D20210507-1234561", "uname" : "tom", "paytime" : ISODate("1997-10-01T15:33:26Z"), "allMoney" : 235.6, "detail" : [ { "aid" : 1, "isbn" : "is001", "num" : 2, "price" : 35.6 }, { "aid" : 2, "isbn" : "is002", "num" : 3, "price" : 42.5 }, { "aid" : 3, "isbn" : "is002", "num" : 1, "price" : 39.5 }, { "aid" : 4, "isbn" : "is001", "num" : 2, "price" : 56.2 } ] }
{ "_id" : ObjectId("61fde040efcafce970e0cd26"), "orderNo" : "D20210507-1234562", "uname" : "tom", "paytime" : ISODate("1997-10-05T16:20:27Z"), "allMoney" : 23.8, "detail" : [ { "aid" : 180, "isbn" : "is003", "num" : 1, "price" : 35.6 } ] }
```

图 6-7　添加订单明细

（4）删除一条订单明细。

```
db.order.update({orderNo:"D20210507-1234561"},{$pull:{detail:{aid:4}}})
```

6.8　索引

关系数据库如 MySQL、Oracle，当记录数超过几万条时就需要考虑使用索引来提高检索速度。从数据结构上划分，MySQL 支持 B+树或哈希索引；从逻辑上划分，MySQL 目前主要有以下几种索引类型：普通索引；唯一索引；主键索引；联合索引；全文索引。

从 MySQL 5.5 以后，InnoDB 是默认引擎。在 MySQL innoDB 引擎中，主键索引又被称为聚簇索引（叶子数据区中含有所有真实的数据）。

Oracle 中还有位图索引，它特定用于该列只有几个枚举值的情况，比如性别字段、省份字段、订单状态等字段都可以建立位图索引。

MongoDB 支持多种类型的索引，如普通索引、联合索引、唯一索引、全文索引等，每种类型的索引有不同的使用场合。

创建普通索引示例（如图 6-8 所示）如下。

```
db.user.createIndex({birthday:1})      //1 升序  -1 降序
db.user.createIndex({uname:1})
db.user.getIndexes()                   //查看 user 集合中的索引
```

注意：集合中的文档都会有一个名为_id 的默认键，该键会被自动创建索引。

删除索引示例如下。

```
db.user.dropIndex("birthday_1")        //按照索引的名字删除索引
db.user.dropIndexes()                  //删除集合中所有自定义索引
db.user.getIndexes()
```

创建唯一索引示例（如图 6-9 所示）如下。

```
db.user.createIndex({uname:1},{unique:true})
```

创建联合索引示例（如图 6-10 所示）如下。

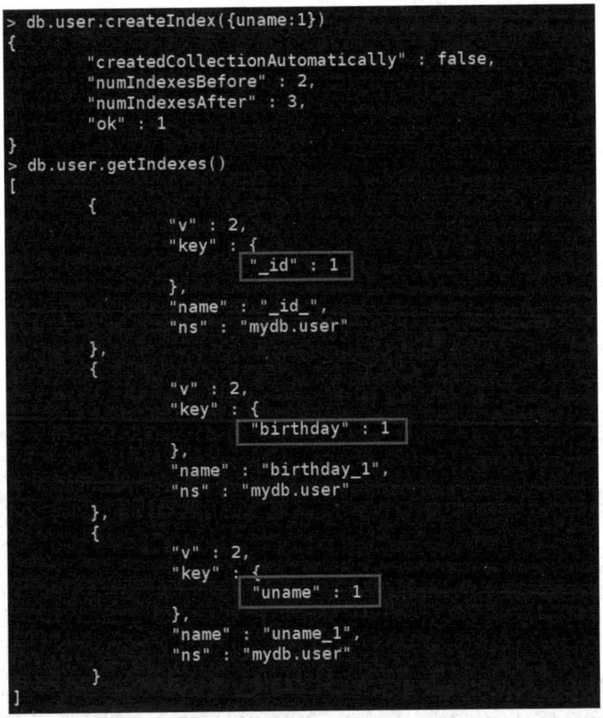

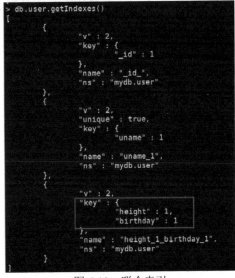

图 6-8　集合中的普通索引

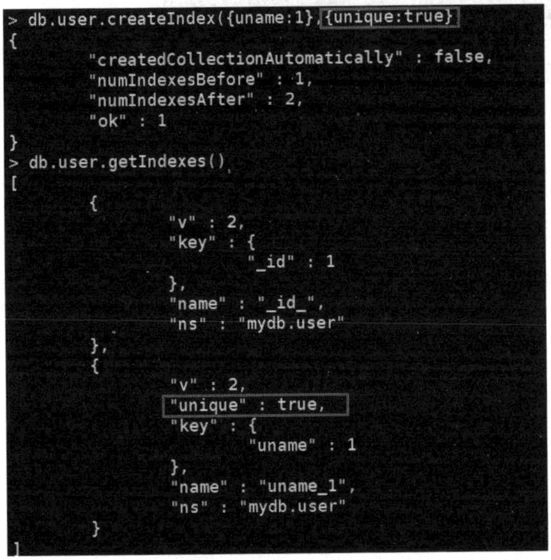

图 6-9　唯一索引　　　　　　　　图 6-10　联合索引

db.user.createIndex({height:1,birthday:1})　//height 和 birthday 两个键创建联合索引

创建全文索引示例如下。

注意：MongoDB 对于中文的分词搜索支持得不好，请谨慎使用。

（1）新增 3 个用户，用户名中间有空格。

```
db.user.insert({uname:"tom wang",pwd:"abc123",height:173, birthday:ISODate
("1997-10-01")})
db.user.insert({uname:"jack chen",pwd:"abc234",height:175,birthday: ISODate
("1998-09-15")})
db.user.insert({uname:"rose zhang",pwd:"a576",sex:0,height:165,birthday:
ISODate("1998-09-15")})
```

（2）创建全文索引。

```
db.user.createIndex({uname:"text"})
db.user.find({uname:"tom wang"})           //普通索引查询
db.user.find({uname:/tom\W/})              //正则查询
```

（3）使用全文索引进行分词查询（如图 6-11 所示）。

```
db.user.find({$text:{$search:"tom"}})
db.user.find({$text:{$search:"/wang/"}})
```

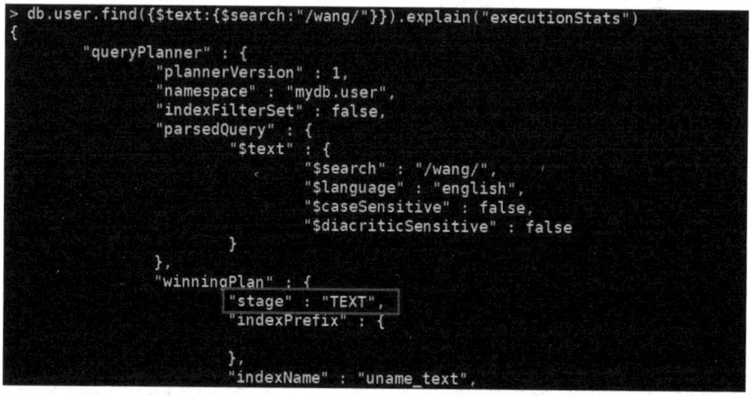

图 6-11　全文索引进行分词查询

6.9　查询分析

在 MongoDB 进行条件查询时，调用 explain()方法，即可进行查询分析，如执行时间、是否使用了索引、使用的是何种索引等信息都可以显示。

示例 1（查询计划）：使用 uname 条件进行检索分析，可以看到"stage" : "IXSCAN"，即使用了索引扫描。

```
> db.user.find({uname:/tom/}).explain()
{
    "queryPlanner" : {
        "plannerVersion" : 1, "namespace" : "mydb.user", "indexFilterSet" :
        false, "parsedQuery" : {
            "uname" : {
                "$regex" : "tom"
            }
        },
        "queryHash" : "E024F77B",   "planCacheKey" : "806BEBF6",
        "winningPlan" : {
            "stage" : "FETCH",
            "inputStage" : {
                "stage" : "IXSCAN",
```

```
            "filter" : {
                "uname" : {
                    "$regex" : "tom"
                }
            },
            "keyPattern" : {
                "uname" : 1
            },
            "indexName" : "uname_1","isMultiKey" : false,
            "multiKeyPaths" : {
                "uname" : [ ]
            },
            "isUnique" : true,"isSparse" : false,"isPartial" : false,
            "indexVersion" : 2,"direction" : "forward",
            "indexBounds" : {
                "uname" : [
                    "[\"\", {})",
                    "[/tom/, /tom/]"
                ]
            }
        }
    },
    "rejectedPlans" : [ ]
},
"serverInfo" : {
    "host" : "localhost","port" : 27017,"version" : "4.2.12",
    "gitVersion" : "5593fd8e33b60c75802edab304e23998fa0ce8a5"
},
"ok" : 1
}
```

示例2（执行状态分析）：在示例1的基础上，增加executionStats参数，会增加执行状态信息。

```
> db.user.find({uname:/tom/}).explain("executionStats")
{
......
"executionStats" : {
    "executionSuccess" : true,"nReturned": 3000,"executionTimeMillis" : 3,
    "totalKeysExamined" : 3000,    "totalDocsExamined" : 3000,
    "executionStages" : {
        "stage":"FETCH","nReturned":3000,"executionTimeMillisEstimate":0,
        "works" : 3001, "advanced" : 3000, "needTime" : 0,
        "needYield" : 0, "saveState" : 23, "restoreState" : 23,
        "isEOF" : 1, "docsExamined" : 3000, "alreadyHasObj" : 0,
        "inputStage" : {
            "stage" : "IXSCAN",
            "filter" : {
                "uname" : {
                    "$regex" : "tom"
                }
            },
            "nReturned" : 3000, "executionTimeMillisEstimate" : 0,
            "works" : 3001, "advanced" : 3000, "needTime" : 0,
            "needYield" : 0, "saveState": 23, "restoreState": 23, "isEOF":1,
            "keyPattern" : {
                "uname" : 1
            },
            "indexName" : "uname_1",    "isMultiKey" : false,
```

```
            "multiKeyPaths" : {
                "uname" : [ ]
            },
            "isUnique" : true, "isSparse" : false, "isPartial" : false,
            "indexVersion" : 2, "direction" : "forward",
            "indexBounds" : {
                "uname" : [
                    "[\"\", {})",
                    "[/tom/, /tom/]"
                ]
            },
            "keysExamined":3000,"seeks":1,"dupsTested": 0, "dupsDropped":0
        }
    }
}
```

下面是对查询分析中的几个关键参数的解释。

（1）explain 最为直观的返回值是 executionTimeMillis，指的是这条语句的执行时间，这个值希望越小越好。

（2）nReturned 为返回的条目、totalKeysExamined 为索引扫描条目、totalDocsExamined 为文档扫描条目，文档扫描数量当然也是越小越好，查询的理想的状态是：nReturned=totalKeysExamined=totalDocsExamined。

（3）stage 状态分析：查询中应尽量使用索引，如 FETCH+IDHACK、FETCH + IXSCAN、LIMIT+（FETCH +IXSCAN）、PROJECTION+IXSCAN、SHARDING_FITER+ IXSCAN、COUNT_SCAN。尽量不要出现 COLLSCAN，全表扫描严重影响查询性能，尤其是在 MongoDB 中数据量十分庞大时，合理使用索引进行查询，性能会有非常显著的提升。

COLLSCAN：全表扫描；IXSCAN：索引扫描；FETCH：根据索引去检索指定 document；SHARD_MERGE：将各个分片返回数据进行 merge；SORT：表明在内存中进行了排序；LIMIT：使用 limit 限制返回数；SKIP：使用 skip 进行跳过；IDHACK：针对_id 进行查询；SHARDING_FILTER：通过 MongoDB 对分片数据进行查询；COUNT：利用 db.coll.explain().count()之类进行 count 运算；COUNTSCAN: count 不使用 Index 进行 count 时的 stage 返回；COUNT_SCAN: count 使用了 Index 进行 count 时的 stage 返回；SUBPLA：未使用索引的$or 查询的 stage 返回；TEXT：使用全文索引进行查询时的 stage 返回；PROJECTION：限定返回字段时的 stage 返回。

6.10 案例：新浪微博 MongoDB 实战

微博系统（如新浪微博），以用户发布博文为核心，然后会产生评论、点赞、关注、收藏、转发等相关操作（如图 6-12 所示）。

6.10.1 微博项目分析

新浪微博用户数量庞大，如果采用传统的开发模式，可以用关系数据库存储微博数据，

图 6-12　新浪微博

微博系统表设计如图 6-13 所示。但是，由于关系数据库的 Connection 连接数量非常有限，而且 CRUD（增删改查）操作受事务影响，因此当用户数量庞大时，性能会非常低。

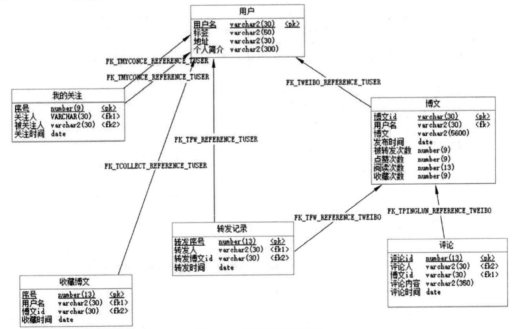

图 6-13　微博系统表设计

如果采用 MongoDB 替代 MySQL 或 Oracle，很多问题会迎刃而解。首先，MongoDB 的数据库连接数单机可以达到几十万，远远超过 MySQL 的连接数；其次，MongoDB 没有事务控制，数据库读写性能大幅提升；再有，当用户数量庞大时，MongoDB 集群非常容易扩展，使用 MongoDB 集群的数据承载量远远大于 MySQL 数据库集群。

6.10.2 Java 连接 MongoDB

MongoDB 的驱动下载，参见 github 地址 http://MongoDB.github.io/MongoDB-Java-driver/（如图 6-14 所示）。

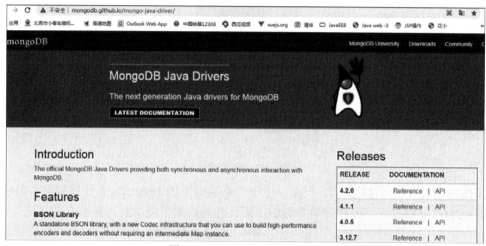

图 6-14 MongoDB 驱动下载

使用 Maven 下载 MongoDB 驱动，按如下进行配置（如图 6-15 所示）。

```
<dependencies>
    <dependency>
        <groupId>org.MongoDB</groupId>
        <artifactId>MongoDB-driver-legacy</artifactId>
        <version>4.2.0</version>
    </dependency>
</dependencies>
```

MongoDB Driver Legacy

The MongoDB Legacy driver `mongodb-driver-legacy` is the legacy synchronous Java driver whose entry point is `com.mongodb.MongoClient` and central classes include `com.mongodb.DB`, `com.mongodb.DBCollection`, and `com.mongodb.DBCursor`.

IMPORTANT:
While not deprecated, we recommend that new applications depend on the `mongodb-driver-sync` module.

```
<dependencies>
    <dependency>
        <groupId>org.mongodb</groupId>
        <artifactId>mongodb-driver-legacy</artifactId>
        <version>4.2.0</version>
    </dependency>
</dependencies>
```

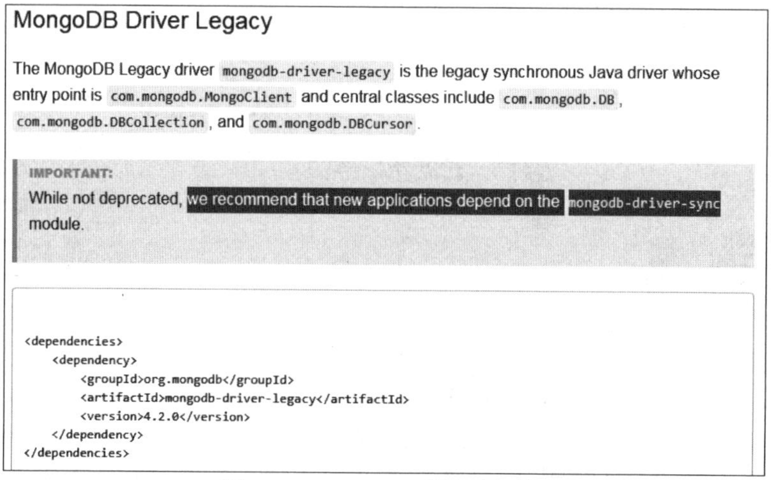

图 6-15 MongoDB 的驱动依赖

Java 客户端使用驱动，获取 MongoDB 数据库连接的方式如下。

```
MongoClient mClient =
    MongoClients.create("MongoDB://user1:pwd1@host1/?authSource=db1");
MongoClient mclient =
    MongoClients.create("MongoDB://xiaohp:123456@192.168.28.133:27017/
mydb");
```

获取 MongoDB 数据库对象：

```
MongoDatabase db = mclient.getDatabase("mydb");
```

获取 MongoDB 集合：

```
MongoCollection<Document> collection = db.getCollection("myCollection");
```

多个 key/value 组成的字符串，称为 BSON 对象：

```
BasicDBObject bson = new BasicDBObject();
bson.append("bwid","bk00235");
bson.append("ctime", new Date());
```

获取文档对象：

```
BasicDBObject bdo = new BasicDBObject("bwid"," bk00235");
MongoCursor<Document> it = collection.find(bdo).iterator();
```

6.10.3 微博项目代码实现

1. 系统初始化脚本

微博系统的用户与博文数据作为初始化脚本写入，Java 代码实现暂不考虑。

```
db.user.insert({uname:"tom",pwd:"abc123",height:173,birthday:ISODate("1997-10
-01")});
db.user.insert({uname:"jack",pwd:"abc234",height:175,birthday:ISODate("1998-
09-15")});
db.user.insert({uname:"rose",pwd:"a576",sex:0,height:165,birthday:ISODate("1998-
09-15")});
db.user.insert({uname:"张三",pwd:"a576",sex:0,height:185,birthday:ISODate
("1997-09-15")});
db.user.insert({uname:"李四",pwd:"a576",sex:0,height:155,birthday:ISODate
("1998-09-15")});
db.weibo.insert({bwid:"bw001",uname:"tom",cnum:0,title:"南海争端再起"});
db.weibo.insert({bwid:"bw002",uname:"jack",cnum:0,title:"缅甸政变-门前起火"});
db.weibo.insert({bwid:"bw003",uname:"rose",cnum:0,title:"印军不惧严寒-再次增兵"});
```

2. MongoDB 访问封装

使用工具类 MongoFactory 管理 MongoDB 数据库的打开与关闭操作。

```
public class MongoFactory {
    private static ThreadLocal<MongoClient> tl = new ThreadLocal<>();
    /**
     *    如果远程连接失败，请检查：IP、防火墙、用户名与密码
     */
    public static MongoClient openConnection() {
        MongoClient mclient = tl.get();
        if(mclient == null) {
            mclient = MongoClients.create
                ("MongoDB://xiaohp:123456@192.168.233.129:27017/mydb");
```

```
            tl.set(mclient);
            Log.logger.info(Thread.currentThread().getId()+"-开启MongoDB连接...");
        }else {
            Log.logger.info(Thread.currentThread().getId()+"-重用MongoDB连接...");
        }
        return mclient;
    }
    public static void closeConnection() {
        MongoClient mclient = tl.get();
        if(mclient != null) {
            mclient.close();
            tl.set(null);
            Log.logger.info(Thread.currentThread().getId()+"-关闭MongoDB连接...");
        }
    }
    public static void main(String[] args) {
        MongoClient client = MongoFactory.openConnection();
        MongoDatabase db = client.getDatabase("mydb");
        MongoCollection<Document> collection = db.getCollection("user");
        System.out.println(collection.countDocuments());
        MongoFactory.closeConnection();
    }
}
```

3. 添加关注

"我的关注"是指登录用户对感兴趣的博主进行关注,关注人与被关注人都必须是系统的注册用户(如图 6-13 所示表设计),操作步骤如下。

(1) 采用逻辑类 UserBiz 中 addConcern()方法添加关注。

```
public void addConcern(String cname,String cnamed) throws Exception{
    UserDao dao = new UserDao();
    try {
        dao.addConcern(cname, cnamed);
    }finally {
        MongoFactory.closeConnection();
    }
}
```

(2) 持久层类 UserDao 中实现向 MongoDB 中添加关注信息。

```
public void addConcern(String cname,String cnamed) throws Exception{
    MongoClient mclient = MongoFactory.openConnection();
    MongoDatabase db = mclient.getDatabase("mydb");
    MongoCollection<Document> collection = db.getCollection("myConcern");
    Document doc = new Document();
    doc.append("cname",cname);
    doc.append("cnamed", cnamed);
    doc.append("ctime", new Date());
    collection.insertOne(doc);
}
```

(3) UI 层添加关注。

```
public static void addConcern() {
    UserBiz biz = new UserBiz();
    try {
        biz.addConcern("tom","张三");
        System.out.println("关注成功");
```

```
        } catch (Exception e) {
            e.printStackTrace();
        }
    }
```

4. 我关注的人员列表

读取当前登录用户"我的关注"中的人员的信息列表,操作步骤如下。

(1) 逻辑层 UserBiz 中 getMyConcern()方法。

```
public List<MyConcern> getMyConcern(String cname) throws Exception{
    List<MyConcern> myList;
    UserDao dao = new UserDao();
    try {
        myList = dao.getMyConcern(cname);
    }finally {
        MongoFactory.closeConnection();
    }
        return myList;
}
```

(2) 持久层 UserDao 中 getMyConcern()方法。

```
public List<MyConcern> getMyConcern(String cname) throws Exception{
    List<MyConcern> myList;
    MongoClient mclient = MongoFactory.openConnection();
    MongoDatabase db = mclient.getDatabase("mydb");
    MongoCollection<Document> collection = db.getCollection("myConcern");
    BasicDBObject bdo = new BasicDBObject("cname",cname);
    MongoCursor<Document> it = collection.find(bdo).iterator();
    myList = new ArrayList<>();
    while(it.hasNext()) {
        Document doc = it.next();
        MyConcern concern = new MyConcern();
        concern.setCname(doc.getString("cname"));
        concern.setCnamed(doc.getString("cnamed"));
        concern.setCtime(doc.getDate("ctime"));
        myList.add(concern);
    }
    return myList;
}
```

(3) UI 层调用逻辑方法,显示"我的关注"的人员列表。

```
public static void getMyConcern() {
    UserBiz biz = new UserBiz();
    try {
        List<MyConcern> myList = biz.getMyConcern("tom");
        for(MyConcern con : myList) {
            System.out.println(con.getCname() + "--" + con.getCnamed());
        }
    } catch (Exception e) {
        e.printStackTrace();
    }
}
```

5. 取消关注

从"我的关注"人员列表中移除某个人员,即为取消关注,操作步骤如下。

(1) 逻辑层 UserBiz 中的 removeConcern()方法。

```java
public long removeConcern(String cname,String cnamed) throws Exception{
    long ret;
    UserDao dao = new UserDao();
    try {
        ret = dao.removeConcern(cname, cnamed);
    }finally {
        MongoFactory.closeConnection();
    }
    return ret;
}
```

（2）持久层 UserDao 中的 removeConcern()方法。

```java
public long removeConcern(String cname,String cnamed) throws Exception{
    MongoClient mclient = MongoFactory.openConnection();
    MongoDatabase db = mclient.getDatabase("mydb");
    MongoCollection<Document> collection = db.getCollection("myConcern");
    BasicDBObject bdo = new BasicDBObject();
    bdo.append("cname",cname);
    bdo.append("cnamed",cnamed);
    DeleteResult result = collection.deleteOne(bdo);
    return result.getDeletedCount();
}
```

（3）UI 层调用逻辑方法，实现取消关注的功能。

```java
public static void removeConcern() {
    UserBiz biz = new UserBiz();
    try {
        long ret = biz.removeConcern("tom", "李四");
        if(ret>0) {
            System.out.println("成功取消关注" + ret + "人");
        }else {
            System.out.println("没找到删除记录");
        }
    } catch (Exception e) {
        e.printStackTrace();
    }
}
```

6. 添加博文收藏

登录用户在浏览博文时，可以对于感兴趣的博文进行收藏操作。从"我的收藏"中可以提取用户收藏的所有博文列表。

如图 6-13 所示的表设计，收藏博文表有两个外键，即用户名和博文 id 必须存在，才能成功进行博文收藏。收藏博文表是两个一对多的体现，即一个用户可以收藏多篇博文；一篇博文可以被多个用户同时收藏。

在 MongoDB 的用户集合中写入内嵌文档，"我的收藏"作为用户集合的内嵌文档进行存储（如图 6-16 所示）。

图 6-16　内嵌文档存储"我的收藏"

（1）逻辑层 UserBiz 中 collectWeibo()方法。博文收藏成功给博文的收藏数量加 1。

```java
public long collectWeibo(String uname,String bwid) throws Exception{
```

```java
        long ret;
        UserDao udao = new UserDao();
        WeiboDao wdao = new WeiboDao();
        try {
            ret = udao.collectWeibo(uname, bwid);
            if(ret>0) {
                wdao.incCollectNum(bwid);
            }
        }finally {
            MongoFactory.closeConnection();
        }
        return ret;
    }
```

（2）持久层 UserDao 中 collectWeibo()方法。向用户集合的内嵌文档写入数据，如果找不到用户名文档，则写入失败。

```java
public long collectWeibo(String uname,String bwid) throws Exception{
    MongoClient mclient = MongoFactory.openConnection();
    MongoDatabase db = mclient.getDatabase("mydb");
    MongoCollection<Document> collection = db.getCollection("user");
    BasicDBObject bdo = new BasicDBObject("uname", uname);
    BasicDBObject val = new BasicDBObject();
    val.append("bwid",bwid);
    val.append("ctime", new Date());
    UpdateResult result = collection.updateOne
            (bdo, new Document("$push",new Document("bw",val)));
    return result.getModifiedCount();
}
```

（3）持久层 WeiboDao 中 incCollectNum()方法。修改博文的收藏数量加 1。

```java
public long incCollectNum(String bwid) throws Exception{
    MongoClient mclient = MongoFactory.openConnection();
    MongoDatabase db = mclient.getDatabase("mydb");
    MongoCollection<Document> collection = db.getCollection("weibo");
    BasicDBObject bdo = new BasicDBObject("bwid",bwid);
    UpdateResult result = collection.updateOne
            (bdo, new Document("$inc",new BasicDBObject("cnum",1)));
    return result.getMatchedCount();
}
```

（4）UI 层调用逻辑类，实现博文收藏。

```java
public static void collectWeibo(String uname,String bwid) {
    UserBiz biz = new UserBiz();
    try {
        long ret = biz.collectWeibo(uname, bwid);
        if(ret>0) {
            System.out.println("收藏成功");
        }else {
            System.out.println("收藏失败 0");
        }
    } catch (Exception e) {
        e.printStackTrace();
    }
}
public static void main(String[] args) {
    collectWeibo("tom","bw001");
    collectWeibo("tom","bw002");
```

```
        collectWeibo("tom","bw003");
    }
```

7. 取消博文收藏

（1）逻辑层 UserBiz 的 collectWeiboCancel()方法。

```
public long collectWeiboCancel(String uname,String bwid) throws Exception{
    long ret;
    UserDao udao = new UserDao();
    WeiboDao wdao = new WeiboDao();
    try {
        ret = udao.collectWeiboCancel(uname, bwid);
        if(ret>0) {
            wdao.decCollectNum(bwid);
        }
    }finally {
        MongoFactory.closeConnection();
    }
    return ret;
}
```

（2）持久层 UserDao 中的 collectWeiboCancel()方法。修改内嵌文档，移除指定条件的一条收藏数据。

```
public long collectWeiboCancel(String uname,String bwid) throws Exception{
    MongoClient mclient = MongoFactory.openConnection();
    MongoDatabase db = mclient.getDatabase("mydb");
    MongoCollection<Document> collection = db.getCollection("user");
    BasicDBObject bdo = new BasicDBObject("uname",uname);
    BasicDBObject val = new BasicDBObject("bwid",bwid);
    UpdateResult result = collection.updateOne
                (bdo, new Document("$pull",new Document("bw",val)));
    return result.getModifiedCount();
}
```

（3）持久层 WeiboDao 中给博文收藏数量减 1。

```
public long decCollectNum(String bwid) throws Exception{
    MongoClient mclient = MongoFactory.openConnection();
    MongoDatabase db = mclient.getDatabase("mydb");
    MongoCollection<Document> collection = db.getCollection("weibo");
    BasicDBObject bdo = new BasicDBObject("bwid",bwid);
    UpdateResult result = collection.updateOne
                (bdo, new Document("$inc",new BasicDBObject("cnum",-1)));
    return result.getMatchedCount();
}
```

（4）UI 层调用逻辑对象，实现取消收藏（如图 6-17 所示）。

```
public static void cancelCollect(String uname,String bwid) {
    UserBiz biz = new UserBiz();
    try {
        long ret = biz.collectWeiboCancel(uname,bwid);
        if(ret>0) {
            System.out.println("取消收藏成功");
        }else {
            System.out.println("取消收藏失败 0");
        }
    } catch (Exception e) {
        e.printStackTrace();
```

```
        }
    }
    public static void main(String[] args) {
        cancelCollect("tom","bw001");
    }
```

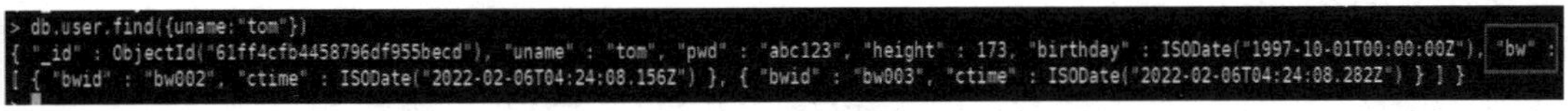

```
> db.user.find({uname:"tom"})
{ "_id" : ObjectId("61ff4cfb4458796df955becd"), "uname" : "tom", "pwd" : "abc123", "height" : 173, "birthday" : ISODate("1997-10-01T00:00:00Z"), "bw" :
[ { "bwid" : "bw002", "ctime" : ISODate("2022-02-06T04:24:08.156Z") }, { "bwid" : "bw003", "ctime" : ISODate("2022-02-06T04:24:08.282Z") } ] }
```

图 6-17　取消收藏

【微博完整代码参见本书配套资源】

第 7 章 项目部署

按照项目的开发架构,在分布式开发架构下,会涉及反向代理服务器、图片服务器集群、Web 服务器集群、应用服务器集群、MySQL 数据库集群、Redis 集群、MongoDB 集群、MOM 集群等很多内容。本书围绕相对简单实用的中型项目来演示项目部署涉及的相关问题,供大家参考。

7.1 中型项目部署架构

图 7-1 所示为中型项目的部署架构,这里没有采用分布式开发架构,即应用层和视图层都部署在了 Web 服务器上。如果采用 Dubbo 集群或 Spring Cloud 微服务集群,项目部署结构会复杂很多。

如图 7-1 所示的 Keepalived 是一个用 C 语言编写的路由软件,Keepalived 的主要目标是为 Linux 系统和基于 Linux 的基础设施提供简单、健壮的负载均衡和高可用性的工具。Keepalived 依赖于著名且广泛使用的 Linux 虚拟服务器(IPVS)内核模块提供 Layer4(OSI 的传输层)负载均衡方案。Keepalived 实现了一组检查程序,以便根据运行状况动态地、自适应地维护和管理负载均衡的服务器池。另一方面利用 VRRP 实现了高可用性,VRRP 是路由器故障转移的基础模块。此外,Keepalived 实现了一组连接到 VRRP 有限状态机的钩子,提供底层和高速的协议交互。为了提供最快的网络故障检测,Keepalived 实现了 BFD 协议,VRRP 状态转换可以依赖 BFD 提示来驱动,达到快速的状态转换。Keepalived 框架可以独立使用,也可以一起使用,以提供弹性基础设施。

高可用性 HA(High Availability)指的是通过尽量缩短因日常维护操作或突发的系统崩溃所导致的停机时间,尽量保证系统一年 365×24 小时始终无故障运行。HA 解决方案是企业防止核心计算机系统因故障停机的最有效手段。

Nginx 是著名的反向代理服务器,在工业实践中有大量的应用案例。使用 Keepalived 可以保证 Nginx 服务器的高可用性,从而使系统服务保持稳定。

如图 7-1 所示,Nginx Cluster 为主从结构,配合 Keepalived 提供反向代理服务;同时 Nginx 还可以作为文件服务器(如图片服务器)来使用。

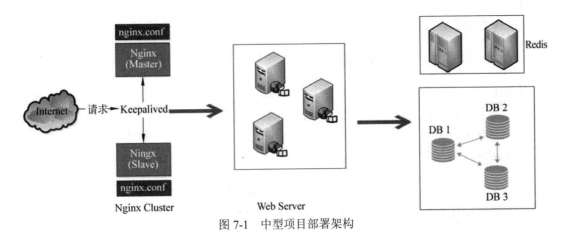

图 7-1 中型项目部署架构

Web 服务器一般为集群配置，由于 Nginx 的负载均衡策略，同一个用户的不同 HTTP 请求可能访问不同的 Web 服务器。HTTP 本身被设计为无状态访问协议，但是 Web 服务器上可能会存在 http session、application、static 变量等状态数据，因此集群部署时要非常小心选择状态数据的存储策略。

把 http session 和 application 存储到 Redis 中，同时小心使用 static 变量，这在项目实践中是一个比较好的解决方案。

Redis 和 MongoDB 作为 NoSQL 中的佼佼者，在项目实践中也会大量应用，参考第 5 章和第 6 章相关内容。

MySQL 在企业项目和电子商务网站中的地位越来越重要，其集群部署方案稍后讲解。

7.2 Nginx

Nginx 是一个高性能的 HTTP 和反向代理 Web 服务器，同时也提供了 IMAP/POP3/SMTP 服务。Nginx 是由俄罗斯访问量第二的 Rambler.ru 站点开发的，第一个公开版本 0.1.0 发布于 2004 年 10 月 4 日。

7.2.1 Nginx 介绍

Nginx 是开源软件，其源代码以 BSD 许可证的形式发布。Nginx 因其稳定性、丰富的功能集、简单的配置文件和低系统资源的消耗而闻名。2011 年 6 月 1 日，Nginx 1.0.4 发布。

Nginx 是一款轻量级的 Web 服务器、反向代理服务器及电子邮件（IMAP/POP3）代理服务器，在 BSD-like 协议下发行。其特点是占用内存少，并发能力强，事实上 Nginx 的并发能力在同类型的网页服务器中表现很好，目前使用 Nginx 的网站有百度、京东、新浪、网易、腾讯、淘宝、美团等。

Nginx 是 Apache 的替代品，Nginx 在美国是虚拟主机运营商最喜欢的软件平台之一，能够支持高达 50 000 个并发连接数的响应。

Nginx 非常小巧，在 10 000 非活动的 HTTP Keepalived 连接下仅需要 2.5MB 内存。

7.2.2 Nginx 下载与安装

Nginx 目标安装环境为 CentOS7，安装步骤如下。

（1）进入/usr/local 目录下，新建 nginx 目录。

（2）下载 nginx-1.20.1.tar.gz，上传到/usr/local/nginx 目录下（安装包不能放在 local 下）。

（3）解压安装包。

```
# tar -zxvf nginx-1.20.1.tar.gz      //解压
# rm nginx-1.20.1.tar.gz             //删除压缩包
```

（4）进入解压后的目录，执行自动配置（如图 7-2 所示）。

```
# ./configure
```

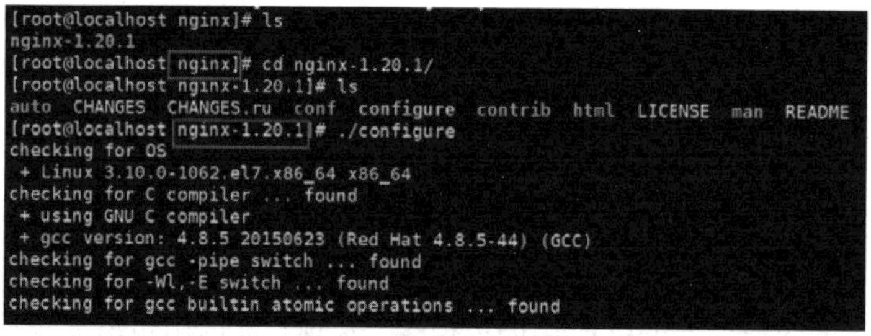

图 7-2　解压配置 Nginx

注意：需要提前安装 GCC（如图 7-3 所示）和 PCRE 库（如图 7-4 所示）。

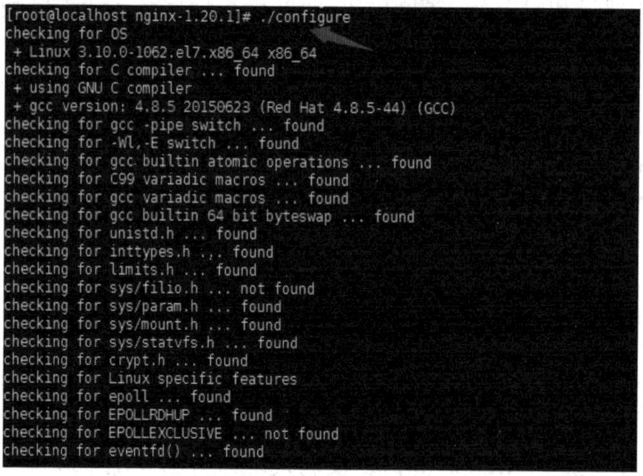

图 7-3　GCC 安装

```
gcc    # yum -y install gcc-c++
```

安装 PCRE 库，然后重新执行配置：

```
# yum -y install pcre-devel openssl openssl-devel
# ./configure
```

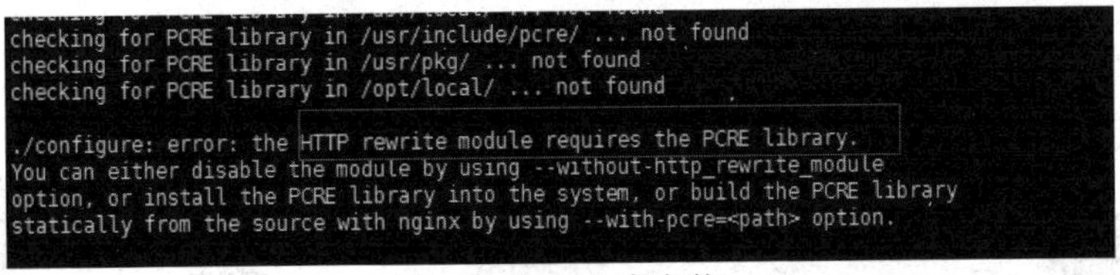

图 7-4　PCRE 库安装

（5）make 命令编译，并安装。

```
# make
# make install
```

（6）进入 sbin 目录，启动 Nginx（如图 7-5 所示）。

```
# cd /usr/local/nginx/sbin
# ./nginx
# ps -ef | grep nginx    //查看 Nginx 启动进程
```

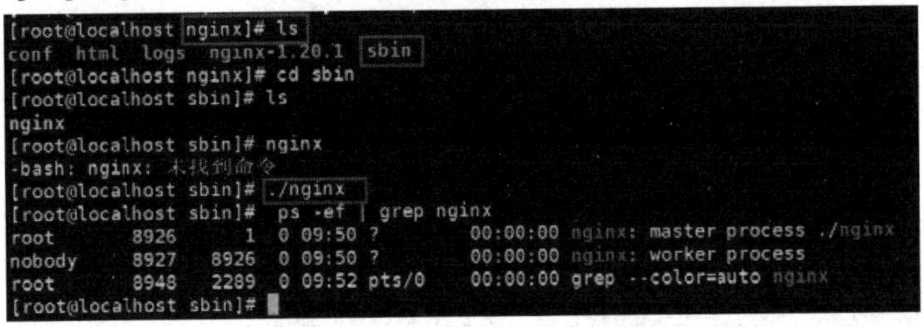

图 7-5　启动 Nginx

（7）访问虚拟机 IP，显示如下。

```
# service firewalld stop   //关闭防火墙
```

访问 http://192.168.233.129:80（如图 7-6 所示）。

图 7-6　Nginx 默认启动页

7.2.3　Nginx 文件服务器配置

Nginx 既可以做 Web 服务器的反向代理，也可以做静态文件服务器（如图 7-7 所示）。静态文件不经过 Web 服务器，客户端请求直接通过 Nginx 回应，这可以大大减少 Web 服务器的压力。诸如图片、HTML 页面、CSS 样式表单、JS 脚本等，都可以放在 Nginx 静态服务器上。

Nginx 文件服务器配置步骤如下。

（1）查看 Nginx 进程并关闭（如图 7-8 所示）。

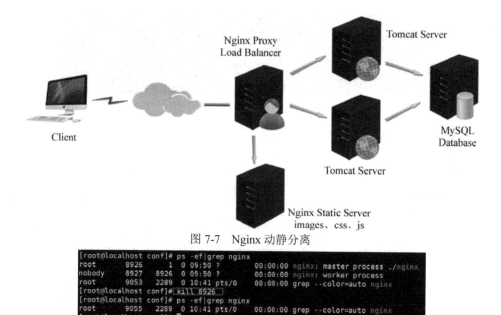

图 7-7 Nginx 动静分离

图 7-8 关闭 Nginx 进程

```
# ps -ef|grep nginx
# kill 8926 或  ./nginx -s stop  //关闭 Nginx 服务
```

（2）在 Linux 的根目录新建 data 文件夹，然后建立子文件夹（如图 7-9 所示）。

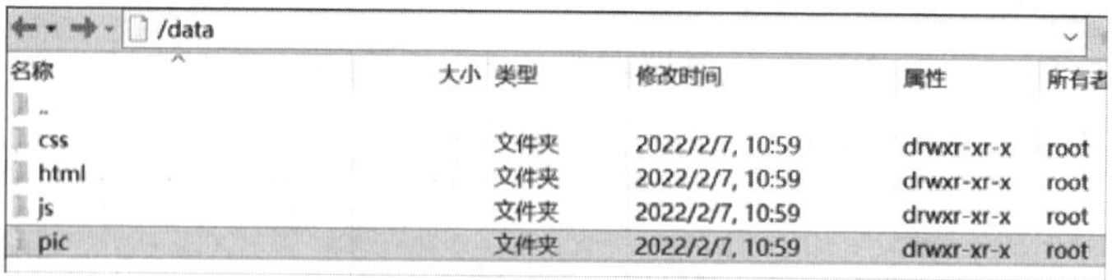

图 7-9 静态资源目录

（3）上传静态资源文件到相应目录下（如图 7-10 所示）。

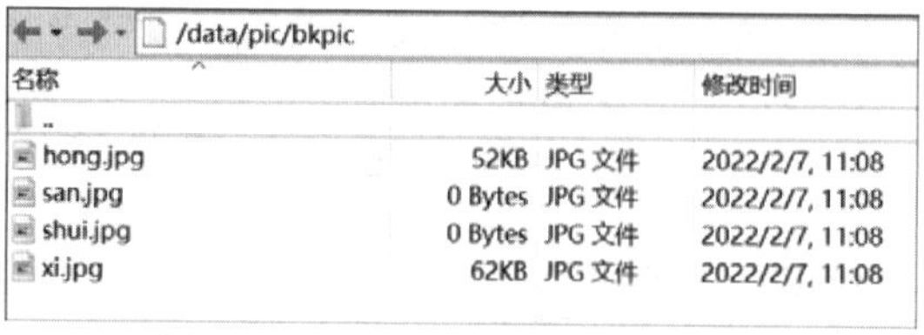

图 7-10 上传图片到 pic 的子目录

（4）修改 nginx/conf/nginx.conf 文件，配置图片服务器（如图 7-11 所示）。

```
location /pic/ {
        root /data/;
}
```

（5）重新启动 Nginx。

（6）通过浏览器 http://192.168.233.129/pic/bkpic/san.jpg 访问图片服务器（如图 7-12 所示）。

```
server {
    listen       80;
    server_name  localhost;

    #charset koi8-r;

    #access_log  logs/host.access.log  main;

    location / {
        root   html;
        index  index.html index.htm;
    }
    location /pic/ {
          root   /data/;
    }
```

图 7-11　图片服务器配置

图 7-12　浏览器访问图片服务器

7.2.4　Nginx 反向代理服务器配置

正向代理：代理客户端的请求，如公司通常会设置代理服务器，还有 VPN 也是正向代理服务器。

反向代理：代理服务器的请求，如客户端 Tom 访问 www.baidu.com，百度后台的 Web 服务器有几千台，而真正接收并处理 Tom 请求的只是几千台服务器中的某一台（如图 7-13 所示），具体是哪台服务器处理 Tom 的请求，需要依赖反向代理服务器设置的负载均衡策略。

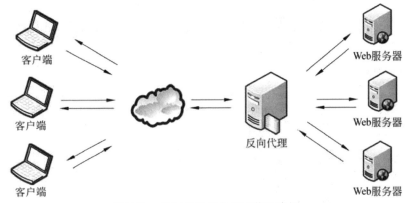

图 7-13　反向代理服务器工作示意图

下面演示使用 Nginx 做反向代理服务器，路由客户端请求的操作步骤。

（1）配置 nginx.conf 中的路由服务，然后重启 Nginx。

注意：192.168.95.1 是 Web 服务器的 IP，路由的名字任意。此处设置了两个 Web 服务器，启动端口分别为 8081 和 8082。

```
upstream myRout{
      server 192.168.95.1:8081 weight=1;
      server 192.168.95.1:8082 weight=1;
   }
server {
      listen       81;
      server_name  localhost;
      location / {
```

```
            root    html;
            index   index.html index.htm;
                proxy_pass http://myRout;
}
```

（2）使用 Spring Boot 分别启动两个 HelloWeb 项目（如图 7-14 所示）。

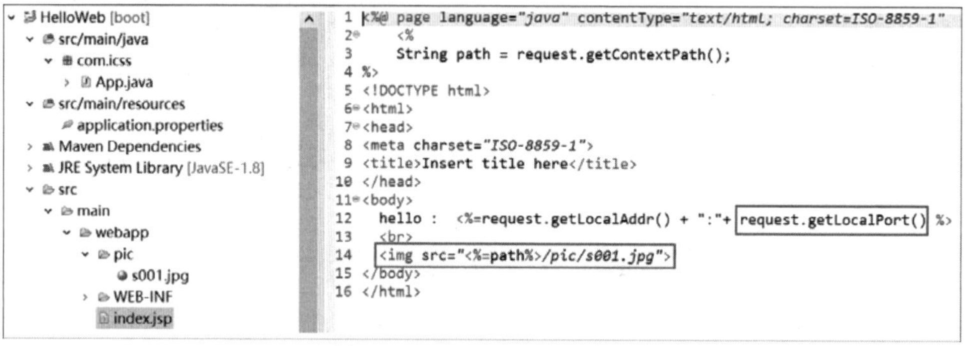

图 7-14 Hello Web 项目结构

在 Spring Boot 中内置了 Tomcat 服务器，两个 HelloWeb 项目需要在不同的端口启动。HelloWeb 项目的核心代码如下（完整代码参见本书配套资源）。

① 配置 HelloWeb 项目的 pom.xml。

```
<parent>
        <groupId>org.springframework.boot</groupId>
        <artifactId>spring-boot-starter-parent</artifactId>
        <version>2.3.8.RELEASE</version>
</parent>
<dependencies>
        <dependency>
           <groupId>org.springframework.boot</groupId>
           <artifactId>spring-boot-starter-Web</artifactId>
        </dependency>
        <dependency>
           <groupId>Javax.servlet</groupId>
           <artifactId>Javax.servlet-api</artifactId>
        </dependency>
        <dependency>
           <groupId>Javax.servlet</groupId>
           <artifactId>jstl</artifactId>
        </dependency>
        <dependency>
           <groupId>org.apache.tomcat.embed</groupId>
           <artifactId>tomcat-embed-jasper</artifactId>
        </dependency>
</dependencies>
```

② 配置 Hello Web 项目的 application.properties。

```
server.port=8081
server.servlet.context-path=/hello
server.servlet.encoding.force=true
server.servlet.encoding.charset=utf-8
server.servlet.encoding.enabled=true
server.tomcat.uri-encoding=utf-8
logging.level.com.icss=INFO
```

```
logging.level.org.springframework=INFO
```

③ 编写 index.jsp。

```
<body>
    hello : <%=request.getLocalAddr() + ":"+ request.getLocalPort() %>
    <br>
    <img src="<%=path%>/pic/s001.jpg">
</body>
```

④ 分别在 8081 端口和 8082 端口启动 Hello Web 项目。

（3）浏览器访问 http://192.168.233.129:81/hello/index.jsp，会自动路由到 Web 服务器下的 Hello Web 项目（如图 7-15 所示）。客户端多次访问 Hello Web 项目，会分别路由到不同的 Web 服务器上。

图 7-15　Nginx 反向代理

7.3　Docker 虚拟化

Docker 是一个开源的应用容器引擎，让开发者可以打包他们的应用以及依赖包到一个可移植的容器中，然后发布到任何流行的 Linux 或 Windows 操作系统上，也可以实现虚拟化。容器完全使用沙箱机制，相互之间没有任何接口。

7.3.1　Docker 容器与镜像

Docker 是 PaaS（Platform as a Service，平台即服务）提供商 dotCloud 开源的一个基于 LXC 的高级容器引擎，源代码托管在 Github 上，基于 go 语言并遵从 Apache2.0 协议。Docker 自 2013 年以来非常火热，github 上的代码非常活跃，Redhat 在 RHEL6.5 中也集成 Docker 的支持，就连 Google 的 Compute Engine 也支持 Docker 在其之上运行。

软件的开发环境越来越复杂，而且开发环境与实际运行环境存在一定的区别，这给软件的开发、部署、测试以及移植都带来很大的困扰。

Docker 设想是交付运行环境如同海运，OS 如同一个货轮，每一个在 OS 基础上的软件都如同一个集装箱（如图 7-16 所示），用户可以通过标准化手段自由组装运行环境，同时集

装箱的内容可以由用户自定义，也可以由专业人员制造。这样，交付一个软件，就是一系列标准化组件集合的交付，如同乐高积木，用户只需要选择合适的积木组合，并且在最顶端署上自己的名字（最后一个标准化组件是用户的 App），这也就是基于 Docker 的 PaaS 产品的原型。

图 7-16　Docker 概念图

一个完整的 Docker 由以下几个部分组成。
- Docker Client（客户端）。
- Docker Daemon（守护进程）。
- Docker Image（镜像）。
- DockerContainer（容器）。

Docker 使用客户端—服务器（C/S）架构模式，使用远程 API 来管理和创建 Docker 容器。Docker 容器通过 Docker 镜像来创建，同一个镜像可以创建任意多个容器。

Docker 容器与镜像的 C/S 架构模型，如图 7-17 所示。

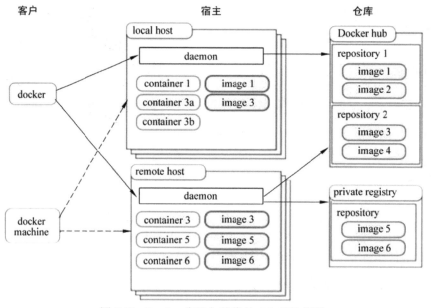

图 7-17　Docker 容器与镜像的 C/S 架构模型

7.3.2　Docker 下载与安装

Docker 目标安装环境为 CentOS7，安装步骤如下。

（1）进入 https://docs.docker.com/官网，单击 Download and install，之后选择 Docker for Linux（如图 7-18 和图 7-19 所示）。

（2）选择 Docker 安装的目标环境为 CentOS（如图 7-20 所示）。

（3）从 Repository 中安装 Docker。

第7章 项目部署

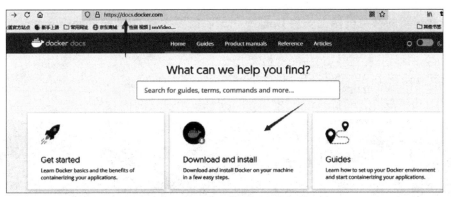

图 7-18　从 Docker 官网安装软件

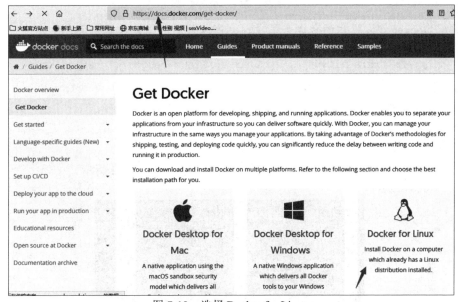

图 7-19　选择 Docker for Linux

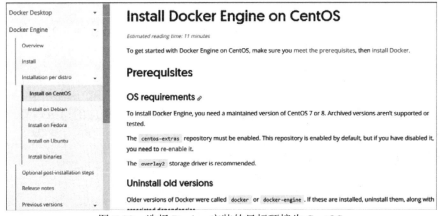

图 7-20　选择 Docker 安装的目标环境为 CentOS

第一次在新的宿主机器上安装 Docker 引擎，需要设置 Docker repository（仓库），然后就可以通过仓库安装或更新 Docker 了（如图 7-21 所示）。

```
# sudo yum install -y yum-utils
# sudo yum-config-manager \
      --add-repo \
    https://download.docker.com/linux/centos/docker-ce.repo
```

```
[root@localhost local]# sudo yum-config-manager \
>     --add-repo \
>     https://download.docker.com/linux/centos/docker-ce.repo
已加载插件：fastestmirror
adding repo from: https://download.docker.com/linux/centos/docker-ce.repo
grabbing file https://download.docker.com/linux/centos/docker-ce.repo to /etc/yum.repos.d/docker-ce.repo
repo saved to /etc/yum.repos.d/docker-ce.repo
[root@localhost local]#
```

图 7-21　设置 Docker 仓库

注意： Docker 官方提供的仓库如果慢，也可以使用阿里云镜像安装。

```
# yum -config -manager --add -repo\
    http://mirrors.aliyun.com/docker-ce/linux/centos/docker-ce.repo
```

（4）从仓库开始安装 Docker。

```
# sudo yum install docker-ce docker-ce-cli containerd.io
```

（5）启动 Docker 进程。

```
# sudo systemctl start docker
```

（6）使用 Docker 命令，检查当前运行的版本信息（如图 7-22 所示）。

```
# docker version
```

```
[root@localhost local]# sudo systemctl start docker
[root@localhost local]# docker version
Client: Docker Engine - Community
 Version:           20.10.12
 API version:       1.41
 Go version:        go1.16.12
 Git commit:        e91ed57
 Built:             Mon Dec 13 11:45:41 2021
 OS/Arch:           linux/amd64
 Context:           default
 Experimental:      true
```

图 7-22　Docker 版本检查

（7）运行 hello-world 镜像，校验 Docker 引擎是否安装正确（如图 7-23 所示）。

```
# sudo docker run hello-world
```

7.3.3　Docker 常用命令

Docker 提供了很多的命令，如图 7-24 所示，可以在线查看相应的命令信息。本节举例说明几个最常用的 Docker 命令，其他参考在线帮助。

1. 镜像命令

（1）检查当前系统有哪些 Docker 镜像（如图 7-25 所示）。

```
#docker images
```

```
[root@localhost ~]# sudo systemctl start docker
[root@localhost ~]# sudo docker run hello-world
Unable to find image 'hello-world:latest' locally
latest: Pulling from library/hello-world
b8dfde127a29: Pull complete
Digest: sha256:df5f5184104426b65967e016ff2ac0bfcd44ad7899ca3bbcf8e44e4461491a9e
Status: Downloaded newer image for hello-world:latest

Hello from Docker!
This message shows that your installation appears to be working correctly.

To generate this message, Docker took the following steps:
 1. The Docker client contacted the Docker daemon.
 2. The Docker daemon pulled the "hello-world" image from the Docker Hub.
    (amd64)
 3. The Docker daemon created a new container from that image which runs the
    executable that produces the output you are currently reading.
 4. The Docker daemon streamed that output to the Docker client, which sent it
    to your terminal.

To try something more ambitious, you can run an Ubuntu container with:
 $ docker run -it ubuntu bash

Share images, automate workflows, and more with a free Docker ID:
 https://hub.docker.com/

For more examples and ideas, visit:
 https://docs.docker.com/get-started/
```

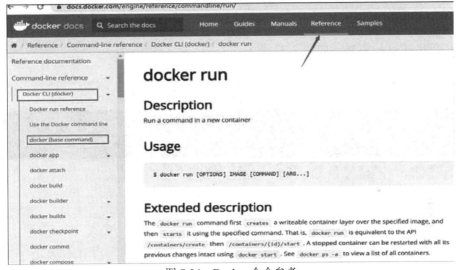

图 7-23　运行 hello-world 镜像

图 7-24　Docker 命令参考

```
[root@localhost ~]# docker images
REPOSITORY    TAG       IMAGE ID       CREATED         SIZE
hello-world   latest    feb5d9fea6a5   4 months ago    13.3kB
[root@localhost ~]#
```

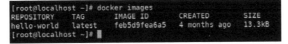

图 7-25　检查 Docker 镜像

（2）启动 Docker 进程。

```
# systemctl start docker
```

（3）检查当前运行的 Docker 版本。

```
# docker version
```

（4）查看 Docker 命令的详细参数。

```
# docker 命令 -help
```

(5) 下载镜像。

```
docker pull [OPTIONS] NAME[:TAG|@DIGEST]
```

例:

```
docker pull mysql:5.7
docker pull centos
```

(6) 删除镜像(根据 image id 删除,如图 7-26 所示)。

```
docker rmi [OPTIONS] IMAGE [IMAGE...]
```

例:

```
docker  rmi  -f  d1165f221234
```

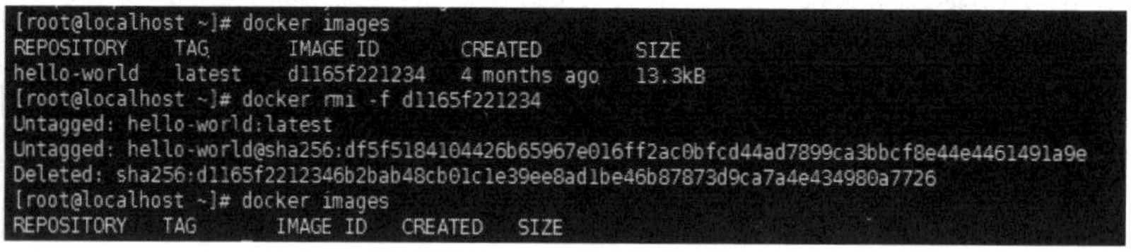

```
[root@localhost ~]# docker images
REPOSITORY    TAG       IMAGE ID       CREATED        SIZE
hello-world   latest    d1165f221234   4 months ago   13.3kB
[root@localhost ~]# docker rmi -f d1165f221234
Untagged: hello-world:latest
Untagged: hello-world@sha256:df5f5184104426b65967e016ff2ac0bfcd44ad7899ca3bbcf8e44e4461491a9e
Deleted: sha256:d1165f2212346b2bab48cb01c1e39ee8ad1be46b87873d9ca7a4e434980a7726
[root@localhost ~]# docker images
REPOSITORY   TAG     IMAGE ID   CREATED   SIZE
```

图 7-26 删除镜像

2. 容器命令

(1) 查看 Docker 容器,如图 7-27 所示。

```
docker ps [OPTIONS]
$docker  ps         //列出所有正在运行的容器
$docker  ps  -a     //包含镜像运行的历史信息
```

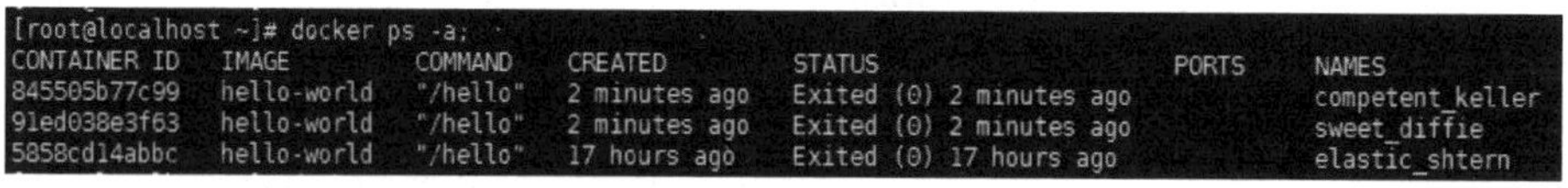

```
[root@localhost ~]# docker ps -a;
CONTAINER ID   IMAGE         COMMAND    CREATED          STATUS                     PORTS   NAMES
845505b77c99   hello-world   "/hello"   2 minutes ago    Exited (0) 2 minutes ago           competent_keller
91ed038e3f63   hello-world   "/hello"   2 minutes ago    Exited (0) 2 minutes ago           sweet_diffie
5858cd14abbc   hello-world   "/hello"   17 hours ago     Exited (0) 17 hours ago            elastic_shtern
```

图 7-27 查看 Docker 容器

(2) 创建容器并运行。

```
docker run [OPTIONS] IMAGE [COMMAND] [ARG...]
```

例:

```
# docker run hello-world   //从镜像创建容器并运行容器
```

(3) 启动或停止容器。

```
docker start [OPTIONS] CONTAINER [CONTAINER...]
docker stop [OPTIONS] CONTAINER [CONTAINER...]
# docker  start  容器 id
# docker  restart  容器 id
# docker stop 容器 id
# docker kill 容器 id
```

注意:docker run 相当于执行了两步操作:从镜像创建容器(docker create),然后启动容器(docker start)。而 docker start 的作用是重新启动已存在的镜像。也就是说,如果使用这个命令,必须事先知道这个容器的 ID,或者这个容器的名字。

(4) 退出或删除容器。

```
# exit                    //退出容器
```

```
# docker rm 容器 id          //删除容器
$docker inspect 容器 id      //查看容器的详细信息
```

7.3.4　Docker 搭建 Tomcat 集群

Web 服务器应用最多的是 Tomcat，下面演示使用 Docker 搭建 Tomcat 服务器集群的操作步骤。

（1）进入 dockerhub 的官网 https://hub.docker.com/（需要注册后登录，如图 7-28 所示）。

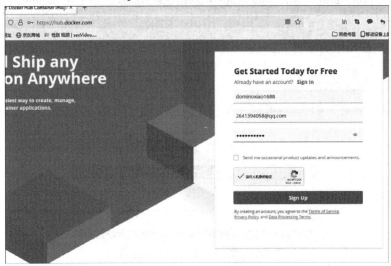

图 7-28　dockerhub 用户注册

（2）进入 dockerhub，搜索 tomcat（如图 7-29 所示）。

图 7-29　搜索 tomcat

（3）"# docker images"为查看是否存在 Tomcat 镜像，没有就下载。
（4）远程下载 Tomcat 镜像，并运行 Tomcat 容器（直接运行第 5 步资源容易下载失败）。

```
# docker run -it --rm tomcat:9.0
```

（5）重新启动 Tomcat，并映射端口。

"-p 8081:8080"为将主机的 8081 端口映射到容器的 8080 端口。

```
# docker run -it --rm -p 8081:8080 tomcat:9.0
```

（6）启动第二个 Tomcat 服务器（如图 7-30 所示）。

```
# docker run -it --rm -p 8082:8080 tomcat:9.0
```

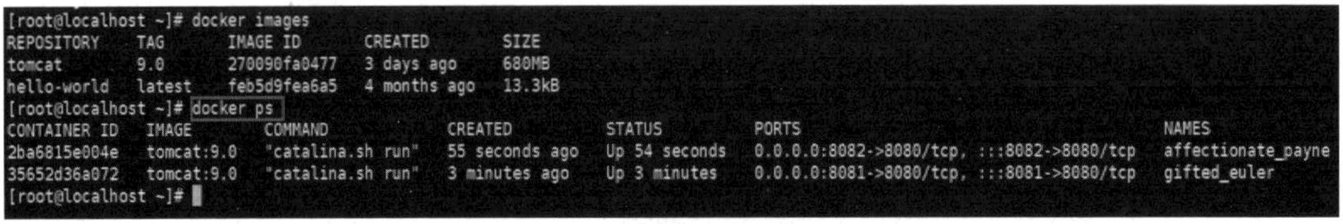

图 7-30　Tomcat 运行状态

（7）访问 Tomcat 默认主页。

访问 Docker 镜像中的 Tomcat 默认主页，会提示 404 错误（如图 7-31 所示），修正方法如下。

图 7-31　Tomcat 默认欢迎页未找到

① 关闭防火墙。

```
# service firewalld stop
```

② 检查 Tomcat 是否启动。

```
#docker ps
```

③ 使用命令"docker exec -it tomcat 容器 ID /bin/bash"进入 Tomcat 的目录。如：

```
# docker ps
# docker exec -it 346cb574ba33 /bin/bash
```

进入 Webapps 文件夹，发现里面是空的（Tomcat 默认的欢迎页路径应该是 Webapps/root/index.jsp 或者 index.html）。

④ 在 Tomcat 目录下，复制欢迎页信息到 Webapps 目录下，如图 7-32 所示。

```
# cp -r Webapps.dist/* Webapps/
# exit
```

图 7-32　复制欢迎页内容

⑤ 无须重启 Tomcat，直接访问即可显示欢迎页（两个容器都需要复制欢迎页，如图 7-33

所示)。

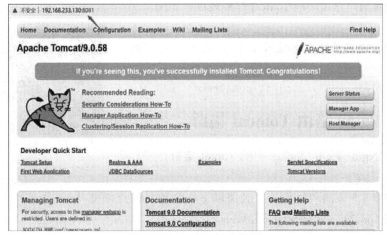

图 7-33　Tomcat 的欢迎页

7.3.5　项目部署到 Tomcat 集群

把 7.2.4 节中的 HelloWeb 项目部署到 Docker 中的 Tomcat 集群，操作步骤如下。

（1）在 cmd 窗口进入要打包项目的 pom.xml 所在路径，执行 mvn package 进行打包，如图 7-34 所示。

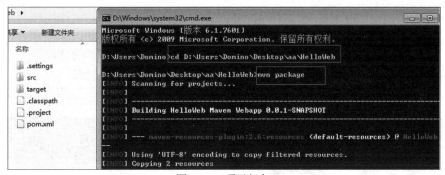

图 7-34　项目打包

（2）在 HelloWeb 的 target 目录下找到已经打包好的 war 文件。

进入 /usr/local 目录，新建 war 文件夹，然后上传 HelloWeb.war 到 war 目录下。

（3）查看容器 ID，直接复制 war 包到 Tomcat 的 Webapps 下，如图 7-35 所示。

```
[root@localhost ~]# docker ps
CONTAINER ID   IMAGE        COMMAND              CREATED          STATUS              PORTS
346cb574ba33   tomcat:9.0   "catalina.sh run"    About an hour ago Up About an hour   0.0.0.0:8082->8080/tcp, :::8082->8080/tcp
601fcd8fb96e   tomcat:9.0   "catalina.sh run"    About an hour ago Up About an hour   0.0.0.0:8081->8080/tcp, :::8081->8080/tcp
[root@localhost ~]# docker cp /usr/local/war/HelloWeb.war 346cb574ba33:/usr/local/tomcat/webapps
[root@localhost ~]# docker cp /usr/local/war/HelloWeb.war 601fcd8fb96e:/usr/local/tomcat/webapps
```

图 7-35　复制 war 包到 Tomcat 的 Webapps 下

```
#docker ps
#docker cp /usr/local/war/HelloWeb.war  346cb574ba33:/usr/local/tomcat/Webapps
```

```
#docker cp /usr/local/war/HelloWeb.war 601fcd8fb96e: /usr/local/tomcat/Webapps
```

（4）无须重启，直接访问 Tomcat 站点地址，如图 7-36 所示。

注意：Docker 启动时默认使用 172.17.x.x 作为容器的 IP 地址。

http://192.168.233.130:8081/HelloWeb/

7.3.6 Nginx 路由 Tomcat 集群

图 7-36 访问 Tomcat 站点地址

下面使用 Nginx 路由 Docker 中的 Tomat 集群，操作步骤如下。

（1）参见 7.3.5 节的项目部署，确保以下两个项目站点都可以正常访问。

http://192.168.233.130:8081/HelloWeb/

http://192.168.233.130:8082/HelloWeb/

（2）重新配置 Nginx 的路由地址，与虚机站点一致。

```
upstream myRout{
    server 192.168.233.130:8081 weight=1;
    server 192.168.233.130:8082 weight=1;
}
```

（3）重新启动 Nginx。

```
# cd /usr/local/nginx/sbin
# ./nginx
# ps -ef | grep nginx
```

（4）通过 Nginx 路由访问 Docker 中的 Tomcat 集群（如图 7-37 所示）。

注意：172.17.0.2 和 172.17.0.3 是 Docker 给容器自动分配的 IP 地址。

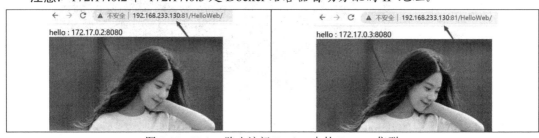

图 7-37 Nginx 路由访问 Docker 中的 Tomcat 集群

7.4 MySQL 集群部署

MySQL 是一个关系数据库管理系统，由瑞典 MySQL AB 公司开发，属于 Oracle 旗下产品。MySQL 是最流行的关系数据库管理系统之一，在 Web 应用方面，MySQL 是最好的 RDBMS（Relational Database Management System）应用软件之一。

MySQL 是开源系统，community（社区）版免费下载应用，但是商业版需要收费。国内电商巨头如淘宝、京东等都是在 MySQL 开源产品的基础上做了定制开发的。

MySQL 商业应用时基本都是集群部署，MySQL 集群方案很多，每个方案都有自己的优缺点，需要在不同的应用场景选择适合的集群方案。

7.4.1　Master Slave Replication

MySQL 主从复制集群是最经典的集群方案（如图 7-38 所示），一般采用一主两从或一主多从部署方式。

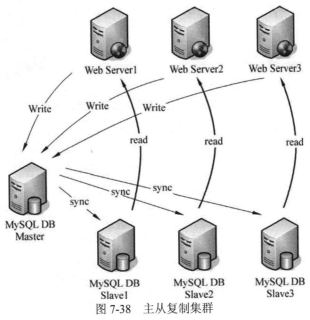

图 7-38　主从复制集群

主从复制的集群方案，一般会做读写分离的处理。来自 Web 服务器的写操作，都会直接访问主数据库，而读操作直接访问从数据库。

MySQL 主从复制是通过重放 binlog 日志，实现主库数据异步复制到多个从库中（如图 7-39 所示）。即主库执行的 sql 命令，通过 binlog 会在从库同样执行一遍，从而达到主从复制的效果。

主从复制集群的优势如下。

- 如果让后台读操作连接从数据库，让写操作连接主数据库，能起到读写分离的作用，这个时候多个从数据库可以做负载均衡。
- 可以在某个从数据库中暂时中断复制进程来备份数据，这样不影响主数据的对外服务和数据库整体性能。

主从复制集群的缺陷如下。

- 从库要从 binlog 获取数据并重放，这肯定与主库写入数据存在时间延迟，因此从库的数据总是要滞后主库。

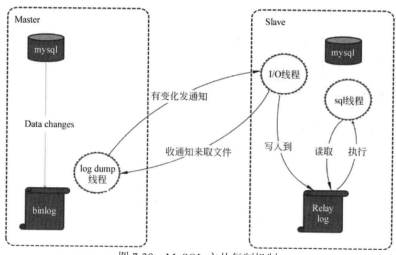

图 7-39　MySQL 主从复制机制

- 对主库与从库之间的网络速度要求高，若网络延迟太高，将加重上述的滞后效应，造成最终数据的不一致。
- 主节点为单一主机，如果主节点出现故障，集群会整体瘫痪。

7.4.2　MHA Cluster

MHA（Master High Availability）是在 MySQL Replication 的基础上进行的优化，目前是一个比较成熟的解决方案，它由日本 DeNA 公司研发。

MHA 是多主多从结构（如图 7-40 所示），主要提供更多的主节点，需要配合 Keepalived 等一起使用。要搭建 MHA，要求一个复制集群中必须最少有四台数据库服务器，即一台充当 Master，一台充当备用 Master，另外两台充当从库。

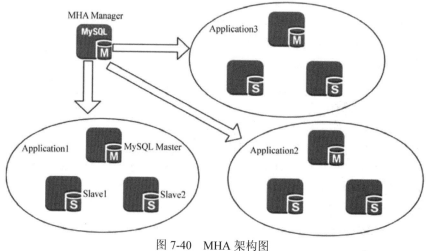

图 7-40　MHA 架构图

MHA 集群方案的优势如下。

- MHA 可以进行故障的自动检测和转移，在 MySQL 节点故障切换过程中，MHA 能做到在 0～20s 内自动完成数据库的故障切换操作。
- 具备自动数据补偿能力，在主库异常崩溃时能够最大限度地保证数据的一致性。
- 解决了主从方案的单点故障问题，使集群的高可用性大大提升（单点故障是指系统中一点失效，就会让整个系统无法运作的缺陷）。

MHA 集群方案的劣势如下。

- MHA 架构实现了读写分离，最佳实践是在应用开发设计时提前规划读写分离事宜，在使用时设置两个连接池，即读连接池与写连接池，也可以选择折中方案即引入 SQL Proxy，但无论如何都需要改动代码。
- MHA 没有提供从节点的负载均衡读方案，可以使用 F5、LVS、HAPROXY 或者 SQL Proxy 等工具自己实现。
- 需要编写脚本或利用第三方工具来实现 VIP 的配置。
- MHA 启动后只能监控主服务器是否可用，没办法监控从服务器。
- 需要基于 SSH 免认证登录配置，存在一定的安全隐患。

7.4.3 Galera Cluster（PXC）

Galera Cluster（集群）是由 Codership 开发的 MySQL 多主结构集群（如图 7-41 所示），这些主节点互为其他节点的从节点。

PXC（Percona Xtradb Cluster）集群是基于 Galera Cluster 的升级版（如图 7-42 所示），Percona Server 使用 XtraDB 存储引擎。PXC 在功能和性能上较 MHA 有着很显著的提升，如提升了在高负载情况下的 InnoDB 的性能，为 DBA 提供了一些非常有用的性能诊断工具，另外有更多的参数和命令来控制服务器行为。

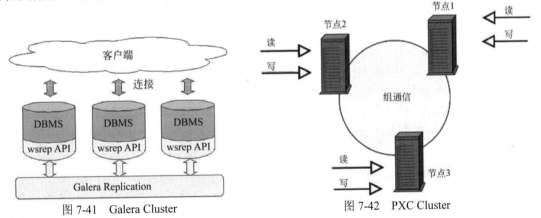

图 7-41　Galera Cluster　　　　图 7-42　PXC Cluster

PXC 采用的是多主同步复制，并针对同步复制过程中会大概率出现的事务冲突和死锁进行优化，即复制不是基于 MySQL 官方的 binlog，而是 Galera 复制插件，重写了 wsrep api。

异步复制中，主库将数据更新传播给从库后立即提交事务，而不论从库是否成功读取或重放数据变化。在这种工作模式下，主库事务提交后的短时间内，主库与从库数据并不一致。

同步复制中，主库的单个事务提交需要在所有从库上同步更新。换句话说，当主库提交事务时，集群中所有节点的数据保持一致。

对于读操作，从每个节点读取到的数据都是相同的。对于写操作，当数据写入某一节点后，集群会将其同步到其他节点。

Galera Cluster（PXC）方案的优势如下。

- 客户端可以向任何一台机器进行读写操作，所有服务器的地位相同。
- 查询时从本地节点查找数据，所有数据在本地节点都有，无须远程节点调用。
- 所有节点的写操作都是同步复制的，这可以保证节点数据的强一致性。
- 解决了主从架构数据复制的延迟问题，基本上可以达到实时同步。
- 整个集群具有高可用性，不存在单点故障。任何节点在任意时间失效，都不影响集群的整体运行。
- 故障节点自动从集群中移除，不影响其他节点工作。
- 读查询可以配置负载均衡。

Galera Cluster（PXC）方案的局限性如下。

- Galera 集群可以做到数据的强一致性，但这是以牺牲性能为代价的，因此 PXC 集群的数据写入速度较慢。
- 添加新节点时，需要全部复制已存在节点的数据，如果数据超过 100GB，代价会很高。
- 所有节点的数据都是一致的，这导致相同数据的备份太多。
- 应该尽可能地控制 PXC 集群的规模，因为节点越多，数据同步速度越慢。
- 所有 PXC 节点的硬件配置要一致，如果不一致，配置低的节点将拖慢数据同步速度。
- 目前的复制仅仅支持 InnoDB 存储引擎，任何写入其他引擎的表，包括 mysql.*表将不会复制，但是 DDL 语句会被复制，因此创建用户将会被复制，但是 insert into mysql.user…将不会被复制。
- DELETE 操作不支持没有主键的表，没有主键的表在不同的节点顺序将不同，如果执行 SELECT…LIMIT…将出现不同的结果集。
- 在多主环境下 LOCK/UNLOCK TABLES 不支持，以及锁函数 GET_LOCK()、RELEASE_LOCK()等也不支持。
- 查询日志不能保存在表中，如果开启查询日志，只能保存到文件中。
- 允许最大的事务大小由 wsrep_max_ws_rows 和 wsrep_max_ws_size 定义，任何大型操作将被拒绝，如大型的 LOAD DATA 操作。
- 由于集群是乐观的并发控制，所以事务 commit 可能在该阶段中止。如果有两个事务向集群中不同节点的同一行写入数据并提交，失败的节点将中止。对于集群级别的中止，集群会返回死锁错误代码（Error: 1213 SQLSTATE: 40001（ER_LOCK_DEADLOCK））。
- XA 事务不支持，因为在提交上可能回滚。

- 整个集群的写入吞吐量由最弱的节点限制，如果有一个节点变得缓慢，那么整个集群将是缓慢的。为了稳定的高性能要求，所有的节点应使用统一的硬件。
- 如果 DDL 语句出现问题将破坏集群一致性。
- 锁冲突、死锁问题相对更多。

使用建议如下。

PXC 是以牺牲性能来保证数据的强一致性的，Replication 方案在性能上是高于 PXC 的，所以两者用途也不一致。PXC 一般只用于重要的交易数据存储，如订单数据、用户数据等。

7.4.4 MGR Cluster

MGR（MySQL Group Replication）是 MySQL 5.7.17 提出的集群方案（如图 7-43 所示），它既可以很好地保证数据一致性，又具备故障检测和转移功能，MGR 还支持多节点写入，这是一项被普遍看好的技术。

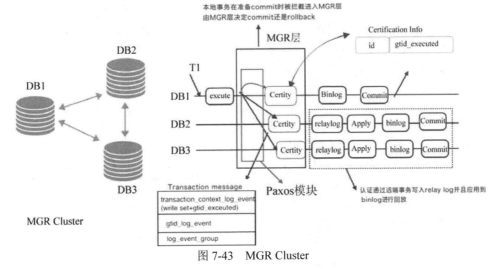

图 7-43 MGR Cluster

MGR（MySQL Group Replication）是 MySQL 自带的一个插件，可以灵活部署。MySQL MGR 集群是多个 MySQL Server 节点共同组成的分布式集群，每个 Server 都有完整的副本，它是基于行（ROW）格式的二进制日志文件。

MGR 是一个多主结构，通过组复制（Group Replication）机制实现各节点数据的一致性，这与 Replication 的异步复制、PXC 的同步复制都不相同。

如图 7-43 所示，DB1、DB2、DB3 构成的 MGR 集群，集群中每个 DB 都有 MGR 层，MGR 层功能也可简单理解为由 Paxos 模块和冲突检测 Certify 模块实现。Paxos 模块基于 Paxos 算法，确保所有节点收到相同广播消息，Transaction message（交易信息）就是广播消息的内容结构；冲突检测 Certify（保证）模块进行冲突检测确保数据的最终一致性。

当 DB1 上有事务 T1 要执行时，T1 对 DB1 来说是本地事务，对于 DB2、DB3 来说是远端事务；DB1 在事务 T1 被执行后，会把执行事务 T1 的信息广播给集群中各个节点，包括

DB1 本身；通过 Paxos 模块广播给 MGR 集群中的各个节点，半数以上的节点同意并且达成共识，之后共识信息进入各个节点的冲突检测 Certify 模块，各个节点各自进行冲突检测验证，最终保证事务在集群中的最终一致性。在冲突检测通过之后，本地事务 T1 在 DB1 直接提交即可，否则直接回滚。远端事务 T1 在 DB2 和 DB3 分别先更新到 relaylog，然后应用到 binlog，完成数据的同步，否则直接放弃该事务。

7.4.5 NDB Cluster

MySQL NDB Cluster 与 MySQL Server 是完全不同的产品，它是使用非共享架构，通过多台服务器构建成集群，实现多节点读写的关系数据库。它具有在线维护功能，并且可排除单一故障，具有非常高的可用性。此外，它的主要数据保存在内存中，可以高速处理大量的事务，是面向实时性应用程序的一款数据库产品（如图 7-44 所示）。

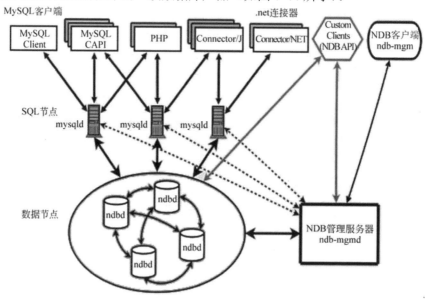

图 7-44　NDB Cluster

NDB Cluster 广泛应用于电信行业，例如阿尔卡特朗讯、诺基亚、NEC 等有大量的使用案例。在线游戏行业通过 NDB 进行会话管理，例如 Big Fish Games、Blizzard Entertainment、Zynga。此外，由于 NDB 具有非常高的可用性，所以在 PayPal（贝宝支付）的反欺诈系统中采用了 NDB。

MySQL NDB Cluster 架构按照节点类型分为以下三部分。

- 管理服务器（Management Server）：管理服务器通过对配置文件 config.ini 的维护来对其他节点进行管理。该文件可以用来配置有多少副本需要维护、在数据节点上为数据和索引分配多少内存、数据节点的位置、数据节点上保存数据的磁盘位置、SQL 节点的位置信息等，管理节点只能有一个。
- SQL 节点（SQL Node）：SQL 节点可以理解为应用程序和数据节点的一个桥梁，应用程序不能直接访问数据节点,只能先访问 SQL 节点,然后 SQL 节点再去访问数据节点来返回数据。Cluster 中可以有多个 SQL 节点,通过每个 SQL 节点查询到的数据都是一致的,一般来说,SQL 节点越多,分配到每个 SQL 节点的负载就越小,系统的整体性能就越好。
- 数据节点(Data Node):数据节点用来存放数据,可有多个数据节点。

7.5 Redis 集群部署

在新浪微博、淘宝、京东等大型企业应用中,Redis 集群规模可以达到几千个节点,下面介绍一下 Redis 集群的几种常用方案。

7.5.1 Master Slave Replication

使用一个 Redis 实例作为主机,其余的作为备份机。主机和备份机的数据完全一致,主机支持数据的写入和读取等各项操作,而从机则只支持与主机数据的同步和读取。由于主从数据几乎是一致的,因而可以将写入数据的命令发送给主机执行,而读取数据的命令发送给不同的从机执行,从而达到读写分离的目的(如图 7-45 所示)。

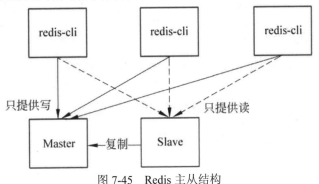

图 7-45 Redis 主从结构

Redis 主从复制(Master-Slave Replication)的工作原理为:Slave 从节点服务启动并连接到 Master 之后,它将主动发送一个 SYNC 命令。Master 服务主节点收到同步命令后将启动后台存盘进程,同时收集所有接收到的用于修改数据集的命令,在后台进程执行完毕后,Master 将传送整个数据库文件到 Slave,以完成一次完全同步。而 Slave 从节点服务在接收到数据库文件数据之后将其存盘并加载到内存中。此后,Master 主节点继续将所有已经收集到的修改命令和新的修改命令依次传送给 Slave,Slave 将在本次执行这些数据修改命令,从而达到最终的数据同步。

7.5.2 哨兵模式

从 Redis 2.8 版本开始引入哨兵模式,它是在主从复制的基础上,用哨兵实现了自动化的故障恢复。通俗来说哨兵模式的出现就是为了解决主从复制模式中需要人为操作的东西，全部变为自动操作（如图 7-46 所示）。

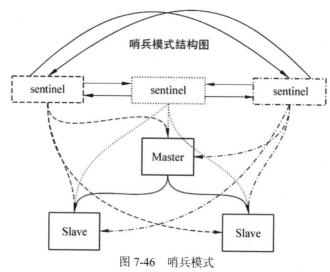

图 7-46　哨兵模式

- 监控（monitoring）：哨兵会不断检查主节点和从节点是否正常工作。
- 自动故障转移（automatic failover）：当主节点不能正常工作时，哨兵会执行自动故障转移操作，它会选择一个从节点升级为新的主节点，并让其他从节点改为复制新的主节点中的数据。
- 配置提供者（configuration provider）：客户端在初始化时，通过连接哨兵来获取当前 Redis 服务的地址。
- 通知（notification）：哨兵可以将故障转移的结果发送给客户端。

7.5.3　Redis Cluster

Redis 早期版本使用主从模式做集群，但是 Master 宕机后需要手动配置 Slave 转为 Master。Redis 2.8 版本开始引入哨兵模式，该模式下有一个哨兵监视 Master 和 Slave，若 Master 宕机可自动将 Slave 转为 Master。但哨兵模式也有一个问题，就是 Redis 节点不能动态扩充，所以从 Redis 3.x 提出了 Cluster 集群模式。

Redis Cluster 为整个集群定义了一共 16 384 个哈希槽（slot），并通过 crc16 的 hash 函数来对 key 进行取模，将结果路由到预先分配过哈希槽的相应节点上（如图 7-47 所示）。

Redis Cluster 自动将数据进行分片，每个 Master 上放一部分数据提供内置的高可用支持，部分 Master 不可用时，仍然可以继续工作。Redis Cluster 架构下的每个服务器都要开放两个端口号，比如一个是 6379，另一个就是加 10000 的端口号 16379。6379 端口号就是 Redis 服务器入口（客户端访问端口），16379 端口号用来进行节点间通信。

Cluster Bus（集群总线）用来进行通知实例的 IP 地址、缓存分片的 slot 信息、新节点加入、故障检测、配置更新、故障转移授权等。Cluster Bus 用的是一种叫 Gossip 协议的二

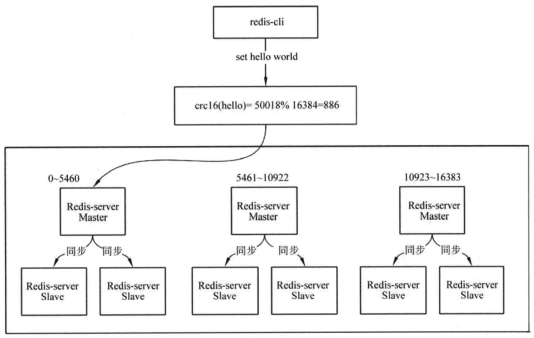

图 7-47 Redis Cluster

进制协议,用于节点间高效的数据交换,占用更少的网络带宽和处理时间。

Gossip 算法如其名,灵感来自办公室八卦,只要一个人八卦一下,在有限的时间内所有的人都会知道该八卦的信息,这种方式也与病毒传播类似,因此 Gossip 有众多的别名——"闲话算法""八卦算法""病毒感染算法"。

Gossip 过程是由种子节点发起,当一个种子节点有状态需要更新到网络中的其他节点时,它会随机地选择周围几个节点散播消息,收到消息的节点也会重复该过程,直至最终网络中所有的节点都收到了消息。这个过程可能需要一定的时间,由于虽然不能保证某个时刻所有节点都收到消息,但是理论上最终所有节点都会收到消息,因此它是一个最终一致性协议。

Gossip 协议的最大的好处是,即使集群节点的数量暴增,每个节点的负载也变化不大。这就允许 Redis Cluster 或者 Consul 集群管理的节点规模能横向扩展到数千个。Redis Cluster 中的每个节点都维护一份自己视角下的当前整个集群的状态,主要包括如下状态。

- 集群中各节点所负责的哈希槽信息及其迁移状态。
- 集群中各节点的 Master-Slave 状态。
- 集群中各节点的存活状态及怀疑失败状态。

Gossip 主要消息类型如下。

- MEET:通过 cluster meet ip port 命令,已有集群的节点会向新的节点发送邀请,加入现有集群,然后新节点就会开始与其他节点进行通信。
- PING:节点按照配置的时间间隔向集群中其他节点发送 PING 消息,消息中带有自己的状态，还有自己维护的集群元数据和部分其他节点的元数据。
- PONG：节点用于回应 PING 和 MEET 的消息，结构和 PING 消息类似，也包含自己的状态和其他信息，也可以用于信息广播和更新。
- FAIL：节点 PING 不通某节点后，会向集群所有节点广播该节点挂掉的消息，其他节点收到消息后标记已下线。

7.6 MongoDB 集群部署

MySQL 处理数据的规模一般在千万级，而 MongoDB 在阿里云、58 同城、滴滴出行等很多平台，都有了百亿级数据的成熟应用经验。

MongoDB 典型的集群部署有主从集群模式、副本集模式和分片集群模式。

7.6.1 主从集群

主从集群模式一般采用一主多从方式部署，主（Master）用于接收数据写入，从（Slave）用于接收数据查询（如图 7-48 所示）。

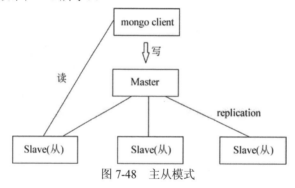

图 7-48 主从模式

在主从复制的集群中，当主节点出现故障时，只能人工介入，指定新的主节点，从节点不会自动升级为主节点。同时，在这段时间内，该集群架构只能处于只读状态。

MongoDB 的主从模式应用较少，一般不推荐。MongoDB 官方建议用副本集模式替代主从复制。

7.6.2 副本集

副本集（Replica Set）拥有一个主节点和多个从节点，这一点与主从复制模式类似，而且与主从节点所负责的工作也类似。副本集与主从复制的主要区别在于：当集群中主节点发生故障时，副本集可以自动投票，选举出新的主节点，并引导其余的从节点连接新的主节点，而且这个过程对应用是完全透明的（如图 7-49 所示）。

副本集提供了数据冗余存储，同时提高了集群可靠性。通过在不同的机器上保存副本来保证数据不会因为单点损坏而丢失；而且副本集能够随时应对数据丢失、机器损坏、网络异常等带来的风险，大大提高了集群的可靠性。

　　主服务器很重要，包含了所有的数据变更的日志。但是副本服务器集群包含所有的主服务器数据，因此当主服务器挂掉了，就会在副本服务器上重新选取一个成为主服务器。

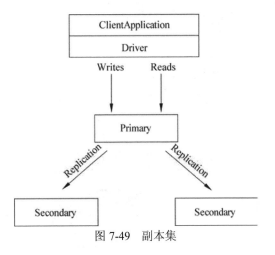

图 7-49　副本集

1. 副本集节点角色

　　MongoDB 的复制至少需要两个节点。其中一个是主节点，负责处理客户端请求，其余的都是从节点，负责复制主节点上的数据。MongoDB 各个节点常见的搭配方式为：一主一从、一主多从。主节点记录在其上的所有操作 oplog，从节点定期轮询主节点获取这些操作，然后对自己的数据副本执行这些操作，从而保证从节点的数据与主节点一致。

　　MongoDB 副本集中的节点，分为如下几种角色。

- 主节点（Primary）：接收所有的写请求，然后把修改同步到所有 Secondary。一个副本集只能有一个 Primary 节点，当 Primary 挂掉后，其他 Secondary 或者 Arbiter 节点会重新选举出来一个主节点。默认读请求也是发到 Primary 节点处理的，可以通过修改客户端连接配置以支持读取 Secondary 节点。
- 副本节点（Secondary）：与主节点保持同样的数据集。当主节点挂掉的时候，参与选主。
- 仲裁者（Arbiter）：不保有数据，不参与选主，只进行选主投票。使用 Arbiter 可以降低数据存储的硬件需求，Arbiter 几乎没什么大的硬件资源需求，但需要注意一点，在生产环境下它和其他数据节点不应部署在同一台机器上。

2. 副本集架构模式

　　副本集可以采用两种架构模式，分别为 PSS 架构（如图 7-50 所示）和 PSA 架构（如图 7-51 所示）。在 PSS（Primary + Secondary + Secondary）模式下，副本集的节点总数应该为奇数，目的是选主（Primary）投票的时候要出现大多数才能执行选举决策。PSA（Primary + Secondary + Arbiter）模式需要一个裁判节点，这个节点不参与选举，也不从 Primary 同步数据。在 PSA 模式下，要求数据节点的数量为偶数。

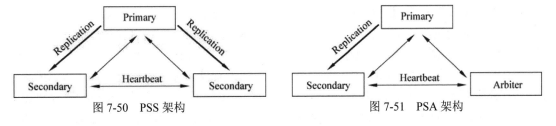

图 7-50　PSS 架构　　　　　　　　图 7-51　PSA 架构

7.6.3 分片集群

MongoDB 副本集模式可以在主节点发生故障后,通过自动选举机制,让某个从节点自动升级为主,从而提高了集群的可用性。

但是如果业务系统需要处理海量数据,那么数据节点就会需要几百台甚至几千台,副本集模式中一个 Primary 根本没法应付大量的高并发数据写入(数据吞吐量不足),Primary 成为系统的性能瓶颈和安全隐患。这时,就需要用到 MongoDB 的分片(Sharding)技术了,这也是 MongoDB 的大集群部署模式(如图 7-52 所示)。

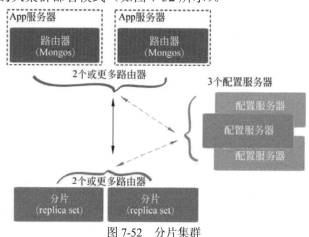

图 7-52 分片集群

1. 分片集的角色

如图 7-52 所示,构建一个 MongoDB 的分片集群,需要三个重要的组件,分别是分片服务器(Shard Server)、配置服务器(Config Server)和路由服务器(Route Server)。

- Route Server:这是一个独立的 Mongos 进程,Mongos 是数据库集群请求的入口,所有的请求都通过 Mongos 进行协调,不需要再添加额外的路由选择器,Mongos 自己就是一个请求分发中心,它负责把对应的数据请求转发到对应的分片服务器上。在生产环境通常有多 Mongos 作为请求的入口,防止其中一个挂掉所有的 Mongos 请求都没有办法操作。Mongos 服务器本身不保存数据,启动时从 Config Server 加载集群信息到缓存中,并将客户端的请求路由给每个 Shard Server,在各 Shard Server 返回结果后进行聚合并返回客户端。

- Shard Server:分片(Sharding)是指将数据库拆分,将其分散在不同的机器上的过程。将数据分散到不同的机器上,不需要功能强大的服务器就可以存储更多的数据和处理更大的负载。基本思想就是将集合切成小块,这些块分散到若干片里,每个片只负责总数据的一部分,最后通过一个均衡器来对各个分片进行均衡。每个 Shard Server 都是一个 MongoDB 数据库实例,用于存储实际的数据块。整个数据库集合分成多个块存储在不同的 Shard Server 中。在实际生产中,一个 Shard Server 可由几台机器组成一个副本集来承担,防止因主节点单点故障导致整个系统崩溃(如图 7-53

所示）。

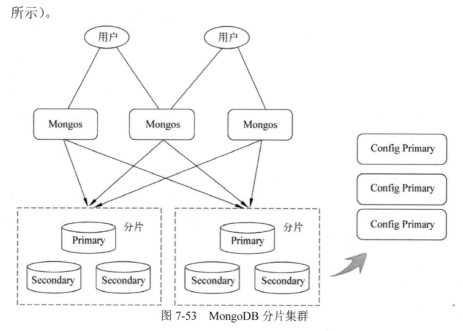

图 7-53　MongoDB 分片集群

- Config Server：配置服务器存储所有数据库元信息（路由、分片）的配置。Mongos 本身没有物理存储分片服务器和数据路由信息，只是缓存在内存里，配置服务器则实际存储这些数据。Mongos 第一次启动或者关掉重启就会从 Config Server 加载配置信息，以后如果配置服务器信息变化会通知到所有的 Mongos 更新自己的状态，这样 Mongos 就能继续准确路由。在实际生产中通常有多个 Config Server 配置服务器，因为它存储了分片路由的元数据，可以防止数据丢失。

2. 如何分片

集合分片是为应对高吞吐量与大数据量提供的解决思路。使用分片减少了每个分片需要处理的请求数（并发压力减少）。通过水平扩展，集群还可以提高自己的存储容量和数据吞吐量。

例如，如果数据库有 1TB 的数据集，并有 4 个分片，则每个分片可能仅持有 256GB 的数据（如图 7-54 所示）。如果有 40 个分片，那么每个切分可能只有约 25GB 的数据。

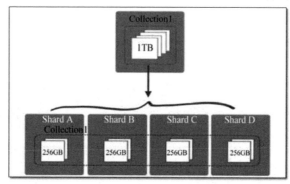

图 7-54　集合分片思想

将 MongoDB 的分片和复制功能结合使用，在确保数据分片到多台服务器的同时，也确保了每份数据都有相应的备份，这样就可以确保某台服务器宕掉时，其他的从库可以立即接替坏掉的部分继续工作。

在一个 Shard Server 内部，MongoDB 还是会把数据分为 chunk（块），每个 chunk 代表这个 Shard Server 内部的一部分数据。chunk 的产生，会有以下两个用途。

- Splitting（分裂）：当一个 chunk 的大小超过配置中的 chunk size（默认为 64MB）时，MongoDB 的后台进程会把这个 chunk 切分成更小的 chunk，从而避免 chunk 过大的情况（如图 7-55 所示）。
- Balancing（平衡）：在 MongoDB 中，balancer 是一个后台进程，负责 chunk 的迁移，从而均衡各个 Shard Server 的负载。chunk size 默认为 64MB，在生产库上选择适合业务的 chunk size 是最好的（如 128MB 或 256MB）。MongoDB 会自动拆分和迁移 chunk（如图 7-56 所示）。

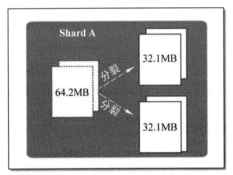

图 7-55　数据块分裂

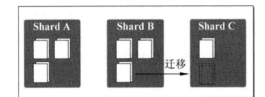

图 7-56　数据块迁移